现代家政导论

主 编 黄铁牛 朱晓卓 郭 亮

北京理工大学出版社
BEIJING INSTITUTE OF TECHNOLOGY PRESS

版权专有　侵权必究

图书在版编目（CIP）数据

现代家政导论/黄铁牛，朱晓卓，郭亮主编. --北京：北京理工大学出版社，2023.10
ISBN 978-7-5763-2983-4

Ⅰ.①现… Ⅱ.①黄…②朱…③郭… Ⅲ.①家政学-高等学校-教材 Ⅳ.①TS976.7

中国国家版本馆 CIP 数据核字（2023）第189766号

责任编辑：王俊洁	文案编辑：王俊洁
责任校对：周瑞红	责任印制：施胜娟

出版发行	/	北京理工大学出版社有限责任公司
社　　址	/	北京市丰台区四合庄路6号
邮　　编	/	100070
电　　话	/	（010）68914026（教材售后服务热线）
		（010）68944437（课件资源服务热线）
网　　址	/	http://www.bitpress.com.cn
版 印 次	/	2023年10月第1版第1次印刷
印　　刷	/	定州市新华印刷有限公司
开　　本	/	787 mm×1092 mm　1/16
印　　张	/	15
字　　数	/	352千字
定　　价	/	80.00元

图书出现印装质量问题，请拨打售后服务热线，负责调换

编委会

主　编： 黄铁牛　朱晓卓　郭　亮

副主编： 王变云　赵炳富　张　婷　张怀磊　穆崔君　赵　艳

编　者： 万玉静　王变云　邓朝霞　石艳婷　李　蓓　李　鑫
　　　　　阴法秋　朱晓卓　李梦玲　汪　雯　张　婷　张怀磊
　　　　　邵春婷　周玉立　周向群　赵　欣　赵　艳　郭　亮
　　　　　赵炳富　徐书雨　黄永先　梁优子　黄铁牛　黄艳男
　　　　　潘建田　穆崔君　瞿彭亚男

前　言

党的二十大报告指出，要紧紧抓住人民最关心最直接最现实的利益问题。家政业是朝阳产业，家政服务大有可为。近年来，我国社会经济得到快速发展，家政服务在惠民生、促就业方面的作用日益显现，党和各级政府高度重视家政服务业的发展，相继出台《关于促进家政服务业提质扩容的意见》《深化促进家政服务业提质扩容"领跑者"行动三年实施方案（2021—2023年）》《家政兴农行动计划（2021—2025年）》和《关于推动家政进社区的指导意见》等政策，多措并举促进家政服务业的高质量发展。

本书依据教育部新颁布的现代家政服务与管理专业简介和教学标准，参考了人力资源和社会保障部《家政服务员国家职业技能标准》，包括家政和家政学、家庭与家庭制度、现代家庭生活、家政教育和家庭教育、家政服务业、家政职业道德及法规共六个学习模块，12个学习项目，26个学习任务，并通过项目概述、项目目标、项目导航、任务引言、任务目标、任务知识、任务拓展、任务评价、教学课件、微课、视频、试题库等呈现本书的数字化学习资源，适用于开设家政服务相关专业的高校师生及希望了解家政专业及家政产业的社会学习者使用。

本书在编写过程中具有以下特点和创新：

一是体现立德树人职业认知目标：落实立德树人目标，培养工匠精神、劳动精神，加强家政职业道德教育，以家政行业需求为目标，以就业为导向，以职业认知、职业素养和职业标准能力培养为本位，每个模块开头设置有"课程导学"，引入课程思政元素，引导读者系统全面地认识专业，建立专业认同感。

二是引入产教融合新业态内容：本书服务产业发展，实现产教融合，紧扣现代家政行业需求，借鉴了国内外最新的家政及家政服务新知识、新业态和新发展，融入家政服务员职业技能标准，编写团队由高校教师、家政行业协会和企业专家共同组成，校企合作联合开发教材，突出呈现家政行业企业最新知识和新发展。

三是加强特色任务引领设计：以模块、项目、任务体例设计图书，对接家政行业发展的理念，体现"以面向就业为出发点"的特色并兼顾家政基础理论知识系统性与完整性。

四是配套丰富的同步在线资源：本书是在探索"1+X"书证融合新形势下，集成图书编写、课程建设、配套资源开发及信息技术应用统筹推进的新形态一体化教材，本书中数字资源以思维导图、二维码关联技术呈现，实现多媒体移动学习。

在本书的编写过程中，编者们得到中国家庭服务业协会、众多家政企业及出版社的大力支持，在此深表谢意！同时，特向参与编写的各位专家、学者的艰辛付出表示感谢！

为了保证本书的质量，使本书更能满足广大读者的要求，编者们进行了反复的斟酌与修改，但由于编写时间仓促，编者知识水平有限，书中难免存在不足之处，恳请使用本书的广大读者谅解并予以批评指正！

编 者

2023 年 8 月

课程介绍

目 录

模块一 家政和家政学 (1)

项目一 认知家政和家政学 (2)
任务一 认知家政及家政学 (2)
任务二 认知家政学起源与发展 (12)

项目二 认知家政学的内容和价值 (21)
任务一 认知家政学的研究内容 (22)
任务二 认知现代家政的特点和功能 (26)

模块二 家庭与家庭制度 (32)

项目一 认知家庭 (33)
任务一 认知家庭的定义与本质 (34)
任务二 认知家庭的类型与功能 (39)

项目二 认知家庭制度 (48)
任务一 认知家庭制度的内容与意义 (49)
任务二 认知现代家庭制度的发展 (54)

模块三 现代家庭生活 (61)

项目一 认知家庭生命周期 (62)
任务一 认知家庭生命周期 (62)
任务二 认知家庭需求 (70)

项目二 认知家庭生活质量 (77)
任务一 认知家庭生活质量 (77)
任务二 认知家庭生活管理 (86)

模块四 家政教育和家庭教育 (93)

项目一 认知家政教育 (94)
任务一 认知家政教育 (95)
任务二 认知国外家政教育发展 (102)
任务三 认知我国家政教育发展 (114)

项目二　认知家庭教育 ………………………………………………… (123)
　　　　任务一　认知家庭教育 ……………………………………………… (124)
　　　　任务二　认知国外家庭教育发展 …………………………………… (133)
　　　　任务三　认知我国家庭教育发展 …………………………………… (138)

模块五　家政服务业 ………………………………………………………… (150)

　　项目一　认知家政服务业 ………………………………………………… (151)
　　　　任务一　认知家政服务业 …………………………………………… (152)
　　　　任务二　认知家政服务业的分类 …………………………………… (158)
　　项目二　认知家政服务业发展 …………………………………………… (165)
　　　　任务一　认知国外家政服务业的发展 ……………………………… (166)
　　　　任务二　认知我国家政服务业的发展 ……………………………… (174)

模块六　家政职业道德及法规 …………………………………………… (182)

　　项目一　认知家政职业道德 ……………………………………………… (183)
　　　　任务一　认知道德与职业道德 ……………………………………… (184)
　　　　任务二　认知家政服务员职业道德 ………………………………… (189)
　　项目二　认知家政服务相关法规 ………………………………………… (197)
　　　　任务一　认知家政服务相关法律 …………………………………… (198)
　　　　任务二　认知家政服务相关规定 …………………………………… (215)

参考文献 ……………………………………………………………………… (229)

模块一　家政和家政学

> **模块导航**
>
> **模块一　家政和家政学**
> 项目一　认知家政和家政学
> 　　任务一　认知家政及家政学
> 　　任务二　认知家政学起源与发展
> 项目二　认知家政学的内容和价值
> 　　任务一　认知家政学的研究内容
> 　　任务二　认知现代家政的特点和功能

课程导学

从党的二十大看家政发展

党的二十大报告提出，从现在起，中国共产党的中心任务就是团结带领全国各族人民全面建成社会主义现代化强国、实现第二个百年奋斗目标，以中国式现代化全面推进中华民族伟大复兴。中国式现代化是以人民为中心、全体人民共同富裕的现代化，是不断满足人民日益增长的美好生活需要的现代化。全面富裕即物质和精神（包含制度）等方面都富裕。在物质意义上，共同富裕指全体人民在更高水平上实现幼有所育、学有所教、劳有所得、病有所医、老有所养、住有所居、弱有所扶、环境宜居、衣食无忧、安居乐业等。在精神意义上，共同富裕指全体人民拥有共同价值，特别是社会主义核心价值；享有多样化、多层次、多方面的精神文化需求和平等而自由发展的机会，全民获得感、幸福感、安全感、尊严感、公平感持续增强。家政学是以改善家庭生活方式、提高家庭生活质量、强化家庭成员素质、造福于全人类为目的的学科。它指导人们改善家庭物质生活质量、文化生活质量、伦理感情生活质量，它是以促进家庭幸福，提高家庭生活质量，增强国民整体素质，保证社会稳定等为主要内涵而构建起来的。因此，现代家政担负着满足人民美好生活需要的重要职责。

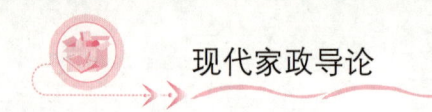

项目一 认知家政和家政学

【项目概述】

家政和家政学认知是进入家政行业的第一步,是专业学习的基础,也是学习的起点。全面了解家政和家政学的定义、内涵、起源及发展,可以让学习者初步了解家政和家政学产生的历史及发展轨迹,建立对家政学和现代家政服务与管理专业的基本认识,形成初步的专业认知及思想意识。本项目从家政释义和内涵、家政学定义及内涵及两者的关系等方面来介绍家政和家政学;从家政学的发展历程及各国家政发展等方面来介绍家政学的起源与发展。

【项目目标】

知识目标	1. 熟知家政释义和家政学定义; 2. 熟知家政和家政学的关系; 3. 知晓家政学的起源与发展
能力目标	1. 能够概述国内外家政学概念的演变; 2. 能够辨识家政和家政学的关系; 3. 能够概述家政学的起源与发展过程
素养目标	1. 具有初步的家政思想; 2. 形成现代家政和家政学的科学认知

【项目导航】

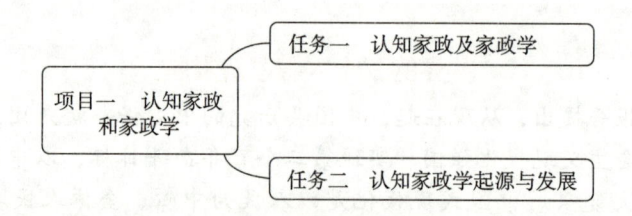

```
                    ┌── 任务一  认知家政及家政学
项目一 认知家政 ────┤
        和家政学    └── 任务二  认知家政学起源与发展
```

任务一 认知家政及家政学

任务引言

任务情境:近年来,家政产业规模迅速扩大,家政成为人们关注的热点。什么是

模块一　家政和家政学

家政？什么是家政学？现代家政服务与管理专业的学生作为未来家政服务行业的技术技能型人才，认识家政和家政学是非常必要的。首先要清楚什么是家政，并学习掌握家政的基本内涵知识。本任务从家政和家政学的概念、内涵等方面介绍家政和家政学的基本知识，引导大家形成对家政及家政学的初步认识。

《凌夫人何氏墓志铭》的"家政出于舅姑，而辅其内事惟谨，房户细碎，无不整办"这句话中的"家政"一词，与人们生活聊天"要去请家政"以及"家政服务大有可为"中的"家政"的释义一样吗？它们分别指的是什么？

任务导入：家政是什么？家政有哪些内涵？家政和家政学是什么关系？

任务目标

知识目标

1. 熟知家政和家政学的概念；
2. 知晓家政的内涵；
3. 熟知家政和家政学的关系。

能力目标

1. 能概述国内外家政学概念的演变；
2. 能辨识家政和家政学的关系。

素质目标

1. 初步具有家政和家政学思想；
2. 形成现代家政和家政学的科学认知。

任务知识

一、家政

现在，家政已成为人们关注的一个热点。但是，很多人对什么是家政及它的内涵并不了解。"家政"作为一个常用词语，悄然出现在人们的社会生活中是20世纪90年代，而成为一个时常见诸媒体的热词，则是近十年的事情。而这个词语发生的含义变迁，远不是近30年的事情，它的历史变化反映了人们对家政相关的社会事物认识的演变。

（一）家政释义

从字义上来看，"家"在这里泛指家庭，"政"在这里主要是指家庭生活的管理。家政的英文翻译为Homemaking，家政学的英文名称是Home Economics。Home意为家，即遮蔽风

3

雨，养育子女的场所，为人类社会中最基本的组成；Economics 意为经济，其意义为在经济的基础上来理家，包括家庭生活治理中对金钱、时间和精力的节省和充分利用。在我国古代，家政最初被理解为确定与维护家庭人伦秩序的家庭管理活动。如《周易》有"家人卦"，是最早讲家政的篇目，提道："家人有严君焉，父母之谓也，父父子子，兄兄弟弟，夫夫妇妇，而家道正，正家而天下定矣。"其中的"正家"即家政。《现代汉语词典》对家政一词解释为："旧时指家庭事务的管理工作，如有关家庭生活中烹调、缝纫、编织及养育婴幼儿等。"《中国大百科全书》说："家政一词本指家事、家务。"可见，家政就是对家庭事务的管理。追溯词典中对家庭事务的管理工作这个含义的使用，文献记载将家、政两个字合用，东汉末年《释名》卷三有："父之兄曰世父，言为嫡统，继世也；又曰伯父，伯，把也，把持家政也。"南宋思想家、文学家陈亮，人称龙川先生，在《凌夫人何氏墓志铭》中说"家政出于舅姑，而辅其内事惟谨，房户细碎，无不整办。"以上两处家政已经指家庭事务了，但并不指代与家庭事务有关的任何职业。这个词义在古代生活中一直沿用，并作为家政的固定词义保留在了词典之中。

古代在家庭中从事家庭事务的职业，叫保姆、佣人、丫鬟和仆役等，不包含在那时家政的含义中。这些称呼，其含义、性质与现代家政职业是完全不同的。"保姆"一词，在社会历史文化中，还有教育、养育方面的特殊含义。保傅制度，即从周代开始在朝廷内专门设师、保、傅，选择品行学识优异的朝堂官员对君主和太子进行教谕的制度，分为三公——太保、太傅和太师，三少——少师、少傅和少保。一是，保姆中的保即"师、保、傅"中的太保和少保。二是，保姆另有乳保教育制度，即在后宫挑选品德学识优秀的宫女，承担保育、教导太子、世子事务的制度，设有子师、慈母、保姆三母以及乳母。保姆的姆，即与此相关，也有人认为保姆就是源于乳保制度。由此可以得出保姆的工作范围，是照顾抚育婴幼儿，其他家务职责是后来泛化的内容，并且保姆等古代所谓家政服务职业，并不是现代家政服务职业的前身或雏形，两者没有继承延续的关系，只是在工作内容上有相似。

当下的日常生活中，我们并不直接使用"家政"这个词来指家庭中的各类事务以及这些事务的管理，只在家政服务、家政公司和家政服务员的语境中表达此类含义。家政指代家政服务行业，是始于改革开放之后。我国改革开放之前，个体经济与私营经济，以及雇佣关系，在社会主义三大改造完成之后，作为雇佣关系的家政服务不存在；改革开放后，正式从政策上确认了私营经济和雇佣关系的合法性，城市家庭的小型化，双职工，上有老、下有小的家庭负担，形成了社会的现实需求，进一步促进了家务劳动的社会化和持续的城市家庭家政服务需求；家政服务行业从 20 世纪 90 年代一直到今天，都是国家劳动就业关注的重要领域。1983 年北京朝阳家政服务公司成立，首开以家务劳动作为企业经营服务内容的先河，随后，1984 年，全国妇联与北京市委联合召开各省市妇联"家庭服务工作现场会"，向全国发出号召，要求各级妇联积极行动开展家庭服务事业，由此掀开了中国家政服务行业（即中国家庭服务行业）发展壮大的篇章。到了 90 年代末、21 世纪初，大街小巷的家政公司如雨后春笋冒了出来，家政服务从业者迅猛增加，家政服务培训如火如荼，人力资源和社会保障部 2006 年开始开展家政服务员职业资格鉴定并公布相关标准，2015 年家政服务员收入《中华人民共和国职业分类大典》，2019 年再次修订《中华人民共和国家政服务员职业技能标准》（以下简称《家政服务员国家职业技能标准》）。

在《中华人民共和国家政服务员职业技能标准》中，家政是指家庭服务，即家庭服务员根据要求为所服务家庭操持家务、照顾其家庭成员以及管理家庭有关事务的行为。可以看出，家政是家庭生活的全部事务及其管理，是家庭生活知识与技术，是一门研究家庭生活事务的科学，是传播家庭生活知识与技术的一类教育，是为家庭提供家务服务的行业，是从事家务服务的从业者。现代意义上的家政理解为：家政是对家庭关系及其事务的统称。另外，家政还涉及家业、家法、家风、收支、教育、人与人的关系，家庭与亲戚、朋友、邻里的关系等。

总之，家政是指家庭中对有关各个家庭成员的各项事务进行科学认识、科学管理与实际操作，以利于家庭生活的安宁、舒适，确保家庭关系的和谐、亲密，以及家庭成员的全面发展。

（二）家政的内涵

"家政"一词经历社会历史多年的变迁与积累，加之当代社会科学文化发展的赋值，其内涵十分丰富。

1. 家政的日常生活内涵

家政的含义包括家庭生活事务、家庭生活事务的操持与管理活动、家庭生活知识与技能教育及家政服务行业与家政服务职业。

1）家庭生活事务

家庭生活事务是指家庭存在的各种事务的集合概括。在家庭这个小群体中，与全体或部分家庭成员生活有关的事情，它带有"公事""要事"的意思。家庭的吃喝拉撒睡和锅碗勺盆等，家庭的养老、育儿、家风家训、消费理财、休闲娱乐等，无一不是家政内容。现代家政的家庭生活事务内涵，广泛受到科技发展的影响，已发生了变化。

（1）从家庭的规模上看，一对夫妇和未成年子女构成的这类家庭迅速增加，家庭聚居的城市社区形成，家庭事务的很多内容和形式都发生了变化。例如家庭婴幼儿需要照顾，就出现托育机构等。

（2）新的科学观念，诸如卫生、健康和教育等也在迅速向家庭传播，各种相关的家庭生活事务也在不断出现。目前中国社会人口老龄化、"4+2+2"家庭结构和三孩政策作用，使家政生活事务已经多元化，从传统的家庭保洁、一老一小的照顾到如今的整理收纳、家庭管家、婚姻家庭咨询、子女教育、健康咨询等多元化、高端化、个性化的需求，催生了更广阔的家政服务市场，也对家政企业和从业人员提出了更高的要求。

2）家庭生活事务的操持与管理活动

《现代汉语词典》中对"家政"一词解释为："家庭事务的管理工作，如有关家庭生活中烹调、缝纫、编织及养育幼儿等。"政是指行政与管理，它包含三个内容：一是规划与决策；二是领导、指挥、协调和控制；三是监督与评议。部分学者认为，家政就是中国古代的"齐家"，对家事、家教的管理。随着家庭生活事务发生的时代剧变，家庭事务操持与管理过程也发生着剧变。家务操持都在向着社会化、社会大分工的方向发展，例如家庭饮食的社会化引发了大众餐饮行业的诞生，家庭娱乐的社会化促进了各类流行文化，家庭育儿的社会化促进了托儿所、幼儿园的普及发展等。

3）家庭生活知识与技能教育

家政是指家庭生活中实用、适用的知识与技能、技巧。《礼记·内则》通篇描述了家庭内部的生活行为规范，亲子、男女间的行事礼仪准则。例如"男不言内，女不言外。非祭非丧，不相授器。""子能食食，教以右手。能言，男唯女俞。男鞶革，女鞶丝。六年教之

数与方名。七年男女不同席，不共食。八年出入门户及即席饮食，必后长者，始教之让。九年教之数日……"西方的家庭生活技能教育一直持续到中世纪，男性教育以骑士教育为代表，教给骑士七技：骑马、弈棋、击剑、打猎、投枪、游泳、吟诗。女子在中世纪则从事家庭的礼仪、道德、女红等的学习。家庭事务是很具体、很实际的，人们的修养、认识、管理都与日常行为结合起来，才能表明其意图，实现其愿望。近代以来，家庭生活知识和技能教育紧跟时代变化，更多开始关注把科学知识集中向家庭传播，使家庭生活以经验为主的状态得以逐渐转变为遵从科学。

4）家政服务行业与家政服务职业

随着社会化大生产、大分工，人们主张让专业的人高效率地做高质量的事，从而提高整体社会生产率，于是家政服务行业和家政服务职业应运而生。家政服务行业是一个提供家庭管理和家庭护理服务的行业，旨在满足家庭生活的各种需求，这个行业包括了各种不同类型的家政服务职业，有了在家政服务行业中从事各种任务和工作的个人。家政服务职业通常需要一定的专业技能和经验，以确保提供高质量的服务。职业者可能需要接受培训或获得相关认证，特别是在处理儿童或特殊需求家庭成员时。目前，家政服务行业是第三产业的重要组成部分。

2. 家政的思想内涵

1）家国一体、家国同构

家庭是资源分配、秩序管理的最基本单位。这是一种与中央集权大一统的国家体制相一致的思想。这种思想是中国人爱国思想中"国就是家、家就是国"的思想情感源头，与儒家经典《礼记·大学》（图1-1）篇中表述的"修身齐家治国平天下"是同样的思想。南北朝颜之推的《颜氏家训》、唐代宋若莘和宋若昭姐妹的《女论语》、明代温璜记录其母教诲的《温氏母训》及明末清初朱用纯所著的《朱子家训》等著作都继承了儒家的家国思想，秉持了家国一体思想。

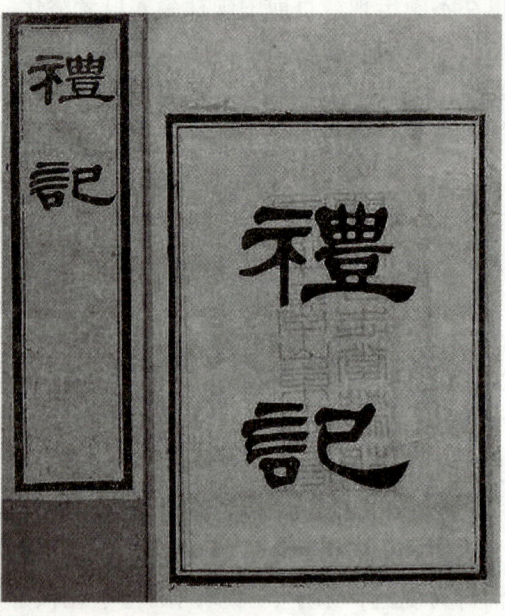

图1-1 西汉礼学家戴圣所编《礼记》

2）家庭是社会经济的基本组织单位

西方古代的家政思想和中国的家国一体有相似性，都是强调家庭，即家族的农业生产组织，是一个国家或城邦经济的基础。不同也很明显，在西方家政思想中，并没有把家庭架构即家族架构作为国家政治治理的架构，在西方部落联盟、家族联盟的政治体制下，也不会出现这种不匹配的思想。

在西方文明源头古希腊，历史学家色诺芬和学者亚里士多德都有一篇名为《家政学》的著作，书名中都用到了Oikonomikos。"Oikonomikos"（Οἰκονομικός）是古希腊词汇，它与经济学和管理有关。这个词来自希腊语中的"Οἶκος"（Oikos，意为家庭）和"νόμος"（Nomos，意为法律、规则），合在一起表示家庭管理或经济管理。

在古代希腊哲学和文化中，"Oikonomikos"通常用来描述家庭管理和资源分配的原则。这个词汇在亚里士多德的著作中有所提及，他将其视为伦理和政治学的一部分，强调了家庭和城邦中的财富管理和资源分配。在现代，这个词汇通常用来指代经济学或与经济相关的事物，因为经济学关注资源分配、财富管理和市场运作，与古代的家庭管理和资源分配原则有一定的联系。因此，"Oikonomikos"与经济学有一定的历史渊源，尤其是在研究资源配置和财务管理方面。

这个词语在古希腊语中意为管家，再考虑到我们对科学的定义是近代以来才有的，古代智者的超凡论述，以当今的视角一般称之为思想，为了和现代家政学区分，姑且称二位的著作为"论家庭管理"。两者的著作均论述了在奴隶社会中奴隶主家庭夫妻该如何男女分工、内外有别地管理经营好家庭财产，并认为这和国家管理一样重要，而且一样有规可循。柏拉图在《理想国》和《法律篇》中，把家庭描述为一种私利的、被情欲控制的形态，虽然是城邦的重要工具，但与城邦理性之下的至善与自足截然相反，认为治家和治理城邦是截然不同的，城邦政治是超越家庭治理的。城邦即希腊的国家，柏拉图认为治理国家和治理家庭是不同的，治理家庭主要重的是利，治理国家主要重的是义。这应该就是西方家政思想重视家庭的经济方面社会价值的源头了，将家庭视为只是财富产出的工具，受城邦的管理和控制而已，和我国的家国一体不同，是家邦殊途。

3）科学家政思想

早期家政学的奠基学者们，如卡特琳·皮切尔、艾伦·理查兹女士等，开展的家政活动都是从当时的科学发展出发，向公众传播有益于家庭生活、有益于家庭健康的一些知识和生活行为。在家政学正式确立之前，家政的内涵出现了以各门科学相继独立获得发展，产生社会影响为基础的家庭生活科学化，科学集中向家庭中传播的科学家政思想。

4）家政科学思想

家政作为一门独立的科学一经确立，就形成了一个有统一方向的将家庭生活事务整合在一起，科学看待、科学经营管理的家政思想。这个思想作为一门科学具有动态成长性，随着社会进步、科学发展不断丰富新内容，终将构建一门满足现代人在家庭生活事务各方面，从对家庭的准确认知，到获得现代家庭生活事务科学管理知识并应用其解决生活问题的综合科学。

现代家政的内涵在不断丰富，它已不再仅代表着家庭衣食住行等简单事务，在现代化背景中，家政还含有人们对待生活的态度和观念，是现代家庭理念和家政事务的结合，其理论基础是家政学。现代家政已经超越了传统家务的内涵，是集家庭管理、家庭保健、家庭经济

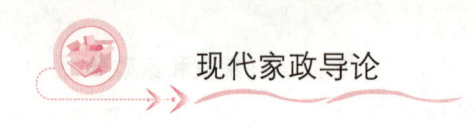

管理、家庭环境管理为一体的，综合性、高品质的家庭学科。

二、家政学

（一）家政学的定义

有关家政学的定义，从最初的持家和家务，到生活教育，再到对家庭生活各方面的经营和管理，最终上升到提高家庭物质生活、精神文化生活和伦理道德生活质量的层面，已从狭义的家政学范围发展到较为开阔的视野。家政学有狭义和广义之分。狭义家政学是家庭生活学或家庭管理学，指家庭种种事务的管理，又称家庭管理学。广义家政学涵盖家庭的方方面面，包含各种工艺，如食品备置、食品加工、烹饪等；服装选购和保护、美容美发等；住宅设计、室内装潢和设计、庭院设计和管理等，妇婴卫生、育儿、儿童心理等；家庭婚姻、家庭簿记、家庭经营管理等。

概括来讲，家政学就是一门以人类家庭生活为主要研究对象，以改善生活方式、提高家庭生活质量、强化成员素质、造福于全人类为目的的学科。它指导人们改善家庭物质生活、文化生活、伦理感情生活质量等家庭生活建设，它是以促进家庭幸福，提高家庭生活质量，增强国民整体素质，保证社会稳定等为主要内涵而构建起来的，最终将推进人类的发展和社会的进步。

（二）家政学的内涵

家政学这个概念，在不同的历史时期，在不同的国家或地域，理解不尽相同。从中文字义上看，家政是管理家庭事务，家政学则是管理家庭事务的一门科学。

1. 国外家政学的内涵

1912年，美国家政学会提出：家政学是一门专门的学问，包括经济、卫生、衣食住行等方面，是管理家庭所必需的学问。

1924年，美国家政学会又提出：家政学是研究一切有关家庭生活安适与效率的因素，运用自然科学、社会科学及艺术知识解决理家问题及一切相关问题的综合学科。"二战"后，美国家政学会对家政学的定义作出修订，认为"家政学是一门以提高人类生活素质及物质文明、提高国民道德水准、推动社会进步、弘扬民族精神为目的，从精神与物质两个方面进行研究，以实现家庭成员在生活上、心理上、伦理道德上及社会公德上得以整体提升的综合科学。"

1970年，日本家政概论研究委员会的文件中提出：家政学是以家庭生活为中心，进而延伸到与之密切相关的社会现象，并包括人与环境的相互作用，从人与物两方面加以研究，在提高家庭生活水平的同时开发人的潜力，为增进人类幸福而进行实证及实践的科学。

1972年，国际家政联合会在《关于家政学定义的宣言》中指出：家政学是最为恰当地满足家庭成员在身体方面、社会经济方面、美的方面、文化方面、感情方面、知识方面的欲求，探讨家庭生活的结构及其地域社会关系结构的学科。

1978年，英国《朗曼当代英语词典》中指出：家政学是研究持家的学问，尤其是指购买食品、烹饪、洗涤等家庭事务。

1980年，美国《新时代百科全书》对家政学作出了这样的解释：这一切知识领域所关切的，主要是通过种种努力来改善家庭生活，对个人进行家庭生活教育，对家庭所需的物品和服务加以改进，研究个人生活、家庭生活不断变化的需要和满足这些需要的方法，促进社会、国家、国际相关状况的发展，以利于改进家庭生活。

20世纪90年代，欧洲学者提出：家政学是研究存在日常生活一切脉络中的思考方法及行为方式，是探究生活哲学问题的学问和教育。

2008年，第二十一届瑞士卢塞恩国际家政学世界大会召开，正值国际家政学会建立百年，大会发布了题为《二十一世纪家政学》的会议宣言。宣言中提出：家政学是关心个人、家庭、机构和社区当前及未来的利益，运用、发展和管理人类和物质资源的知识与实践，它涉及科学和艺术领域的学习和研究，关系到家庭生活的不同方面及其物理、经济和社会环境的相互作用。这是一个原则性概括的定义，它明确表述了家政学向着影响人类的庞大目标在前进，且在构建宏大、开放、包容的家政学体系。

2. 国内家政学的探索

我国对家政学内涵的探索，始于民国时期。1933年，商务印书馆的《辞源》解释家政学为："研究治家种种事项之学。凡家事经济、衣服、饮食、房屋、装饰、卫生、侍疾、育儿及家庭教育、交际、礼仪、役使婢仆等皆赅之。"

改革开放之后，我国家政学迎来现代化发展。1986年，王乃家在《家政学概论》中认为："家政学是在了解家庭起源、性质、结构、功能、关系的基础上，用科学的态度和方法着重研究现代家庭生活各方面的经营和管理，指导家庭生活科学化的一门学问。"

1989年，陈克进在《婚姻家庭词典》中表述："家政学又称持家学，指在学校和成人教育中学习与持家有关的知识和技能。"

1991年，《中国大百科全书·社会卷》描述："家政学是以提高家庭物质生活、文化生活、情感伦理生活和社交生活质量为目的的一门应用科学。"1991年，第二届家政学理论研讨会认为："家政学是一门综合性应用科学，它运用科学的态度和方法，通过学习、教育和训练，使人们掌握尽可能多的知识和技能，健全家庭管理，调节人际关系，提高家庭生活质量，满足人的物质和文化需要，全面提高人的素质，使家庭更好地发挥其各项功能。"

1994年，冯觉新在《家政学》中认为："家政学是以整体的家庭生活为对象，从人际关系、家庭与社会的关系探讨改善家庭生活、提高家庭成员素质的知识和技巧的一门学问。"

1996年，高放等人的《社会学学科大辞典》表述为："家政学是以家庭生活为研究对象的一门学科。它研究和探索家庭生活规律，是以提高和改善家庭的物质生活、文化生活、伦理感情、社会交往、生活质量为目的的学问。"

林仙建主编的《家政学概论》对家政学的解释是："家政学是一门综合性的应用科学，包括家庭学、社会学、心理学、教育学、公共关系学、管理学、美学以及自然科学中对家庭有用的相关部分，在现阶段来说，人们把家政说成是科学管理家庭、创造家庭幸福，实现家庭现代化，让家庭机制正常运转的指导家庭建设的应用学科。"

1999年，李玉在吉林省首届家政学学会理事大会上指出："家政学是以家庭生活为中心，以自然、社会、人文等诸学科为基础，从人与物两个方面进行研究，以提高人们生活质量和全面提高人的素质，为人类的幸福作出积极贡献的实践性和综合性科学。"

2009年，易银珍主编的《家庭生活科学》中指出："家政学以整个家庭生活为研究对

象，旨在促进家庭生活科学化，实现家庭生活的美满、幸福、和谐。它是融自然科学、社会科学、应用科学、管理科学、生活哲学、生活艺术和工艺等于一体的学问。"

家政学的内涵及应用范畴随着时代的变迁而不断扩大，从最初的幼儿教育、缝纫、烹饪、居室装饰等的传统实用生活知识，到如今的家庭健康管理、儿童生活照顾、老人生活照顾、食品营养、服装文化、家庭理财与消费、居住与环境生活、家庭的普法教育等。现代家政学是建设现代家庭的系列知识体系，包含了家庭教育学、家庭经济学、家庭社会学、家庭卫生学、家庭美学、家庭婴幼儿和青少年心理与教育学等内容，对优化家庭、丰富社会教育内容，提高家庭文化精神生活质量，推动社会主义精神文明建设，有着积极深远的意义。现代家政学还包括如何持家理财、正确消费，如何美化家庭和搞好家庭营养与护理等内容。随着现代社会的发展，深入开展家政学研究，建设完善的符合国情的家政学体系，宣传和普及家政学知识，势在必行。

（三）家政与家政学

家政和家政学是两个相关但不同的概念，家政学是一门以家政为研究对象的综合性学科，旨在研究和教授如何有效地管理家庭和家庭生活；而家政是指管理和运营家庭的各种事务和任务的实际行为和活动。家政所包含的实务和行为是家政学的研究对象，而家政学的研究使家政实务更加科学化、丰富化。

任务拓展

新家政、新未来、新融合

1. 家政的新内涵

新需求：社区居民多样化、个性化、中高端需求。
新模式：家政服务业与养老、育幼、物业、快递等融合发展新模式。
新要求：服务规范、员工制、信用体系、健康体检、职业培训。
新业态："家政电商""互联网＋家政""物业＋家政服务""家政＋托育和养老"。

2. 家政的新未来

《中共中央关于制定国民经济和社会发展第十四个五年规划和二〇三五年远景目标的建议》指出：加快发展现代服务业，推动生活性服务业向高品质和多样化升级，加快发展健康、养老、育幼、文化、旅游、体育、家政、物业等服务业，加强公益性、基础性服务业供给。推进服务业标准化、品牌化建设。

3. 家政的新融合

（1）人才培养与产教融合。

深化产教融合，促进教育链、人才链与产业链、创新链有机衔接，是当前推进人力资源供给侧结构性改革的迫切要求，对新形势下全面提高教育质量、扩大就业创业、推进经济转型升级、培育经济发展新动能具有重要意义。

（2）领域拓展与产业融合。

家政服务业在大健康产业中呈现出逐渐与养老、托育、培训、管理（互联网）、社会工作等多产业融合的趋势。

（3）互联网+与业态融合。

在互联网+的背景下，互联网正在改变人们的衣食住行等生活方式，家政服务业也正在经历着变革，使得电商不仅可以销售商品，而且可以提供服务。

（4）服务提升与项目融合。

随着家庭对生活品质的要求越来越高，家政服务业开始出现多种服务项目融合的趋势。比如，在居家养老服务中，不仅提供家务管理服务项目，还包括入户送餐服务、老年健康管理服务或健康保健服务以及家电维修等。

任务评价

一、单项选择题

1. 从《中华人民共和国家庭服务员职业标准》的家政定义来看，下列内容不包括在内的是（　　）。
   A. 家庭服务　　　　　　　　　B. 管理家庭事务
   C. 照顾家庭成员　　　　　　　D. 管理家政公司

2. 《礼记·内则》中"子能食食，教以右手。能言，男唯女俞。男鞶革，女鞶丝。"此类内容，是家政含义所指的（　　）。
   A. 家庭生活事务　　　　　　　B. 家庭生活事务的操持与管理
   C. 家庭生活知识与技能教育　　D. 家政服务行业与家政服务职业

3. 当人们在生活中聊天时，甲说："我下午要去请家政，你有好的推荐吗？"乙说："我没什么经验。"对话中的家政指代的含义是（　　）。
   A. 家政服务行业　　　　　　　B. 家政服务员
   C. 家务工作　　　　　　　　　D. 家政公司

4. 家政学这个概念，在不同的历史时期，在不同的国家或地域，理解不尽相同。从中文字义上看，（　　）是管理家庭事务，（　　）则是管理家庭事务的一门科学。
   A. 家政、家政学　　　　　　　B. 家政学、家政
   C. 家政服务、家政　　　　　　D. 家政学、家政服务

5. 儒家经典《礼记·大学》篇中表述的"修身齐家治国平天下"充分体现了（　　）思想。
   A. 家政　　　　B. 家国　　　　C. 爱国　　　　D. 国家

二、简答题

1. 简述家政的日常生活内涵。
2. 简述家政与家政学的关系。

任务二 认知家政学起源与发展

任务引言

任务情境：家政学的发展是人类社会文明进步的表现，是人们对自然、社会的认识不断深化的结果。人类自从有了家庭，就有了管理家庭的需要和实践，人们还不断总结、研究理家的经验。古希腊哲学家亚里士多德曾写有《论家政》；中国的《礼记》等古籍中，有许多关于家庭伦理、养生、育儿及其他理家之道的论述。但是家政学作为一门学问，则是近百年以来的事情，作为现代人，应该知道家政学的起源和诞生，尤其要认识现代家政的发展背景和发展现状。本任务从家政的思想起源、家政学诞生及现代家政在各国的发展来介绍家政和家政学的起源与发展。

我国古代，家政最初被理解为确定与维护家庭人伦秩序的家庭管理活动。如《周易》有"家人卦"，是最早讲家政的篇目，其象辞说："家人有严君焉，父母之谓也，父父子子，兄兄弟弟，夫夫妇妇，而家道正，正家而天下定矣。"其中的"正家"即家政。那么，这些家政思想对现代家政学的诞生起到了什么作用？

任务导入：你知道哪些家政思想？现代家政发展有哪些特点？

任务目标

知识目标

1. 知晓家政的思想起源；
2. 知晓家政学诞生与发展的关键人物和事件；
3. 知晓现代家政的发展背景和现状。

能力目标

1. 能厘清家政学的起源与发展脉络。
2. 能概述现代家政的发展现状。

素质目标

1. 深化家政和家政学思想；
2. 初步形成家政服务的职业认知。

任务知识

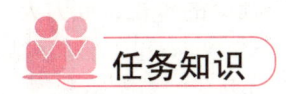

一、家政思想起源

家政的思想最早可以追溯到自家庭诞生以来长者对幼者生活经验的传授，在古希腊和中国古代就已经产生了系统的家政思想。

（一）古希腊家政思想

公元前 300 多年，古希腊思想家色诺芬写成了世界上第一部家庭经济学著作《经济论》，《经济论》被誉为世界上最早的家政思想起源。他认为，家庭管理应该成为一门学问，他研究的对象是优秀的主人如何管理好自己的财产，如何使自己的财富得到增加。

同时代的古希腊哲学家亚里士多德也写了一本叫《家政学》的著作，他认为"家政学是一门研究怎样理财的技术。"书中指出：财产是家庭的一个部分，获得财产的技术是家务管理技术的一个部分（一个人如果没有生活必需品就无法生存，更不可能生活美好），就如面对某种具有确定范围的技术，工人要完成他们的工作，就必须有自己的特殊工具，家庭管理亦是如此。希腊文的"家政（Econ）"就是后来西方学术里面的"经济（Economy）"，从某种意义上说，家政学是经济学的前身，是经济学的历史和逻辑起点。

（二）中国古代家政思想

早在 2 400 多年前，《礼记·大学》中就提出"正心、修身、齐家、治国、平天下。"孟子更进一步强调："天下之本在国，国家之本在家，家之本在身。"儒家学派的"修身齐家""家国同构"等思想，集中体现了中国本土家政学的核心思想和价值理念，它的提出可以视为我国本土家政思想发展的历史源头。家政思想在我国古代经历了一个比较复杂的历史变迁过程，大致可以分为以下三个阶段：

1. 雏形期

早在春秋战国时期，就已经有了家政思想的萌芽，以孔子、曾子、孟子为代表的儒家学派提出了齐家之道，通过父子相传、师徒对话、口口相授、言传身教等方式在民众当中广为传播并不断传承。秦汉时期，随着中国文字的统一和造纸术的发明，大量的家政思想和观点得以记录、整理，形成《大学》《孝经》《烈女传》《女诫》等一系列经典之作。这些早期范本的出现，标志着中国传统家政思想形成雏形。

2. 发展期

南北朝和隋唐是家政思想蓬勃发展的时期。一方面，随着政治、经济和文化发展，人们的家庭生活方式不断变化，对家庭生活的要求也不断提高，催生出大量丰富实用的持家之术，还形成了系统化的家政思想，其代表作是颜之推的《颜氏家训》（图 1-2），其内容涵盖教子、治家、养生、杂艺等多个方面，最为深刻的一点是创造了"家训体"这一家教文献，在家政思想史上具有划时代的意义；另一方面，随着科举制的产生和发展，以儒家经典为范本的教育进一步主流化，作为儒家文化的重要内容，"修身齐家"家政思想被纳入科举考试的范畴，成为官学教育体系不可或缺的一部分，理所当然地受到全社会的重视，成为天下士子的必读科目，由此奠定了家政思想的历史地位。

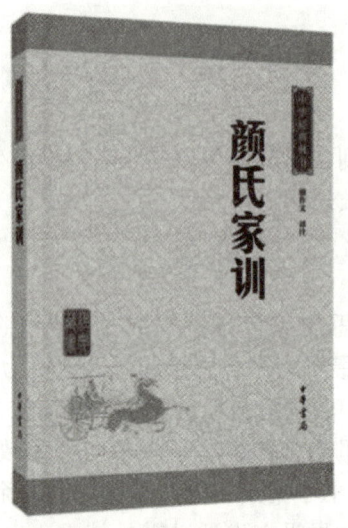

图1-2 《颜氏家训》

3. 成熟期

宋元明清时期，随着中国封建社会走向鼎盛，家政思想也日益变得成熟。宋代司马光、朱熹、刘子澐、王应麟、袁采第一批大思想家、大教育家直接参与编写家政的教科书，推出了《家范》《童蒙须知》《小学》《三字经》《世范》《家政集》《戒子通录》等一系列影响深远的家政经典教科书。明代徐皇后的《内训》在民间广为流传。清代，随着中西方以及满汉等民族之间的文化交流和融合，中国家政教育出现了兴旺的局面，纪晓岚负责编纂的《四库全书》收录了大量的家政书籍，同时还诞生了一批集家政思想之大成的经典，如朱柏庐的《朱子家训》、曾国藩的《曾氏家书》，尤为可贵的是以曾国藩、左宗棠、张之洞、李鸿章为代表的晚清中兴名臣，以睁眼看世界的视野、深厚的儒学功底以及卓有成效的治家实践，提出了各具特色的家政思想体系，把中国古代的家政思想推向了一个新的高度。

二、家政学的诞生

从世界范围的传播影响来看，一般人们认为美国家政学的影响更大，所以认为世界家政学的诞生地在美国。著名教育学家杜威指出："与大量表面光鲜、内容空洞的所谓社会职业相比，家政是一个更加崇高的行业，对美国人民而言，再没有其他科目要比发展家政科学更重要的了。"

1841年，美国卡特琳·比彻尔女士撰写了《家事簿记》（图1-3）一书和《论家政》一文，首先对家庭

图1-3 《家事簿记》

问题作了科学性的探讨，并描述了解决家庭问题的实际方法。比彻尔女士的成果对家政学作为一门学科的发展起了重要作用，标志着家政学作为一门学科正式诞生。

1862年，美国政府正式通过立法并提供资金来鼓励社会各级学校广泛开设家政教育课程。"二战"后，美国家政学伴随美国的整体进步不断发展。家政课程首先于19世纪70年代进入美国高等学校，1875年，伊利诺斯大学第一个设立四年制的家政课程，是大学正式确立家政学学科地位的开端。1890年后，美国学院和高中广泛开设家政学课程。

19世纪末20世纪初，受到良好教育的美国中产阶级妇女，她们渴望像男性一样平等参与公共事务管理活动，从女性的家庭管家角色出发，向社会延伸，成为社会管家和国家管家，她们希望将科学成果应用到家庭生活中，革新家庭状态。艾伦·理查兹是她们中的代表，她将家政学视为一种社会改革活动，通过科学的方法将家政科学化、专业化，用家政学武装家庭中的妇女，提高她们的知识文化，帮助她们解决家庭生活事务问题和拥有获取更多社会工作机会的能力。艾伦·理查兹最早提出家政学的关注重点：一方面是控制家庭食品、服装和住所等的生产和消费；另一方面是管理经营物品、时间、精力和金钱。这些关注点都反映了当时家庭面对的生活现实：工业革命带来的环境污染，并造成了生活用水的污染，空气质量下降；公共管理不完善，造成垃圾遍地，质量良莠不齐的食物充斥市场。作为一名理科学者，理查兹女士联合化学家、公共卫生学学者、生物学者等，跨学科综合研究如何解决这些问题，从实践中积累并形成了最初的家政学理论。

1899年9月，在纽约的柏拉塞特湖俱乐部，11位研究家政的学者聚集在一起，讨论"家政诸多问题"，其中最重要的成果是确定了家政学的正式名称"Home Economics"。柏拉塞特湖会议每年举行一次，直到1908年，奠定了家政学的基本理论基础。1908年12月，美国家政学学会于华盛顿成立，艾伦·理查兹女士为首任会长，标志着家政学正式成为一门独立的科学。

三、现代家政的发展

自家政学成为一门独立学科后，家政学理论不断得到丰富和发展，指导着家政学在生活中的应用。随着生产力的不断发展，人民生活水平显著提升并对生活质量提出更高的要求，加之各国政策的支持以及家庭结构变化等因素的影响，使得家政不管在教育还是产业上都出现了新的变化。

（一）现代家政发展的背景

1. 社会经济发展

进入21世纪以来，世界各国的第三产业发展迅速，发达国家第三产业产值和就业比重均在60%~70%，其中服务业在经济活动中取得主导地位，现代服务业已经成为各国经济增长的主要动力和现代化的标志。区别于传统服务业，现代服务业属于知识技术密集型产业，日益成为推动全球经济增长的主导力量。各国在保证经济平稳发展的同时，不断调整消费结构，使其合理化，如日本消费结构的变化是以劳务性消费支出的增加为特点，在劳务消费支出不断增加的情况下，消费生活不仅是满足人们的物质需要，更提出了消费生活的多样化、个性化、需求的高度化等新要求。而我国的居民消费结构由温饱型向小康型升级，创造了新的市场最终需求。随着我国社会经济的发展，人民生活水平得到了大幅提升，人民的生活需求发生了巨大变化，我国社会主要矛盾由"人民日益增长的物质文化需要同落后的社会生产之间的矛盾"转化为"人民日益增长的美好生活需要和不平衡不充分的发展之间的矛盾"。在以上社会经济发展的背景下，家政在当代经济发展水平中对于满足人们对美好生活的需求方面发挥着巨大的作用，同时家政服务行业作为第三产业的现代服务业，又进一步推动了全球经济增长。

2. 国家政策支持

近年来，为了保障家政服务人员的合法权益，美国联邦政府和州政府从法律和财税制度上针对家政服务工作的特殊性，在家政服务的税收、最低工资、工作条件等方面作出了详细的规定，为家政服务业的规范发展提供了制度保障。美国各级政府还针对家政服务职业培训出台了相关规定，规范培训的组织过程。日本的家事服务和介护服务的政策制度与社会保障制度高度相关，其中包括医疗制度、公共卫生保健事业制度、公有养老金制度、雇佣保险制度、职工灾害补偿保险制度等，完善的法律法规和政策文件在保障家政服务业的发展方面发挥了重要作用。近年来，我国党中央、国务院高度重视家政服务业的发展。自从2011年家庭服务业作为生活性服务业的重要组成部分被写入"十二五"规划开始，家庭服务作为吸纳城乡女性劳动力就业作用突出的一种新兴的"朝阳行业"在中国迅速发展，成为我国第三产业发展中的重要组成部分。2019年2月20日，国务院常务会议指出，促进家政服务扩容提质，事关千家万户福祉，是适应老龄化快速发展和全面二孩政策实施需求的重要举措，有利于扩消费、增就业。一要促进家政服务企业进社区，鼓励连锁发展，提供就近便捷的家政服务。大力发展家政电商、互联网中介等家政服务新业态。二要加强家政服务技能培训，推动质量提升。在有条件的高校、职业院校开设家政服务相关专业，支持符合条件的家政服务龙头企业创办家政服务类职业院校。三要推进家政服务标准化，推广示范合同。建立诚信体系，实施规范监管。四要加大政策扶持。按规定对小微家政服务企业给予税费减免。鼓励地方以政府购买服务的方式，为化解行业过剩产能企业转岗人员、建档立卡贫困劳动力免费提供家政服务培训。支持员工制家政服务企业配建职工集体宿舍。

3. 人民生活品质要求

随着社会经济的持续增长，人民群众的收入大幅度增加，尤其是城市居民的生活水平得到了极大改善，当人们基本的生活条件得到满足后，必然追求高质量的生活品质，追求物质生活和精神生活的全面改善，追求生活的丰富多彩。目前，中国特色社会主义进入新时代，我国社会主要矛盾已经转化为人民日益增长的美好生活需要和不平衡不充分的发展之间的矛盾。社会主要矛盾的变化，反映的是由较低层级供需矛盾向中高层级供需矛盾的转变。人民美好生活需要的内容更广泛，它不仅包括物质文化需要这些客观"硬需要"的全部内容，还包括其衍生的获得感、幸福感、安全感和尊严、权利等具有主观色彩的"软需要"。既有的"硬需要"没有消失，而是呈现出升级态势，人们期盼有更好的教育、更稳定的工作、更满意的收入、更可靠的社会保障、更高水平的医疗卫生服务、更舒适的居住条件、更优美的环境、更丰富的精神文化生活。人民美好生活的需求进一步刺激了消费需求，而人民对生活品质的要求也激励着市场提供更高质量的服务。基于以上背景，家政对满足人民美好生活需要发挥着巨大作用，近年来我国越来越重视家政相关学科的建设和发展，重视家政服务行业的发展和完善，不断促进家政服务行业的转型升级。

4. 家庭结构变化

西方工业化过程为家庭带来的重要影响是家庭结构由大家庭转变为小家庭，尤其是20世纪30年代，美国的经济大萧条使得传统的父权制核心家庭结构发生改变，更多的妻子走出家庭，谋求职业。而我国近几十年的发展中，家庭结构受到经济发展、生育政策、人口流动、价值观念变化等一系列因素的影响，使得现代家庭规模日趋小型化、家庭结构趋于核心化。家庭结构的变化对家庭消费结构带来了重大影响。随着家庭规模的缩小，人们所追求的家庭生活质量摆到了显要的位置，一个三口之家再也不必为吃饭穿衣而担忧，而是考虑该吃什么，更加注重生活质量。家庭结构的变化不仅影响到家庭消费，还影响到家政服务业的发展，促使家政服务领域和服务对象不断拓展。随着三孩政策的放开，国家对生育的鼓励以及人们生活质量要求的提高，对产妇、婴幼儿照料的家政服务需求日益旺盛；随着社会老龄化步伐的加快，残疾、孤寡、空巢等特殊高龄老年人口基数扩大，现代家庭结构无法满足这些老年人的养老需求，因此，老年人对家政服务的需求也很旺盛。

（二）现代家政发展现状

1. 美国家政发展

2001年，美国家政学者鲍尔等提出了家政学学科知识体系。2008年，美国家政学会发布《家庭与消费者科学教育国家标准》。2010年，美国修订学科专业分类系统，家政学学科作为一级交叉学科群，有10个学科和33个下属专业。

现在的美国家政学，已经发展为拥有丰厚社会基础的科学。它拥有学前、小学、中学，各种技术和社区学院，直到学院、大学、研究生的教育体系，拥有众多家政硕士和博士教育机构。有近千所大学设有家政学系或专业，学科内容涉及社会、经济、医学、营养、资源、环境等各方面。它培养的人才就职于教育、管理、服装设计、食品加工、出版等十分广泛的领域。美国家政行业有着极高的地位，并已经发展形成了一整套结构完整、形式多样、质量可靠的家政服务体系。美国家政服务公司由民间人事注册，政府提供所需资金，并受到政府的严格监管。

由于美国家政学科教育拥有较长的发展历史，拥有全国性的教育体系，拥有覆盖众多领域的职业门类，使美国家政学在理论和实践上都处于世界领先地位。

2. 中国家政发展

随着改革开放政策的实施，20世纪80年代中国的家政与家政学研究和教育开始进入一个新的发展时期。20世纪90年代末，全国曾经一度兴起家政教育热的现象。但是由于当时的社会大环境影响，人们把家政等同于保姆，无法从理性上认同和接纳家政高等教育，使家政学学科陷入办学困境，一些院校不得不忍痛停办。1986年，湖北武汉成立武汉家政研究中心。1988年武汉现代家政专修学校成立，是中华人民共和国建立后创办的第一所专门系统传授家政知识的学校，1997年升格为家政学院。2003年吉林农业大学和北京师范大学珠海分校开设家政学本科专业。2009年聊城大学东昌学院、2012年湖南女子学院，创办家政学本科专业。2020年，河北师范大学开设家政学本科专业。目前我国有30多所高校开设了家政学或与家政相关的专业。2021年教育部职业教育专业目录修订，设置中职和高职层次现代家政服务与管理专业、职业本科层次现代家政管理专业。吉林农业大学设有社会学硕士

研究生家政与社会发展方向硕士点。目前，高等教育家政学的体系基本雏形已经形成。

3. 其他国家和地区家政发展

1）日本

日本家政教育是基础教育阶段的必修学科，小学、初中、高中、大学对家政教育都有对应的培养体制，并且担任家政教育的老师都必须经历非常严格的职前测试才能聘任，其专业化和普及化水平在全世界是一流的。日本现代家政服务是在老龄化加剧的时代背景下发展起来的，20世纪90年代，随着家政服务需求的迅猛增长，日本的家政服务业进入加速发展期。

2）韩国

韩国在20世纪80年代进入经济发展的"汉江奇迹"时代，90年代跻身发达国家行列，成为"亚洲四小龙"。人们普遍追求创造财富，女性也开始更多地走向社会，教育上抛弃家政，选择商学、法学等。90年代，随着民众生活水平普遍提高，经济发展速度趋稳。大众开始广泛关注家庭生活质量问题，与衣食住用和儿童教育有关的研究机构纷纷成立，各种家政职业教育培训蓬勃兴起。为满足社会需求，引导家政产业发展，韩国重新重视家政，大力发展家政行业。

3）菲律宾

菲律宾的家政服务行业世界知名，依靠的是高水平的家政学科教育。20世纪70年代，菲律宾将劳务输出作为一项国家重要经济政策，鼓励以菲佣为主的劳务输出。为了支持这个庞大的国家产业，必须有足够强大的家政教育支持。目前，菲律宾全国2 000多所大学，几乎均设有家政专业，其中一些品牌大学还设有专门的家政学院。菲律宾大学作为规模最大、水平最高的国立大学，1961年设立家政学院，有7个学士学位专业：室内设计、服装工艺、社区营养、食品工艺、家政学、饭店餐馆管理和家庭生活与儿童开发；有5个硕士学位专业：家庭生活与儿童开发、食品服务管理、家政学、食品科学和营养学；有3个博士学位专业：食品科学、家政学和营养学。

4）其他

欧洲家政学的总体内涵和发展的历史文化背景与美国相似，因此两类家政学没有本质差别，只存在国别传统和社会文化倾向的不同。

英国家政，在学科建设上受中世纪大学和贵族传统的影响，有较浓厚的贵族文化气息和宗教神学气息。被誉为家政精英摇篮的诺兰德学院，是满足贵族上层社会生活需求的典型。其高精尖的极致家政知识与技能，是否和大众的家政需要相匹配，是否值得广泛推广借鉴，尚有待研究。英国的家政在大众中传播，则是借助中小学的家政课程。

法国原本是欧洲贵族文化的源头，在家政学的发展上，和美国的轨迹很相近。不同的是，在职业教育方面，法国拥有详尽细致的职业证书制度，家政学的生活相关事物被细分为若干职业资格。

德国作为欧洲的主要国家，其家政的发展，除了具有和其他西方国家一样的贯穿幼儿园、小学、中学的家政素养课程外，还具有自身特点的职业学校。德国的双元制职业教育，在世界范围别具一格。家政在德国职业院校中化身为职业教育，受到德国民众的欢迎。

任务拓展

中国家政进入新赛道

中国的家庭结构至今已经发生了巨大变化，早已从多代同堂的大家族迅速向三五口之家的小家庭转变，大量的家政服务需求得到释放。家政行业已与城市生活深度捆绑，担负起亿万家庭"一老一小""柴米油盐"的生活重任。目前，家政产业已跨入万亿级市场行列，全国家政从业人员数超过3 000万。

国家对家政市场的扶持与监管力度空前。2019年，国务院办公厅印发《关于促进家政服务业提质扩容的意见》，由于政策含金量高、推动性强，被称为"家政黄金36条"；2023年5月，商务部、国家发展改革委联合印发《促进家政服务业提质扩容2023年工作要点》。上海、广东、温州等地也相继推出法律护航家政业发展。日益旺盛且不断升级的市场刚需催生更多家政细分领域、更专业化的人才、更广的提升空间。迈向现代化，人民群众对美好生活的新期盼，呼唤中国家政服务业向高质量发展，向现代化转型。《中华人民共和国职业分类大典（2022年版）》涉及家政5个职业、7个工种，如保育师、养老护理员、家政服务员、收纳师等。不断升级的现实刚需，推动着大浪淘沙后的家政业向品牌化、专业化及数字化加速发展。随着越来越多新生力量加入家政服务行业队伍中，家政从业人员的结构、服务理念、社会认知都在发生着快速变化。家政行业的新生力量，也迫切期待更多认可与更广阔的舞台。

（来源：摘自《半月谈》2023年第7期）

任务评价

一、单项选择题

1. （　　）的作品（　　），被誉为世界上最早的家政思想的起源。
   A. 柏拉图《理想国》　　　　　　　B. 苏格拉底《谈话录》
   C. 色诺芬《经济论》　　　　　　　D. 亚里士多德《家政学》

2. 1840年，美国卡特琳·比彻尔女士撰写的作品（　　），首先对家庭问题做了科学探讨。
   A. 《家事簿记》　　　　　　　　　B. 《论家政》
   C. 《家庭管理》　　　　　　　　　D. 《家政论》

3. 美国家政学学会的首任会长是（　　）。
   A. 卡特琳·比彻尔　　　　　　　　B. 艾伦·理查兹
   C. 卡特琳·理查德　　　　　　　　D. 艾伦·比彻尔

4. 中国的家政教育始于（　　）。
   A. 《女子学堂章程颁布》　　　　　B. 中华民国成立

C. 中华人民共和国成立　　　　　D. 改革开放

5. 家政学的诞生地在（　　）。

A. 英国　　　　B. 美国　　　　C. 中国　　　　D. 菲律宾

二、简答题

1. 简述中国古代家政思想的发展阶段。
2. 简述现代家政的发展背景。

项目二 认知家政学的内容和价值

【项目概述】

通过对前面知识的学习，学习者或许依然面临着这样的疑惑：家政学到底研究什么？现代家政在发展过程中又呈现出了什么特点和功能？解除以上疑惑也是帮助学习者全面认知和了解家政和家政学的全貌，从而深化对家政学和现代家政服务与管理专业的认知。本项目从家政学的研究内容、对象和目标出发，引导学习者进一步理解与认识家政学的内涵；从现代家政的特点、功能入手，引导学习者理解现代家政的发展特点与现实应用价值，认知家政在社会生活中的意义，树立从事家政服务与管理工作的信心。

【项目目标】

知识目标	1. 熟知家政学的研究内容、对象和目标； 2. 熟知现代家政的特点和功能
能力目标	1. 能够概述家政学的研究内容、对象和目标； 2. 能够理解现代家政的特点和功能
素养目标	1. 具有现代家政学的学科意识； 2. 树立从事家政服务与管理工作的信心

【项目导航】

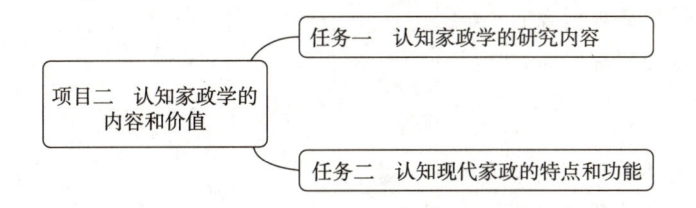

```
                    ┌─ 任务一  认知家政学的研究内容
项目二 认知家政学的 ─┤
       内容和价值   └─ 任务二  认知现代家政的特点和功能
```

任务一 认知家政学的研究内容

任务引言

任务情境：家政学作为一门新兴科学，有它特有的研究内容、研究对象和研究目标。现代家政服务与管理专业的学生有必要了解家政学的学科定位，即家政学的研究内容、研究对象和研究目标，从而深入认识家政学，为专业学习奠定基础。本任务从家政学的研究内容、研究对象和研究目标介绍家政学，深化学习者对家政学的认知。改革开放后，为了让人才培养与社会发展相适应，提高人民的生活质量，促进人类社会的全面发展，家政学被赋予重任，家政学逐步成为关于生活智慧的学科，其研究内容具有一定的丰富性、多样性和发展性。

任务导入：你认为家政学的研究内容是什么？它的研究对象是什么？研究目的又是什么？

任务目标

知识目标

1. 知晓家政学的研究内容；
2. 知晓家政学的研究对象；
3. 知晓家政学的研究目标。

能力目标

1. 能概述家政学的研究内容和研究对象；
2. 能概述家政学的研究目标。

素质目标

1. 具有现代家政学的学科意识；
2. 形成现代家政学的科学认知。

任务知识

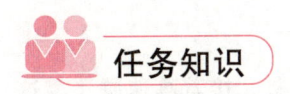

一、家政学的研究内容

家政学的研究内容非常广泛，涉及家庭生活的方方面面，现代家政学的研究内容更为广泛，主要包括以下几个方面：

（一）家政学的基本理论

家政学探讨家庭生活发展的规律。家庭发展的基本要素和基本规律，属于理论家政学研究的领域，是家政学研究的基础。包括家政学原理、家庭论与家族论、家庭生活方式理论、家政经营理论和家庭服务理论、家政思想史和各国家政学等。

（二）家政学的应用研究

家政学的应用研究是对家庭日常生活诸方面的系统研究，如研究处理家庭事务的实用知识、管理方法与操作技巧，研究党政机关各个部门、人民团体、各行各业、各个学科为改善不同类型家庭生活所做的指导、支持和服务工作。家政学的应用研究属于技术家政学范畴，使家政学研究直接指导现实生活。包括家政生活设计（家庭生活的规划）、家庭生活技艺、家庭生活测量与评价、家庭生活美学、家庭干预与治疗。

（三）家政教育的普及与推广

家政教育包括家政教育体系、家庭教育、家政社区教育与培训、家政技术普及和普惠、家政职业教育等应用型教育及家政学高等教育等。

现代家政学的内容在不断扩展，在多种学科基础上，进行跨学科整合。学科知识的融合是必需的，因为日常生活中的现象和挑战不是单一维度的。

总之，家政学的研究内容取决于具体的情境，但基本包含9个方面：食品科学和服务业、营养和健康、织物和服装、住所和安居、消费主义和消费科学、家庭管理、设计和科技、人类发展和家庭研究、教育和社区服务。

二、家政学的研究对象

（一）早期的家政学研究对象

从1908年家政学诞生到第二次世界大战期间，世界范围内对家政学的研究主要集中在美国，其次是欧洲，其他国家和地区处于初步辐射传播阶段。"二战"后，各家政学的后发国家开展了大量的研究探索。归纳早期的家政学定义，普遍出现的词语是家庭生活管理、持家、治家、饮食、烹饪、缝纫、育儿等，概括这一阶段的家政学研究对象就是家庭生活事务的操持与管理。

（二）发展的家政学研究对象

"二战"以后，以美国为代表的西方经济，先是从战争中迅速恢复，接着高速腾飞。这时候家政学的研究对象有教育、训练、服务、产品、装饰、文化、情感等。同时也有家庭生活、家庭成员出现，概括这一阶段的家政学研究对象，相对抽象，是家庭的发展活动、精神活动或情感活动，比之早期的以家庭的基本生活活动为主已有明显拓展。

（三）当代家政学研究对象

以当下的视角，再来审视家政学的研究对象时，前述各个时期家政学内涵探索中出现的研究对象都不够具体。家庭生活是一个包罗万象的场域，家庭本身汇集了多重空间、多重环境，是具体和抽象的集合，家庭从总体概念上讲就是社会，从单一概念上讲就是由几个互为家人的成员构成的社会基础组织单位。家政学研究的家庭生活，主要是以微观的、具体的家庭为对象，但直接把家庭作为对象进行研究，从它的复杂性讲，很不具体，若以家庭生活为研究对象，从具体的家庭角度来讲还是一个不确定的范畴。因为一个具体的家庭，它的家庭生活所包含的内容虽然一定是小于集体概念的家庭生活内容，但依然是纷繁复杂的，而且具体家庭的生活内容随着时间推移是不停变化的，不同的家庭中同样的家庭生活内容，又会因该家庭的具体条件状况，引起家庭生活内容各自发展与变化的不同，因此把家庭生活作为研究对象，并不是准确而同一的对象。

当代家政学的研究对象应该具体到最基础的因素，家庭生活不能再分解的那些构成因素，就是人和物，家庭生活中的人和物，就是家庭成员与家庭资源。以经济学来说，家庭经济的研究若是以家庭生活为对象，分析家庭生活的收入、家庭生活的消费，混沌一团，无从下手，但以家庭成员和家庭资源为对象，就可以直接分析具体的成员、具体的资源，使经济学规律到家政学研究的迁移变得更容易，更便于整合为家政学的一部分。

三、家政学的研究目标

（一）社会目标

家政学要达成的社会目标，是从构成社会的人的角度，把庞大的社会和个体的人，通过家庭更好地衔接在一起，让作为社会新成员的人，在成长过程中更好地与社会同频，到其成长为社会建设者和贡献者的时候，能通过自己力所能及的行动，构建一个自己满意、有利于他人的社会。这样的社会才是人类以群体方式生活的社会，构建社会的根本目的，就是追求全人类的美好与幸福。

（二）家庭目标

家政学要达成的家庭目标，是把家庭看作是人参与社会、展开个人人生的平台和中介。人是组成人类社会的一分子，人是组建家庭的一分子，家庭是社会的最小单位，在这三者的嵌套关系中，人在最内核。人的家庭活动并不完全与社会活动重叠，但人的全部社会活动都会与家庭活动有关，而人的全部家庭活动是包含于社会活动当中的，得到社会活动的支持，受到社会活动的制约。家政学在家庭上的目标，是要把家庭同时当作建设美好社会的实施对象和工具。家庭作为实施对象的含义,就是建设更优质、更健康、更高效、更能保障家庭成员幸福的家庭。家庭作为实施工具的含义,就是家政学促进人类幸福的社会终极目标的达成,需要借助家庭目标的结果来实现。

(三) 人的目标

家政学的出发点和落脚点,事实上都是自然属性与社会属性兼具的人。人不论作为自然人从幼小到成年,还是作为社会人从懵懂无知到参与社会,家庭在其中都扮演了重要的角色。这个角色,社会学只讨论婚姻制度和家庭制度问题,教育学讨论家庭教育的领域,经济学讨论家庭收入与消费的部分,医学讨论健康与卫生,营养学讨论每日三餐食物能满足的营养价值,等等。然而,人只要活着,就要过以家庭为基础的日常生活,这样的家庭生活是连贯的、整体的、具体的,家政学以连贯的、整体的、具体的方式管理、改进家庭生活,其根本目的是满足生活在其中的人。通过对家庭的科学管理,给家庭中的人以最强的成长支持、最优的满足,以成就最大的自我实现,获得最充盈的幸福感。

任务拓展

国际家政学会(International Federation for Home Economics)

国际家政学会是一个国际性非政府组织,在联合国和欧盟享有顾问地位。家政学的影响力是举世瞩目的,很多例子表明家政学能够产生改革性的力量。在国际上,家政职业者推动了1994年国际家庭年的确定,促使家庭成为一个政治焦点,并因此影响了很多国家人民的家庭生活。1989年12月8日,第44届联合国大会宣布1994年为"国际家庭年",并确定其主题为"家庭,变化世界中的动力与责任"。此后,联合国有关机构又确定以屋顶盖心的图案作为"国际家庭年"的标志,昭示人们用生命和爱心去建立温暖的家庭。国际家庭年的宗旨是提高各国政府、决策者和公众对于家庭问题的认识,促进各政府机构制定、执行和监督家庭政策。1993年2月,联合国社会发展委员会又作出决定,从1994年起,每年5月15日为"国际家庭日"(International Day of Families)。设立国际家庭日旨在改善家庭的地位和条件,加强在保护和援助家庭方面的国际合作,以此提高各国政府和公众对于家庭问题的认识,促进家庭的和睦、幸福和进步。

任务评价

一、单项选择题

1. 家政学的研究内容不包括( )。
   A. 家政学基本理论 B. 家政学的应用研究
   C. 家政教育的普及与推广 D. 学校教育

2. 家政学的研究对象，主要以持家、治家、烹饪、育儿等为核心的阶段是（　　）。
   A. 早期的家政学研究对象　　　　　B. 发展的家政学研究对象
   C. 当代的家政学研究对象　　　　　D. 未来的家政学研究对象
3. 在家政学的研究目标中，把家庭当作建设美好社会的实施对象和工具，该目标属于（　　）。
   A. 家政学研究的社会目标　　　　　B. 家政学研究的家庭目标
   C. 家政学研究的个人目标　　　　　D. 家政学研究的情感目标
4. 以下属于家政学的应用研究的是（　　）。
   A. 家庭生活发展的规律　　　　　　B. 家政经营理论和家庭服务理论
   C. 家庭生活技艺　　　　　　　　　D. 家政技术普及和普惠
5. 当代家政学研究的对象是（　　）。
   A. 家庭生活事务的操持　　　　　　B. 家庭生活事务的管理
   C. 家庭生活　　　　　　　　　　　D. 家庭成员与家庭资源

二、简答题

1. 简述家政学的研究内容。
2. 简述当代家政学的研究对象。

任务二　认知现代家政的特点和功能

任务引言

任务情境：现代家政在传统家政思想的基础上有了新的突破和超越，这是经济发展、社会进步和科学技术发展的必然结果。时代的进步，不得不让现代家政以现代社会需求为导向，贴近家庭，关注现实，服务社会，充分体现出家政学学科的时代性和实用性。现代家政呈现出社会化、数智化和专业化的发展趋势。在生活中，现代家政不管是对个人和家庭，还是对国家和社会都有着重要的作用。本任务主要从现代家政的特点和功能入手，让学生充分认知现代家政呈现的特点，理解现代家政在当代生活中的作用。

随着互联网+不断深入生活，改变着人们的生活方式，使人们的生活更便捷，同时也给人们带来了更好的家庭生活服务体验。互联网等科学技术的发展，有力地推动了家政的变革。

任务导入：你在生活中体验到了现代家政的哪些特点和功能？你还发现了家政的哪些变化？

任务目标

知识目标

1. 知晓现代家政的特点；
2. 知晓现代家政的功能。

能力目标

1. 能概述现代家政的特点；
2. 能介绍现代家政的功能。

素质目标

1. 具有现代家政服务的意识；
2. 树立从事现代家政服务与管理工作的信心。

任务知识

一、现代家政的特点

随着时代的发展、科技的进步，现代家政呈现出一些新的特点，现代家政的特点如下：

（一）家政社会化加深

随着收入的增加，人们越来越希望从繁复的家庭事务中解放出来，这为家庭事务管理社会化提供了前提。家政社会化指家庭事务的处理与管理由社会机构或由社会化的生产方式提供并完成。现代家庭一方面把原来许多在家庭内部进行的家政内容交给社会，由社会化的生产完成；另一方面，又把外界服务引入家庭，使原来封闭的家庭管理模式开放化。由此可见，现代家政已经有了社会化的典型特征。随着社会的发展，家政的社会化程度会不断提高，只有认识到家务劳动与社会生产劳动同样可以创造社会经济价值，家政行业才会有更大的发展空间。

（二）家政数智化加快

社会生产力的快速发展推动了移动互联网、云计算、大数据、区块链、物联网、人工智能等数智化信息技术在生活领域中的普及，数智化信息技术极大地推动了家政行业由传统向高品质和多样化升级。家政服务产业新业态新模式不断涌现，O2O模式的家政服务平台是当今世界各国家政服务行业在互联网时代的发展先锋。"十三五"以来，我国电子商务平台技术服务收入年均增速超过20%，移动支付、短视频、手机购物、社交等灵活、即时应用服务场景不断丰富，社会生活领域出现了以共享经济为特征的新模式，新冠肺炎疫情的爆发，进一步凸显了线上服务、无接触式服务、个性化服务的优势和作用。这些新业态新模式

都是建立在新一代信息技术基础上的，现代科技创新不仅是当前服务业发展的重要标志，也是生活服务业高质量发展的推动力量。现代科技在家政领域中的应用，一方面适应新科技革命和产业变革趋势，增加更多样化、更高品质服务产品的有效供给；另一方面，能够适应消费升级需求，更好满足不同群体、不同层次的服务消费需求，提高消费者服务满意度，帮助更多家庭实现品质生活。在家政教育中，学校尤其是高校家政专业教育也在寻求更多的教学信息化手段，不断研发虚拟仿真实训设备，以便促进家政教育质量的提升。智能居家如图1-4所示。

图1-4　智能居家

（三）家政专业化提升

在美国、日本等国家，家政教育已经覆盖了从中小学到大学阶段的教育，形成了完整的教育序列。近年来，我国越来越重视家庭劳动教育，2020年3月，我国中共中央国务院发布《关于全面加强新时代大中小学劳动教育的意见》（以下简称《意见》），《意见》指出，家庭要发挥在劳动教育中的基础作用。2022年教育部修订了《义务教育课程设置实验方案》，对课程方案、课程标准等内容作了调整，细化了义务教育阶段劳动课程的内容设置。家政教育在高职阶段的专业设置也进行了细化，根据2022年教育部修订的《职业教育国家教学标准体系》，在高职阶段设置了现代家政服务与管理专业（专科层次）和现代家政管理专业（本科层次）。目前，我国有吉林农业大学、河北师范大学、浙江树人学院等十几所高校招收家政学本科生，少量高校招生家政学硕士研究生。我国的家政教育体系正处于不断完善的过程中。随着我国家政教育体系的不断完善，不断涌现的家政专业人才，为家政服务行业输入了大量专业化人才，有力地推动了家政服务的标准化、规范化，促进了家政服务行业的专业化和转型升级。所以，家政服务行业正在逐步走向技术含量更高、涵盖范围更广的专业化、产业化发展阶段。

二、现代家政的功能

家政服务业作为改善民生、提升百姓生活福祉的重要业态，是满足人民日益增长的美好生活需要的重要载体，也是扩大就业的重要渠道。现代家政不管是对个人和家庭，还是对国家和社会，都具有重要的意义。

（一）对个人和家庭的功能

1. 有利于个人和家庭生活质量的提升

随着国民经济的发展以及人民收入水平的提升，个人和家庭对生活质量的要求也越来越高。人们都希望在力所能及的情况下让自己的吃、穿、住、行、娱达到最佳状态。但是受工作压力、人口老龄化以及国家生育政策的影响，个人尤其是家庭中承担照顾家庭重任的女性，不仅承受巨大的工作压力，还要照顾家庭，更加需要家政为家庭提供多样化、高质量和个性化的服务，解决家庭的后顾之忧，分担家庭生活的压力，提升家庭精神生活和物质生活质量。

2. 有利于家庭健康发展与和谐稳定

中国传统家庭以大家庭为特征，在这种家庭中相互制约、相互支持的亲属关系较多，家庭生活中的一些需求在家庭内部基本可以得到解决和满足。但随着近年来家庭结构趋于小型化，家庭内部关系减少，可调动的资源减少，缺乏亲属关系的相互支持，因此，家庭情感问题和矛盾日益突出。现代家庭需求的满足需要得到家政的支持，再加上人口老龄化日趋严重和国家对生育的鼓励，"一老一小"两个群体也为家政提供了更多的服务领域。家政一方面满足家庭的需要，提供高增值、高情感体验和高精神享受的服务；另一方面可以培养服务人员尊敬老人、爱护儿童的责任心。同时，通过客户与服务人员的沟通交流，增强彼此之间的相互尊重、信任和理解，这对于传播健康的家庭生活习惯、促进家庭健康发展具有积极的作用。

（二）对国家和社会的功能

1. 有利于促进就业

家政行业是劳动密集型产业，且服务范围广、服务项目多，吸纳劳动能力非常强。家政主要通过两个方面促进就业：

（1）提供就业岗位，家政行业部分岗位对从业人员的文化素质和技能水平要求相对较低，不受文化程度和受教育水平的限制。所以，家政行业是劳动力就业的一个重要渠道。在促进劳动者就业的同时，有助于改善这一群体及其家庭的经济状况，提升他们的收入水平；

（2）改善劳动者的素质，家政服务从业人员的文化素质和技能水平大都相对较低，通过对他们进行教育培训，可以提高其职业道德素质和综合技能素质，提升其在就业竞争中的优势，促进其更好地就业。

2. 有利于改善民生

家政专注民生所需，是满足人民群众对美好生活需要的重要途径，是"小切口、大民生"的具体体现。因此，家政不是小事，它关系着保障和改善民生的大事。家政通过将从业人员与家庭联系起来，一方面，家政服务人员获得工资报酬，促进其由能力通过参保以维护自身权益；另一方面，家政服务人员通过提供养老、母婴等服务，可以促进城市居民自我保障能力的提高。总之，补齐了家政这块民生短板，可以有效增强人民群众的获得感、幸福感、安全感。

3. 有利于维护社会和谐稳定

（1）家庭和谐是社会和谐的基础。家和万事兴，健康和睦和进步向上的家庭是整个社会强有力的支柱。家政既提升了家庭的生活质量，又以家庭的和谐促进了社会的和谐，最终实现"以小家庭的和谐共建大社会的和谐，形成家家幸福安康的生动局面"的目标。

（2）连接城乡效益，促进社会稳定。家政行业同时使城市居民生活质量得到提升，农村富余劳动力及下岗人员就业岗位增加，促进城市和乡村的融合发展，缩小城乡之间的隔阂和差距，同时也进一步缩小了贫富之间的差距。

任务拓展

提高家政人员素质

（1）支持院校增设一批家政服务相关专业。原则上每个省份至少有1所本科高校和若干职业院校（含技工院校，下同）开设家政服务相关专业，扩大招生规模。

（2）市场导向培育一批产教融合型家政企业。到2022年，全国培育100家以上产教融合型家政企业，实现城区常住人口100万以上的地级市家政服务培训能力全覆盖。

（3）政府支持一批家政企业举办职业教育。将家政服务列为职业教育校企合作优先领域，打造一批校企合作示范项目。支持符合条件的家政企业举办家政服务类职业院校，各省（区、市）要设立审批绿色通道，简化流程优化服务。推动30家以上家政示范企业、50所以上有关院校组建职业教育集团。

（4）提高失业保险基金结余等支持家政培训的力度。将家政服务纳入职业技能提升行动工作范畴，并把灵活就业家政服务人员纳入培训补贴范围。所需资金按规定从失业保险基金支持职业技能提升行动专项资金中列支。

（5）加大岗前培训和"回炉"培训工作力度。对新上岗家政服务人员开展岗前培训，在岗家政服务人员每两年至少得到1次"回炉"培训。组织30所左右院校和企业引进国际先进课程设计和教学管理体系。组织实施巾帼家政服务专项培训工程，开展家政培训提升行动，确保到2020年年底前累计培训超过500万人次。

[来源：《关于促进家政服务业提质扩容的意见》（国办发〔2019〕30号）]

任务评价

一、单项选择题

1. 关于现代家政的特点，下列说法不正确的是（　　）。
   A. 家政的社会化程度不断加深　　　　B. 家政的数智化进程不断加快
   C. 家政的专业化程度日益提升　　　　D. 家政的认可度不断加强

2. 有关现代家政对国家和社会的功能，下列说法不准确的是（　　）。

A. 有助于促进就业 B. 有利于改善民生
C. 有助于提高人们的文化水平 D. 有利于维护社会和谐稳定

3. 有关现代家政对个人和家庭的功能，下列说法正确的是（　　）。
A. 有利于改善民生 B. 有利于家庭健康发展
C. 有利于维护社会稳定 D. 有利于促进就业

4. 家政服务产业新业态新模式不断涌现，O2O 模式的家政服务平台是当今世界各国家政服务行业在互联网时代的发展先锋。这体现了现代家政的（　　）特点。
A. 家政的社会化程度不断加深 B. 家政的数智化进程不断加快
C. 家政的专业化程度日益提升 D. 家政的认可度不断加强

二、简答题

1. 简述现代家政的特点。
2. 简述现代家政的功能。

模块二　家庭与家庭制度

模块导航

模块二　家庭与家庭制度
项目一　认知家庭
　　任务一　认知家庭的定义与本质
　　任务二　认知家庭的类型与功能
项目二　认知家庭制度
　　任务一　认知家庭制度的内容与意义
　　任务二　认知现代家庭制度的发展

课程导学

家庭家教家风

　　家庭是国家发展、民族进步、社会和谐的重要基石。党的二十大报告指出：提高全社会文明程度，实施公民道德建设工程，弘扬中华传统美德，加强家庭家教家风建设，推动明大德、守公德、严私德，提高人民道德水准和文明素养，在全社会弘扬劳动精神、奋斗精神、奉献精神、创新精神、勤俭节约精神。这充分体现了党和国家对家庭家教家风建设工作的高度重视，把对家庭问题的规律性认识提升到一个新高度，为新时代家庭建设提供了科学指南，成为新时代家庭建设的根本遵循。

　　科学认知家庭与家庭制度是现代家政服务与管理的必要条件，同学们学习家庭的内涵与类型，对后面知识的学习会起到促进作用。学习中要注重加强中华家庭优秀传统文化教育，大力弘扬家庭家教家风建设，深刻理解中华优秀传统文化中的古代家训文化，修身治家，立身处事。学习党的二十大报告中把加强家庭家教家风建设作为"推进文化自信自强，铸就社会主义文化新辉煌"的重要内容，从坚守中华文化、弘扬中国精神层面强调其重要性，进一步凸显家庭在国家发展、民族进步、社会和谐中的基石作用。

项目一　认知家庭

【项目概述】

　　家庭是社会的细胞，是社会发展的一面镜子。学习家庭的内涵与类型对学习后面的知识会起到抛砖引玉的作用。准确、全面、系统地掌握家庭的内涵，才能对家政学这门科学和现代家政服务与管理这个专业有根本的认识，形成以家庭为单位提供家政服务的意识。学习家庭的类型和功能，能让学习者对家庭有进一步的认识，树立构建和谐家庭的意识。

　　本项目主要介绍家庭与家庭制度，具体内容有家庭定义的内涵与外延；从无到有、从低级到高级的发展过程及其本质；家庭的分类以及家庭的七大功能。

【项目目标】

知识目标	1. 知晓家庭的定义和类型； 2. 充分理解家庭的本质，熟知家庭的功能； 3. 了解中国家庭结构的变化
能力目标	1. 能理解家庭的内涵，能说出家庭的本质。 2. 能区分不同的家庭类型； 3. 能初步分析各家庭存在的功能缺失以及需求
素养目标	1. 具有构建和谐家庭的思想认识； 2. 具有现代家政服务的意识； 3. 传播中华民族传统美德：尊老爱幼、男女平等、夫妻和睦、勤俭持家等

【项目导航】

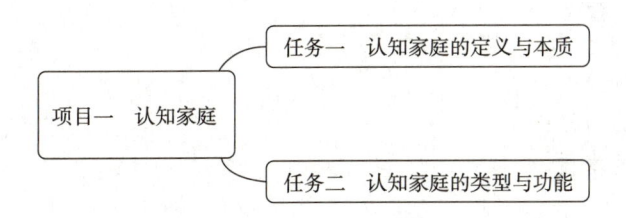

```
                        ┌── 任务一　认知家庭的定义与本质
    项目一　认知家庭 ───┤
                        └── 任务二　认知家庭的类型与功能
```

任务一 认知家庭的定义与本质

任务引言

任务情境：老董74岁，独居；老董之子小董44岁，在本市某校担任老师；老董之女小君47岁，自己经营着一家小商店。老董一家人的关系并不和谐，原因是妻子去世3周后老董即另娶。小董对此无法接受，认为父亲对母亲感情淡薄，认为姐姐的沉默是对母亲的不尊重。

到底什么是家庭？有人认为家庭是为了实现生理上的、心理上的生存与福利而共同居住并共同经营日常生活的近亲团体；有人认为家庭是肉体生活与社会机体生活之间的联系环节；也有人认为家庭是夫妻、子女亲属所结成的团体。不同的人对家庭的认识不同，通过本节内容的学习，将揭秘家庭的定义与本质。

任务导入：深入理解家庭的定义与本质，是现代家政服务与管理专业学生学习专业知识的基础。家庭是我们将来工作的对象，我们需要深入认识和了解家庭，为以后的工作奠定基础。在现实生活中，人们来自各种各样的家庭，那么家庭是如何分类的？家庭作为人们社会生活的基本群体，又发挥着什么样的作用？

任务目标

知识目标

1. 知晓家庭的定义；
2. 理解家庭的本质；
3. 了解家庭的起源。

能力目标

1. 能理解家庭的内涵；
2. 能说出家庭的本质。

素质目标

1. 具有服务家庭的职业意识；
2. 建立从事家政服务工作的职业认同。

任务知识

一、家庭的定义

《说文解字》中强调："家，居也。"这是从居住角度解释家的，没有揭示家的实质内容。

日本的增田光吉在《理想家庭探索》中对家的定义是这样阐述的："家是为了实现生理上的、心理上的生存与福利而共同居住并共同经营日常生活的近亲团体。"这只是从近亲同居角度来论述家的，也没能很好地揭示家的全部内涵。

心理学家弗洛伊德则认为，婚姻是"肉体的机能"，家庭是"肉体生活与社会机体生活之间的联系环节"。这只是从性生活关系的角度解释家的，较片面。在《德意志意识形态》一文里，马克思与恩格斯强调的家庭概念为："每日都在重新生产自己生命的人们开始生产另外一些人，即增值。这就是夫妻之间的关系、父母和子女之间的关系，也就是家庭。"由于当时历史科学发展的局限性，这里所指的家庭是"一夫一妻制家庭"。

孙本文强调："家庭是夫妇、子女亲属所结合的团体。"因而，成立家庭需要具备三个条件：一是亲属结合；二是包括两代或两代以上的亲属；三是拥有持久的共同生活。作为传统意义上的家庭，这个定义较全面。

本书中的家庭是指以婚姻关系为基础、以血缘关系或收养关系为纽带而建立起来的、有共同生活及活动的基本群体。可主要从以下五个方面来理解家庭的概念：

1. 家庭是以婚姻关系为基本特征的

婚姻是家庭的基础与起点，而家庭是婚姻维持的结果。在家庭关系中，两性相结合的婚姻关系是最重要的关系，是决定家庭其他关系的最基本关系，是维系家庭的第一纽带，同时，也是家庭的基础与核心。在这里，需要强调的是，男女两性之间的婚姻结合，不仅包含两性之间的生理结合，还包含社会道德与法律认可、赋予一定的权利义务关系的社会结合。

2. 家庭是以血缘关系或收养关系为纽带的

一个家庭，光有夫妻两人是不够的，家庭中若只有夫妻两个点构成的婚姻关系，是很难持久稳定的，还需要第三个点，也就是他们的子女，才能形成稳固的三角。家庭是以婚姻关系为基础的，一旦产生婚姻关系，就会存在生育或收养的客观事实。由生育或收养关系而形成的父母与子女的血缘关系或亲缘关系，便将各家庭成员紧紧地联结在一起，由此产生了深深的家庭依恋、亲子之情、夫妇之爱，形成家庭中最稳固的三角。这说明血缘关系或亲缘关系是结成并稳定家庭的核心纽带。

3. 家庭是以其成员的共同生活为存在条件的

判断家庭的组成，还应以其成员是否有共同的生活、是否有较密切的经济交往为其存在的条件。虽有亲子关系、其他血缘关系或姻亲关系，但已独立生活的成年人，不再是同一家庭的成员。如儿女结婚与父母分开居住，经济上已无较密切的来往，不再是一家人，而是两家人。但有两种情况，仍为一家人：一是夫妻因某种原因而两地分居，但同时又未解除婚姻关系的；二是子女因上学、参军等情况离开父母，经济上仍依赖父母，同时还未结婚的。

4. 家庭是人们社会生活的基本群体

众所周知，人类生活具有群体性的特征。这种群体性决定了每个人只有在群体这个大家庭里才能存活下来。人们之所以要结群生活，主要原因是人们在生存上、安全上与精神上有共同的诉求与需要。但是，人们并不是在任何一个群体里都能求得生存与发展的，人们终生依赖的是他们自身所属的基本群体。基本群体这个概念是美国社会学家库利首先提出来的，它是指人们在参与社会生活时最初接触到的、由经常的面对面地直接交往所形成的、具有亲密的人际关系的社会群体。家庭就是这样的基本群体。与其他社会群体相比，家庭是由有婚姻关系和血缘关系的人组合起来的，家庭成员是聚集在一起、居住在一起与生活在一起的；同时，在经济上互相依赖，思想上互相影响，感情上互相交融，生活上互相关心，学习上互相帮助，形成一个朝夕相伴、甘苦相依，并具有一定的稳定性、持久性、连续性的日常生活的共同体。

5. 家庭是一种法律核准的制度

家庭以婚姻关系为基本特征，而婚姻关系则是建立在法律确认的基础之上。在社会生活中，有些地方因法制不健全或人们法律观念不强，出现了一些未办理正式结婚手续的"夫妻"，即使他们的孩子长大了，严格意义来说，他们所组成的"家庭"仍是不合法的，未被社会法律所认可。谢苗诺夫说："凡未经社会核准的两性关系都不是婚姻，即使这关系具有长久的性质也一样。因为这种配偶之间不负有任何权利或义务。"由此可见，家庭不仅仅是一种相互关系的体现，而且是一种法律核准的制度。男女双方恋爱时可以好，可以吵，可以谈，可以散，只不过是一个涉及社会道德的问题。但若双方依照规定领取了结婚证，便意味着一个经法律核准的新家庭已经诞生了。这时，由双方的结合而形成的家庭生活与互动行为，就具有某种规定性、程序性和相对稳定性。双方的权利和义务因此而产生，即使是家庭中的其他成员的关系也都有法律规范明文规定。他们的财产、子女都不是一方可以随意处置的，甚至他们之间是好下去还是分开，也不是一方可以随意处置的。当家庭成为一个社会核准的细胞之后，家庭问题就不完全是夫妻双方中的哪一方，也不完全是双方私人的事情，而是一个人们有责任关心的社会问题。懂得这一点，对于家庭生活的和睦与幸福，社会的稳定与安宁是有意义的。

二、家庭的本质

通过对家庭的不断深入研究，马克思与恩格斯从唯物史观角度出发，强调家庭是一个历史范畴，经历了从无到有、从低级到高级的发展过程。

（一）家庭是最基本的生产单位

家庭是以血缘为纽带而组成的最基本生产单位。它既是历史产物，又是基本的社会组织模式，还是构成社会生活的最基本的前提条件。马克思强调，家庭不是孤立静止不前的，而是不断向前发展的。家庭会随着生产力与社会的发展而发展，同时，也会随着社会的进步与时代的发展而转变为更高级的形态。总而言之，一切较高级的社会组织都是由家庭转化而来的。

（二）家庭是以婚姻为基础的组织形式

马克思强调，爱情是建立婚姻关系的前提条件，而婚姻是家庭形成的重要基础。若要组建受法律保护的合法家庭，前提是双方必须是婚姻关系，这是法律理性和伦理感性相结合的产物。同时，在合法婚姻基础上产生的血缘关系，随之也形成了对应的义务与责任。这种义务与责任犹如纽带一样，将家庭里的所有成员联系起来，形成了兄弟姐妹、父母子女等各种关系；同时，这种特定的血缘关系是其他社会机构无可替代的。

（三）家庭是社会关系和自然关系的有机统一

马克思与恩格斯从生产的角度思考生命与家庭，认为家庭都是由有生命的每一个个体所组成，它产生的前提条件是"有生命的个体存在"。人类历史是以人为基础的，因而人类历史也是人与自然的发展史。家庭映射了人与自然之间的关系，自然界是"人的无机的身体"，其本质反映了一种社会关系。当社会生产力发展到一定程度时，并且顺应当时的社会需求与历史环境时，家庭才有产生的可能。

任务拓展

家庭的起源与演变

学术界对家庭演化的形态一直有不同的看法，通常认为家庭经历了血缘家庭、普那路亚家庭、对偶家庭、一夫一妻制家庭四种形态。

1. 血缘家庭

它是人类历史上第一种家庭形式。在原始社会的旧石器时代，两性关系出现了简单的、不严格的禁例。这标志着人类两性关系开始有了社会规范的约束和限制，成为婚姻关系或制度，为家庭的产生奠定了基础。这种两性关系的禁例就是不允许父母与子女之间发生两性关系。这种家庭形式的特点是按辈分划分的婚姻集团和范围，同辈的人构成夫妻圈子，即家庭范围内的所有祖父母都互为夫妻，所有的父亲和母亲也互为夫妻，后者的子女构成第三个共同夫妻圈子，而他们的子女再构成第四个夫妻圈子。

2. 普那路亚家庭

普那路亚是夏威夷语，意为"亲密的伙伴"。这个名称是从最早发现实行这种家庭形式的夏威夷群岛的土著人那里来的，由共妻的一群丈夫互称"普那路亚"，共夫的一群妻子也互称"普那路亚"。原始社会发展到旧石器中、晚期，由于人工火的发明和石器的不断改进，人类狩猎活动和原始农业的进一步发展，促使了生产力水平的提高，人类居住地相对稳定下来，又由于人口的繁衍，一个血缘家族不得不分裂成几个族团。为了扩大物质资料生产，满足日益增长的人口的生活需要，族团之间必须保持一定的经济合作和社会联系，于是便产生了各族团之间的通婚。同时，人们逐渐认

识到族外通婚对后代体质发育有益，并形成了同母所生子女之间不应发生性关系的观念，于是在家庭内部开始排除亲兄弟姐妹间的婚姻关系，实行两个氏族之间的群婚。

3. 对偶家庭

它是原始社会母系氏族公社时期的一种家庭形式，由普那路亚家庭发展而来。这种家庭由一对配偶短暂结合而成，家庭内男女平等，男子和女子一起劳动、消费，共同照料子女，但世袭仍按母系计算。对偶婚实行的结果是给家庭增加了一个新的因素，即除了生母之外，已有可能确认生父。对偶婚已从群婚时代单纯的性关系转变为一种广泛的社会联系。

4. 一夫一妻制家庭

它的确立是文明时代开始的标志之一。它产生的动力是财产私有和按父系继承财产的要求。随着两次社会大分工的实现和生产力的发展，男子在生产和财富的分配中逐渐占据主导地位。为把自己的财产转交给自己真正的后裔，必然要求妇女保证贞操，只能有一个丈夫。一夫一妻制家庭形式自产生以后也不是一成不变的，在社会发展的不同时期它有着不同的表现。

任务评价

一、单项选择题

1. 家庭是以（　　）为基本特征。
   A. 文化　　　　B. 人口　　　　C. 婚姻关系　　　　D. 人际关系
   E. 以上全是

2. 家庭以（　　）关系或收养关系为纽带。
   A. 父子　　　　B. 母子　　　　C. 父女　　　　D. 父子
   E. 血缘

3. 家庭是一种（　　）核准的制度。
   A. 法律　　　　B. 道德　　　　C. 伦理　　　　D. 文化
   E. 以上全是

4. （　　）是指婚后只有夫妻或者只有夫妻及其未婚的子女居住在一起的家庭。
   A. 核心家庭　　　B. 主干家庭　　　C. 联合家庭　　　D. 独居家庭
   E. 分居家庭

5. 现代家庭呈现（　　）化、核心化，同时趋向"分而不离"的网络化。
   A. 同　　　　B. 异　　　　C. 小型　　　　D. 大型
   E. 以上全是

二、多项选择题

1. 现代家庭具有（　　）功能。
   A. 生育　　　　B. 生产　　　　C. 消费　　　　D. 性生活功能

E. 感情交流
2. 现阶段，家庭的生育功能具体体现在（　　）。
A. 初婚与初育年龄推迟
B. 生育子女数量不断减少，生育率大幅度下降
C. 育龄妇女普遍采取避孕措施
D. 生育观念发生了很大变化
E. 家庭结构日趋小型化
3. 现阶段，家庭的消费功能具体体现在（　　）。
A. 家庭消费水平不断提高
B. 家庭消费结构不断变化
C. 家庭消费趋向民主化
D. 家庭消费范围从封闭型向开放型转变
E. 家庭消费范围从开放型向封闭型转变
4. 人类家庭的起源，大致经历了（　　）的演变形式。
A. 血缘家庭　　　　　　　　　B. 普那路亚家庭
C. 对偶家庭　　　　　　　　　D. 一夫一妻制家庭
E. 一夫多妻制家庭
5. 家庭的主要类型有（　　）。
A. 核心家庭　　B. 主干家庭　　C. 联合家庭　　D. 独居家庭
E. 其他家庭

三、简答题

1. 什么是家庭？你是怎么理解家庭的？
2. 家庭的本质包括哪些内容？

任务二　认知家庭的类型与功能

任务引言

任务情境：在现实生活中，人们来自各种各样的家庭，有富裕家庭、贫困家庭、单亲家庭、健全家庭、核心家庭、四世同堂家庭，等等。那么，家庭是如何分类的？家庭作为人们社会生活的基本群体，又发挥着什么样的作用？要深入认识和了解家庭，为以后的工作奠定知识基础，我们需要对家庭进行科学分类并全面认识它在社会中的地位和功能。本任务主要介绍家庭的类型与功能，引导大家进一步了解家庭。

王先生夫妇都是"90后"，已经结婚3年，和王先生父母生活在一起，夫妻二人

现代家政导论

从事货运工作，长期在外出差。

任务导入：请分析王先生的家庭类型主要有哪些家庭功能的缺失？

任务目标

知识目标

1. 熟知家庭的类型；
2. 知晓家庭的功能；
3. 了解中国家庭结构发生的变化。

能力目标

1. 能区分不同的家庭类型；
2. 能初步分析不同家庭存在的功能缺失以及需求。

素质目标

1. 具有构建和谐家庭的思想认识；
2. 具有现代家政服务的意识；
3. 传播中华民族建设家庭的传统美德。

任务知识

一、家庭的类型

家庭是一种以血缘、婚姻和收养关系为基础的社会生活组织。家庭类型的划分与家庭的组织结构息息相关。家庭作为社会的细胞，作为社会群体的基本单位，家庭结构与社会的发展有着互动的关系。根据不同的分类标准，划分的家庭类型也不同。

（一）按权力结构划分

家庭权力指家庭成员在家庭中所具有的影响其他成员的能力，主要是对家庭生活大事的决定权。家庭权力结构分为传统权威型、情况权威型、分享权威型、情感权威型四种。

1. 传统权威型家庭

家庭权威归属与社会文化传统相关。在社会中出现过的有父权制家庭、母权制家庭以及夫妻平权制家庭。

1）父权制家庭

父权制家庭是与父系继嗣制相适应的一种家庭类型，表现为家庭中年长的男子——通常是祖父或父亲掌握家庭生活大事的决定权。父权制家庭起源于对偶家庭。在对偶婚姻制度下，人们不仅知道母亲，也知道父亲。随着畜牧业和农业在社会分工基础上的发展，男性在经济上的作用日益增大，他们成为经济活动的主导人。父权制家庭是古代父权制社会的产物。

2）母权制家庭

母权制家庭与父权制家庭相对应，它与母系继嗣制相适应，家长由年长的妇女担任。母权制家庭是古代母权制社会的产物。

3）夫妻平权制家庭

夫妻平权制家庭是指在决定家庭生活和个人生活上，夫妻权力处于平等地位，共主家务。当今社会女性参加工作，在经济上已经可以独立或相对独立，男女的社会分工不再分明，两者之间正趋于平等和互助。法律倡导男女平等、保护夫妻共有财产，社会倡导夫妻共管家务。夫妻平权制家庭是现代民主社会的产物。

2. 情况权威型家庭

情况权威型家庭是指家庭权力视家庭中人口、经济和社会地位等方面变化而转变的家庭。如父母中一方过世或失业，家庭权力自动向生存者转移或向未失业者转移。

3. 分享权威型家庭

分享权威型家庭是指家庭成员共同参与，根据各自的兴趣和能力进行职责分工，共同协商家庭生活事件的家庭。

4. 情感权威型家庭

情感权威型家庭中的家庭权力由在家庭感情生活中起决定作用的一方决策。

（二）按家庭角色结构完整性划分

家庭角色是指家庭某一成员在家庭中的特定身份及其所应在家庭中执行的职能，通俗意义上指在家庭中的称谓，如爷爷、奶奶、爸爸、妈妈、儿子、女儿等。按照家庭角色结构的完整性划分，家庭类型可分为健全家庭和残缺家庭。

1. 健全家庭

健全家庭是指家庭成员健在，同时角色结构完整的家庭，一般指由健全的父母和子女所构成的家庭。新婚夫妻尚未生育子女的家庭也视为完整家庭。

2. 残缺家庭

残缺家庭是指家庭角色结构不全的家庭。表现为丧偶、丧子、独身等。残缺家庭可细分为单亲家庭和单身家庭。

单亲家庭是指父母角色不健全，只有父亲（或母亲）一方与其未婚子女共同生活的家庭。单身家庭是指一个人单独生活的家庭，如鳏、寡、孤、独等都属于单身家庭。

（三）按家庭经济状况划分

吃是人类生存的第一需要，在收入水平较低时，其在消费支出中必然占有重要地位。19世纪德国统计学家恩格尔发现了一个家庭消费规律：一个家庭收入越少，家庭用来购买食物的支出占家庭总支出的比例就越大，随着家庭收入的增加，用来购买食物的支出占家庭总支出的比例则会下降。恩格尔系数（Engel's Coefficient）是家庭中食品支出总额占家庭消费支出总额的比重，在国际上常作为评定家庭经济状况的指标。

恩格尔系数达60%以上为贫困家庭，50%~60%为温饱家庭，40%~50%为小康家庭，30%~40%属于相对富裕家庭，30%以下为富有家庭。

（四）按家庭结构划分

家庭结构是指家庭中成员的人口数量、角色构成及代际关系，以及由这种状态形成的相对稳定的联系模式。家庭结构包括三个基本方面：家庭人口数量、家庭角色构成、家庭成员之间的代际关系。

1. 核心家庭

核心家庭是指由夫妻及其未婚子女或收养子女两代人组成的家庭，也包括夫妻一方缺失与未婚子女组成的家庭以及新婚夫妻还未生育子女的家庭。如图 2-1 所示。核心家庭的特点是人数少、结构简单，家庭内只有一个权力和活动中心，家庭成员间容易沟通、相处。核心家庭中只涉及夫妻关系以及亲子关系，出现的矛盾和问题少，也易解决，核心家庭是目前社会中最普遍、最典型、最稳定的家庭形式。

图 2-1 核心家庭结构

2. 主干家庭

主干家庭又称直系家庭，是指由祖父母、父母及其未婚子女三代人组成的家庭，也包括祖父母与父母中有丧偶或离异与未婚子女组成的家庭以及暂时还未出现第三代的家庭。主干家庭由两代夫妻组成，每代最多不超过一对夫妻。主干家庭的特点是家庭内权力和活动中心不止一个，有一个主要的权力和活动中心，还有一个次中心，家庭关系比较复杂，处理不当容易产生所谓的"婆媳关系"问题，家庭关系不如核心家庭稳定。主干家庭模式相对容易实现居家养老的可能，同时在抚育子女上祖父母也能提供一定的经验和帮助，减少新手爸妈抚育子女的压力。

3. 联合家庭

联合家庭是由父母和多对已婚子女、未婚子女以及孙子女组成或是由兄弟姐妹结婚后仍不分家另住而联合在一起的两代以上的人组成的家庭。这种家庭的实质是由多个核心家庭联合组成，故称为联合家庭。联合家庭的特点是人数多，结构复杂，家庭内存在一个主要的权力和活动中心以及多个次中心。联合家庭既会出现两代人之间的矛盾，也会出现同代人之间的矛盾，相对来说家庭关系最不稳定。在我国，联合家庭在逐渐消失。

4. 其他家庭

除以上三种家庭类型外，家庭结构类型特殊的家庭都划归为其他家庭。其他家庭包括单身家庭、孤儿家庭、夫妻离异未生育家庭、祖孙二人住在一起的家庭，等等。这种家庭结构的特点是结构简单、人数少、关系简单，但是大多家庭困难，需要社会给予更多的重视和关心。

二、家庭的功能

家庭的功能是在家庭与社会的联系和作用中，所具有的能满足人类生存的各种需要以及适应和改变社会环境的功用和效能。

家庭是社会的基本单位，家庭在满足社会的基本需要和维持社会秩序方面担负着重要功能。家庭在人类生活和社会发展方面所起的作用，其内容受社会性质的制约。在不同的社会阶段和社会形态下，家庭功能有所不同。一般来说，家庭具有七大功能：经济功能、性和生育功能、感情交流功能、抚养功能、赡养功能、教育功能和休闲娱乐功能等。深入了解和把握家庭的七大功能，对维护和构建和谐、美满的家庭关系具有重要作用。

（一）经济功能

家庭的经济功能，是家庭最原始的功能，是家庭功能其他方面的物质基础。家庭的经济功能主要包括两个方面：一是生产功能，家庭生产出社会所需要的物质产品，在满足家庭自身需要的同时将剩余产品提供给社会并交换购买自身所需要的产品，直接制约着社会物质产品的供需平衡；二是消费功能，家庭消费为社会生产提供了市场和动力，社会生产要生产什么、生产多少，由家庭消费直接指导。

在小生产时期，物质资料的生产和消费是以家庭为单位进行的，家庭的经济功能得到充分的体现。随着社会化大生产时期的到来，在城市中企业成为现代社会生产的基本单位，相当一部分家庭手工业生产转移到大工业生产，家庭只保留着部分物质资料的生产和为生活消费服务的家庭生产，家庭的生产作用被弱化了。

随着经济的发展，物质生活和精神生活的丰富，家庭的消费功能越发增强。家庭收入的增多，使家庭消费也朝着高级化、多样化、复杂化的方向发展。"吃得营养、穿得漂亮、住得舒服、用得方便、行得快捷、玩得时尚"已成为家庭新的消费观念，家庭消费方式也在由单一化向多样化和高档化转变。

人们的消费水平提升了，随之也产生了一些消费方面的问题：恩格尔系数居高不下，人们在吃饱饭、穿暖衣的基础上，过度追求吃穿，与中国优秀传统文化——勤俭节约相背离；超前消费现象严重，体现在购房建房、购买奢侈品以及高端电子产品等方面，受攀比心理的影响，出现枉顾自身收入水平而盲目消费的现象；在一些落后地区，赌博、封建迷信活动等方面的愚昧消费现象仍大量存在。

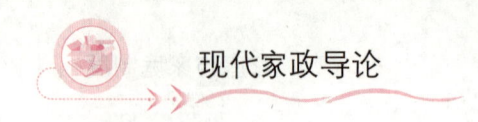

（二）性和生育功能

古语云："食色，性也。"性的需求是人类基本的生理需求，性生活是家庭中婚姻关系的生物学基础。从人类进入个体婚制以来，家庭一直是一个生育子女、繁衍后代的单位，是种族延续的保障。性和生育等行为密切相关，人类的性和生育应当与动物有所区别，应该通过两性结为夫妻、建立家庭来满足。社会通过一定的法律与道德使人类的性和生育规范化，使家庭成为满足两性生活需求的基本单位，同时对家庭的稳定、社会的安定以及后代的繁衍和健康成长有促进作用。

在中国，传统家庭生育是为了传宗接代、养儿防老以及增加劳动力等，而在现代，农村家庭中生育行为仍保留这部分观念，但不严格限制儿女的未来发展。但是在城市家庭中，更多的人把生育抚养孩子视为对社会尽义务，在一定程度上家庭的生育功能被弱化了。受我国传统男嗣思想的影响以及计划生育的实施，家庭生育一个孩子的情况较多，但是一孩化并不代表生育功能的降低，而是人们越来越重视优生优育。反而是现在年轻人提倡的"单身主义""丁克族"等观念使家庭的生育功能被严重弱化。

（三）感情交流功能

"生命即关系。"感情交流是人的心理需求得到满足的途径。家庭成员之间相互依托、感情交流是无法由社会取代的，所谓的天伦之乐只能在家庭中获得。感情交流是家庭精神生活不可或缺的组成部分，是家庭生活幸福的基础。感情交流的密切程度是家庭生活幸福与否的标志。

在家庭中，父母和子女之间的亲情关系，即我们常说的夫妻关系和亲子关系，就是在家庭成员之间的感情交流中形成的。库利认为："初级社会群体是人性的养育所，是培养特殊品德的地方。人性不是人生来就有的，只有通过交往才能获得，又能在孤立中失去。"儿童各种心理态度的生成、人格的发展、感情的慰藉和精神的寄托都离不开情感的交流。当婴儿从出生开始接受母乳的喂养、亲人的逗乐和拥抱时，就开始感知人类生活中最基本的情感：互动和温暖。这种互动在满足孩子身体成长需要的同时也影响着孩子的情感。一个人能否懂得感知爱、接受爱、给予爱，这与他在家庭中的情感互动有很大关系。在日常的生活互动过程中，自然地完成儿童的社会化教育，身教胜于言教，起着潜移默化的影响作用。

子孙同堂、兄弟不分的联合家庭在一定时期被认为是繁荣幸福的象征，尊老、爱老、敬老、养老的传统正是通过大家庭共同居住实现的，而家庭小型化以及子女数量减少，再加上空间的远隔都使家庭难以实现传统意义上的天伦之乐，家庭的感情交流功能被弱化了。不过，家庭结构的变化并不意味着代际或同辈之间的沟通减少。现代通信技术的发展，给非同住的家庭成员提供了便捷的沟通手段和途径，然而电子化的社交手段不如面对面能带给家庭成员同等的情感慰藉。

（四）抚养功能

抚养是家庭代际关系中的责任和义务，是家庭中上一代人对下一代人的抚育培养。家庭抚养功能是实现社会继替、持续发展必不可少的保障。抚养培育子女是一项具有时间长期性、内容复杂性、责任无条件性、义务履行自觉性的工作。

抚养时间的长期性即从子女出生时开始到子女成年或具有独立生活能力为止，在相当长的时间里，父母都要责无旁贷地承担起抚养子女的义务。

抚养内容的复合性主要包括三个方面的内容：一是要给子女营造健康、安全、幸福的生活条件，精心关怀、照料子女，确保子女的生命权、健康权、生存权不受侵害；二是要给子女提供其所必需的生活费用以及教育费用，为子女健康成长和发展提供经济保障；三是言传身教，身体力行，以健康的思想、品行和正确的方法教育子女，使生活抚养与家庭教育有机结合。

抚养责任的无条件性即父母无论经济条件、劳动能力如何，也无论是否愿意，均必须依法承担对未成年子女的抚养，是无条件的，子女一旦出生，父母必须履行抚养的义务。

义务履行的自觉性，体现在法律上父母对未成年子女的抚养是强制的，但是在抚养义务的实施过程中，基于亲子关系的特殊情感联系和共同生活状态，父母是自觉履行抚养义务的，法律和社会无须过多干预和介入。然而，现实生活中存在少数人自私自利，生而不养，公然背离作为父母应承担的道义责任和法律义务。在这种情形下，则需要动用法律和社会公力，强制父母履行抚养义务，禁止溺婴、弃婴和其他残害婴儿的行为。

（五）赡养功能

赡养也是家庭代际关系中的责任和义务，赡养是下一代人对上一代人的供养帮助。家庭的赡养功能也是实现社会继替、持续发展必不可少的保障。

供养帮助包括在生活上、精神上、感情上对父母提供帮助。《中华人民共和国宪法》规定，成年子女有赡养扶助父母的义务。我国《民法典》婚姻家庭篇也规定：子女对父母有赡养扶助的义务，子女不履行赡养义务时，无劳动能力或生活困难的父母，有要求子女付给赡养费的权利。

"你养我小，我养你老"这是中国的优秀传统。有经济能力的成年子女，不分男女、已婚未婚，在父母需要赡养时，都应依法尽力履行这一义务直至父母死亡。

现阶段我国家庭的赡养功能由于家庭结构和家庭规模的变化在逐渐削弱中。老年人口的增长，特别是高龄老人的数量增加，使青年人赡养老人的压力越来越大，家庭的小型化又不足以支撑家庭养老，家庭的赡养功能逐渐向社会转移。随着时代的变迁，老年人在观念上基本接受了与子女分开居住的事实，同时也不愿给子女的工作和生活带来麻烦，在不能实现居家养老可能的情况下，愿意接受社会上的服务。社会如何应对养老事业，以及家庭如何继续发挥赡养功能，这值得人们深入思考。

（六）教育功能

家庭是人生的第一所学校，家庭的教育功能主要是父母对子女的教育和家庭成员之间相互教育两个方面，其中父母教育子女在家庭教育中占有重要的地位。家庭教育的作用是社会教育、其他群体教育不可替代的。

父母是孩子的第一任老师，家长对子女进行教育，首先要保证家长具备教育子女的资格和能力。在当今社会中，家庭教育者的文化素质相对于以往社会普遍提升，在文化素质上的储备足以对子女开展家庭教育，还要求父母在教育实施过程中需要以身作则、率先垂范，作出榜样，让子女模仿学习。家庭教育的目的是让下一代成为合格的社会主义事业建设者和接

班人,"学历至上"会使父母将更多的精力放在升学教育上,而忽视了子女道德、素质教育这些方面,导致传统的家庭教育功能也处于削弱的状态。父母还是子女的终身教师,父母对子女的影响是贯穿子女一生的,子女即使已经开始接受学校教育或社会教育,仍不断受到家庭教育的影响。

(七) 休息娱乐功能

休息娱乐是家庭闲暇时间的表现。家庭是人们休息、娱乐、调剂生活的场所。一个人不可能一天24小时持续地工作和学习,需要利用一定的时间休息和娱乐,来恢复体能和精神。随着人们生活条件的改善,人们的休息娱乐逐渐从单一型向多向型发展,日渐丰富多彩,家庭在这方面的功能也日益增强。我国现代家庭的休息娱乐形式多样,时间增多,消费比例也比以前增加了。

任务拓展

中国家庭结构的变化

2020年第七次人口普查数据结果显示,中国家庭结构的变化情况如下:

(1) 家庭同住人口由3人及以上为主向3人及以下为主转变;1人户的比例迅速上升,且速度有加快趋势;2020年人口普查,1人户占25.39%,2人户占29.68%。

(2) 同住家庭代际结构由以2代、3代为主向以2代、1代为主转变。

(3) 主观认同家庭的人口数量和代际结构转变都落后于同住家庭;城镇和乡村家庭结构无论是主观认同还是家庭居住都具有明显的同质化倾向。

(4) 家庭成员的主观认同依旧以夫妻轴、父子轴、从夫居为主,表现出单系倚重的特点:已婚儿子及儿媳被认同的比例高于女儿和女婿;男方父母被认同的比例远远高于女方父母。

(5) 家庭成员实际同住呈现出以夫妻为轴心、父系倚重特点,并与主观认同有不同程度的分离。

[来源:张丽萍、王广州《中国家庭结构变化及存在问题研究》
(社会发展研究),2022,9 (02): 17、32、242]

任务评价

一、单项选择题

1. 家庭按照权力结构划分,不包括(   )。

A. 传统权威型　　　　　　　　　　B. 情况权威型

C. 分享权威型　　　　　　　　　　D. 情感权威型

E. 强制权威型

2. 单身家庭不包括（　　）。
A. 鳏　　　　　　B. 寡　　　　　　C. 合　　　　　　D. 孤
E. 独
3. 由祖父母、父母及其未婚子女三代人组成的家庭，称为（　　）。
A. 核心家庭　　　B. 主干家庭　　　C. 联合家庭　　　D. 特殊家庭
E. 其他家庭
4. 家庭最原始的功能是（　　）。
A. 经济功能　　　B. 生育功能　　　C. 抚养功能　　　D. 赡养功能
E. 感情交流功能
5. 人类对生活中情感的感知是从生命的（　　）开始的。
A. 胎儿期　　　　B. 婴儿期　　　　C. 幼儿期　　　　D. 学龄前期
E. 学龄期
6. 家庭的功能中，作为社会继替、持续发展必不可少的保障的是（　　）。
A. 经济功能　　　　　　　　　　　B. 生育功能
C. 抚养功能　　　　　　　　　　　D. 教育功能
E. 感情交流功能
7. 属于家庭代际关系中的责任和义务的是（　　）。
A. 感情交流　　　　　　　　　　　B. 经验传递
C. 技能传授　　　　　　　　　　　D. 抚养赡养
E. 知识传播
8. 家庭的教育功能主要体现在（　　）。
A. 夫妻之间的教育　　　　　　　　B. 父母子女之间的教育
C. 祖父母与孙子女之间的教育　　　D. 兄弟姐妹之间的教育
E. 其他
9. 不同时期有不同的休息娱乐方式，不恰当的休息娱乐方式是（　　）。
A. 戏曲　　　　　B. 集邮　　　　　C. 聚赌　　　　　D. 健身
E. 喝咖啡
10. 不属于正确消费观的是（　　）。
A. 量入为出　　　B. 适度消费　　　C. 理性消费　　　D. 勤俭节约
E. 攀比消费

二、简答题

1. 什么是家庭？按权力结构划分，家庭有哪些类型？
2. 简述家庭的功能。

项目二　认知家庭制度

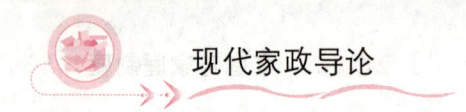

【项目概述】

家庭是社会的基本单元，家庭制度是围绕家庭发展的既定目标而形成的各种行为规范的总和，是特定社会条件下家庭成员相互关系的社会规范，包括婚姻制度、生育制度、亲属制度、供养制度、财产制度等一系列具体制度。在诸多的家庭制度中，每种具体制度都包含若干确定家庭成员权利和义务的行为规范。家庭制度则是通过法律、政策、道德、风俗等这些正式制度和非正式制度来约束家庭成员的行为，调整家庭关系，使家庭的发展趋势符合社会发展的总趋势。

本项目主要内容有家庭制度的定义及内涵、家庭制度的意义。通过学习，学生要能够掌握家庭与家庭制度的关系。

【项目目标】

知识目标	1. 熟知家庭制度的定义； 2. 熟知家庭制度的起源与形成； 3. 熟知家庭制度的发展现状及面临的挑战
能力目标	1. 能说出家庭与家庭制度之间的关系； 2. 能说出家庭制度的起源与形成意义； 3. 能分析家庭制度的发展过程及发展趋势
素养目标	1. 具有强烈的家国情怀； 2. 具有良好的社会道德规范； 3. 重视家庭，以家庭和谐促社会和谐

【项目学习】

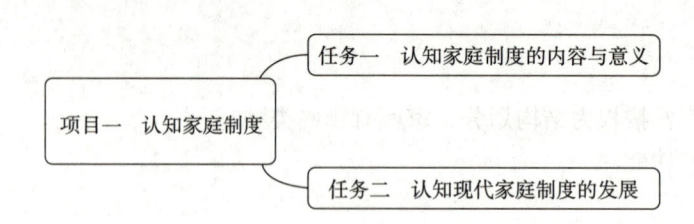

```
项目一　认知家庭制度 ─┬─ 任务一　认知家庭制度的内容与意义
                      └─ 任务二　认知现代家庭制度的发展
```

模块二　家庭与家庭制度

任务一　认知家庭制度的内容与意义

任务引言

任务情境：随着生产力的发展，两性之间的关系受到很多因素的影响及制约，而家庭制度就是在这些制约中确立起来的，并且随着人类文明的发展而逐渐完善。当前家庭制度正在经历从传统向现代转变的趋势，随着家庭结构的改变，家庭制度也发生了转变。了解家庭制度，不仅可以帮助现代家政服务与管理专业的学生更加深入地认识家庭，而且可以帮助他们在未来的生活和工作中学会维护家庭的幸福和谐。

冯先生经人介绍认识赵某，赵某有过婚姻史，冯先生未将此事告知父母便决定与赵某结婚。婚后，其父母得知赵某有过一次婚姻，便怂恿冯先生与赵某离婚。

任务导入：请从家庭制度的角度分析冯先生父母的做法是否正确？为什么？

任务目标

知识目标

1. 熟知家庭制度的定义和内容；
2. 知晓家庭制度的起源与形成。

能力目标

1. 能说出家庭与家庭制度之间的关系；
2. 能说出家庭制度产生的历史起源及形成意义。

素质目标

1. 具有家庭制度意识；
2. 具有良好的社会道德规范。

任务知识

一、家庭制度的定义和内容

（一）家庭制度的定义

家庭制度是围绕家庭发展的既定目标而形成的各种行为规范的总和，是特定社会条件下

家庭成员相互关系的社会规范。

(二) 家庭制度的内容

家庭制度包括婚姻制度、生育制度、亲属制度、供养制度、财产制度等一系列具体制度。

1. 婚姻制度

通俗来讲，婚姻制度也是一种契约制度，这种契约制度为维护婚姻稳定，维系社会安定起到了关键作用。任何一个合法家庭的组建都离不开婚姻成立这一条件，而登记则是婚姻成立的形式要件。经过登记后的男女便具有了合法的夫妻地位，这往往体现在当婚姻双方面临财产纠纷、子女抚养等问题时，登记档案就能起到举足轻重的作用。

1) 中国的婚姻制度

我国秦朝之前的婚姻家庭主要靠礼来规范，家庭作为宗法制度的最基本单位，以"合两姓之好""上以事宗庙，下以继后世"为宗旨。封建制社会出现后，奴隶制中已有的关于婚姻家庭的"礼"大多被接受，有关婚姻的成文法也成为调整婚姻关系的有效手段。礼与法的结合，构成了完整的中国古代婚姻制度。中华人民共和国成立后，婚姻家庭制度被彻底变革，妇女解放、男女平等成了新时代婚姻家庭立法的指导思想。1980年的第二部《婚姻法》的颁布及之后的补充修正，标志着我国社会主义婚姻家庭制度基本完善。

我国社会主义经济制度的基础是生产资料的社会主义公有制。这决定了在集体生产下，实现共同富裕成为社会主义的奋斗目标。新时期的中国，女子的学习和生产能力得到极大提升，时代召唤着女性投入社会劳动的浪潮中去。家庭作为社会基本经济共同体对社会主义生产发展起着不可替代的重要作用。平等自由的家庭制度被时代所需要。

在中国，传统观念在人们的思想中根深蒂固。现代中国社会中的"单亲妈妈"等现象普遍会受到社会舆论的批判。非婚生子女在出生后没办法上户口，也就成了"黑户"。虽然《婚姻法》明确规定非婚生子女与婚生子女法律地位与权利一般无二，但平等在实践中大多仅指子女对财产的继承。在现实生活中，由于法律的缺陷，非婚生子女的抚养、受教育以及基本福利等问题并没有明确的解决办法。

2) 外国的婚姻制度

在很长一段时间内，宗教成为古代西方婚姻制度的主导因素。基督教早期传统认为人类通过婚姻的结合只是原始欲望带来的无奈之举。欧洲中世纪后期婚姻制度逐渐从神性向人性过渡。人文主义被广泛宣扬，男女自愿结合成为婚姻成立的最主要原因。以神为主导的婚姻制度渐渐瓦解。

不婚主义在西方国家盛行。根据相关研究表明，美国的结婚率为51%，英国的结婚率仅为48%。为平衡婚姻与未婚同居的争议，法国人发明了"紧密关系民事协议"来保障不婚者的权益。也就是说，法国法律保护存于已婚和未婚之间另一种特殊关系。对于非婚生子女，西方国家对其父母的抚养责任实行强制干预。

当前我国现行的一夫一妻制需长期坚持，鼓励男女在平等自愿的基础上步入婚姻。全面完善不婚情况下非婚生子女的权利制度，对需要承担非婚生子女抚养责任的父母可采取一定的强制措施。我国也可仿照西方国家试行"紧密关系民事协议"，既可以减轻男女双方对婚姻的恐惧感和压力感，又可以进一步保障非婚生子女的权利。

2. 生育制度

生育行为是动物繁衍后代所必需的一个行为，生育在人类不断进化的过程中起到了不可替代的作用。早期的原始社会中，由于缺乏生物知识，人们对繁衍后代的生育行为感到不可思议。随着大量文物的出土，人类意识到生育行为的重要性，甚至对生育这一行为十分崇拜。到了封建社会时期，生育行为慢慢地出现了制度化的特征，统治者为了达到预期的社会效果，对生育行为进行了规制。而到了近代社会，随着权利化进程的加快，在传统的生育制度下，生育不再是封建社会中一种人人应该承担的义务，而是一种选择生育与不生育的权利。

生育制度是社会制度的一部分，种族需要延续是产生生育制度的基础。那什么叫作生育制度呢？费孝通先生是这样定义的：当前男女们互相结合成夫妇生出孩子、共同把孩子抚育成人的这一套活动，我们称之为"生育制度"。也就是说，孩子出生后需要人照看、培养，为了使孩子能够符合社会对他的期待，父母双方抚育是十分重要的。中国从20世纪80年代开始实行"一对夫妇只生育一个孩子"（农村是"一孩半"）的政策，2011年实行"双独二孩"政策，2013年实行"单独二孩"政策。但随着劳动年龄人口规模开始减少，为了应对这一状况，2016年1月1日，我国正式实施了"全面二孩"政策。生育政策不断调整的目的是为了人口均衡发展，"全面二孩"政策意味着政府不仅赋予了全体夫妇平等享有生育二孩的权利，还为生育二孩家庭提供公共服务和保障。2021年5月31日，中共中央政治局审议《关于优化生育政策促进人口长期均衡发展的决定》并指出："为进一步优化生育政策，实施一对夫妻可以生育三个子女政策及配套支持措施。"

3. 亲属制度

亲属制度是反映亲属关系及由血缘关系或两性关系联系起来代表亲属关系称谓的一种社会规范，即通过一个个具体的称谓来表明人与人之间的社会关系以及应该履行的责任与义务。亲属称谓往往伴随着一个社会相应的习惯法与伦理观念，塑造并反映着一个民族的思想与生活模式，亲属制度具有多样性和文化差异性，包括亲属称谓、两性居住形式、婚姻规则、亲属继嗣等。

4. 供养制度

家庭作为人们社会生活的共同体，婚姻关系、亲属关系、供养关系是其构成的三个基本要素。所谓供养，通常是指亲属之间有经济能力、生活能够自立的人，对那些没有经济能力、生活不能自立的人，予以经济上的供给和生活上的照料。供养关系把那些由婚姻纽带和血缘纽带联系起来的人们，又用经济纽带联结在一起，使家庭成为一个社会实体。国家法律对家庭供养关系予以明确的法律规定，将其限制在一定的权利义务之中，供养制度由此产生。社会道德又通过舆论和习俗，对这些权利义务进行保障和监督，使其成为人们不能推卸的社会责任。我国法律将家庭供养划分为长辈对幼辈的"抚养"，幼辈对长辈的"赡养"，平辈之间的相互"扶养"三个方面。可见，就法学意义讲，供养关系又是亲属之间在经济上相互扶持的权利义务关系。这种权利义务由于行使的方式不同，涉及的亲属范围不同，包含的实际内容不同，因而形成了不同的供养方式、供养范围和供养内容。

5. 财产制度

家庭财产是家庭共同体的物质基础，家庭财产制度旨在保护人类的生存繁衍活动，注重维持家庭共同体的存续与功能，由家长主导财产运行，亲属依据伦理关系获得财产利益。家庭财产是家庭成员的整体利益，这种财产关系依附、从属于亲属人身关系。如夫妻间的财产权利义务基于配偶身份产生而产生，因离婚或死亡等原因消灭配偶身份而终止。家庭成员之间依据亲属身份关系而产生抚养、赡养、扶养、法定继承等财产上的权利义务。

二、家庭制度的意义

（一）家庭制度有利于构建和谐家庭

在一个家庭中，内部成员既有相对独立的随意行为，也有遵循一定的行为规范、彼此协调的协同行为。如果个体的随意行为占了上风，那么家庭内部成员彼此的协同行为就会受到抵制和破坏，家庭关系就会出现失调状态；反之，如果家庭内部成员的协同行为占了上风，个体的随意行为居于次要地位，那么家庭关系则处于比较有序的稳定状态。只有通过正式和非正式的家庭制度去规范家庭成员的行为，才能实现家庭生活的和谐有序。其意义主要体现在以下两个方面：

（1）通过家庭制度的引导，可以合理疏导人的性冲动，为优生优育创造良好的家庭环境，以满足社会生存与发展的需要。

（2）通过家庭制度的规范，可以保障家庭存在的物质条件，并全面管理家庭群体，满足家庭成员的物质和精神需求，协调家庭人际关系。

（二）家庭制度有利于构建和谐社会

家庭在社会环境的包围之中，各种各样的社会因素都对家庭及内部成员的思想行为发生影响和作用。不仅社会的经济体制、政治制度和思想意识形态，直接决定着家庭的发展变化，而且社会变化中新旧体制的同时并存、旧制度的弊端和新制度的不完善、社会结构的震荡和失调、社会秩序的变化与紊乱、大众传播的误导或失灵、本土文化与外来文化的冲突与撞击、各种社会思潮的涌起、人们心理状态的失衡，等等，都会对家庭有所冲击。在这些因素中，既有积极因素，又有消极因素。积极因素可以促进家庭的正常发展；消极因素则会阻碍或破坏家庭的正常发展，影响家庭的稳定性和协同性，家庭制度旨在消除家庭中的消极因素，促进家庭的和谐，进而促进社会的和谐。

任务拓展

中国生育政策的历程和变化

中国的生育政策在过去几十年中发生了显著的变化，以适应国家人口发展的需要和社会经济状况的变化。以下是中国生育政策的主要历程和变化：

一胎政策（1979年）：为了控制迅速增长的人口，中国于1979年开始实施一胎政策。这项政策要求大多数夫妇只能生育一个孩子。

二胎政策的放宽（2013—2015 年）：鉴于人口老龄化和劳动力减少的问题，中国政府于 2013 年开始放宽一胎政策，允许符合条件的夫妇（如双方或一方为独生子女）生育第二个孩子。

全面二胎政策（2016 年）：从 2016 年开始，中国正式实施全面二胎政策，允许所有夫妇生育两个孩子，这标志着一胎政策的结束。

三胎政策（2021 年）：考虑到人口结构的进一步变化，如生育率下降和人口老龄化加剧，中国于 2021 年进一步放宽生育限制，允许每个家庭生育三个孩子。

这些政策的变化反映了中国政府在平衡人口增长、经济发展和社会稳定方面的努力。随着政策的调整，也伴随着相关社会保障、教育和医疗资源配置的改变，以应对人口政策变化带来的挑战。

任务评价

一、单项选择题

1. 家庭制度的确立，在相当程度上规范着一个社会的主流的（　　）。
   A. 家庭关系 B. 经济基础
   C. 家庭形式 D. 生活方式
   E. 家庭单位

2. 家庭制度是特定社会条件下家庭成员相互关系的社会规范，包括（　　）等一系列具体制度。
   A. 婚姻制度和财产制度 B. 生育制度
   C. 亲属制度 D. 供养制度
   E. 以上都是

3. 家庭的发展变化由（　　）直接决定。
   A. 社会经济体制 B. 政治制度
   C. 思想意识形态 D. 社会结构失调
   E. 家庭观念

4. 古代社会的亲属制度虽然形式各异，但基本上都是（　　）。
   A. 以个人为本位 B. 以子女为本位
   C. 以夫妻为本位 D. 以宗族为本位
   E. 以家庭成员为本

5. （　　）是婚姻成立的形式要件。
   A. 禁止患有一定范围疾病的人结婚 B. 双方达到法定年龄
   C. 男女双方完全自愿 D. 办理结婚登记
   E. 男女双方健康

二、多项选择题

1. 亲属制度具有多样性和文化差异性，包括（　　）。

A. 亲属称谓　　　　　　　　　　B. 两性居住形式
C. 婚姻规则　　　　　　　　　　D. 亲属继嗣
E. 赡养原则

2. 家庭作为人们社会生活的共同体，（　　）是其构成的三个基本要素。

A. 婚姻关系　　B. 亲属关系　　C. 家庭关系　　D. 供养关系
E. 社会关系

3. 家庭成员之间依据亲属身份关系而产生（　　）等财产上的权利义务。

A. 抚养　　　　B. 领养　　　　C. 赡养　　　　D. 扶养
E. 法定继承

三、简答题

1. 如何理解家庭与家庭制度的关系？
2. 家庭制度的意义有哪些？

任务二　认知现代家庭制度的发展

任务引言

任务情境：婚姻家庭关系不仅涉及千家万户、男女老少的切身利益，而且影响着人们的生活幸福和社会的安定。改革开放以来，随着市场经济的发展和社会的转型，我国婚姻家庭领域出现了许多新的情况和新的问题，这也促使我国婚姻家庭制度的内容不断变化。本任务主要介绍我国家庭制度发展趋势，引导学生对家庭作出更加深入的探索。

陈某和李某自由恋爱，结婚4年还无小孩，陈某父母多次催促夫妻俩赶紧要小孩，可李某认为他们夫妻感情很好，不想因为有了小孩后的家庭琐事影响两人感情。

任务导入：请分析陈某和李某家庭的主要问题是什么？

任务目标

知识目标

1. 知晓家庭制度的发展现状；
2. 熟知家庭制度的发展趋势；

模块二　家庭与家庭制度

能力目标

1. 能举例说明家庭制度；
2. 能概述现代家庭制度的发展趋势；

素质目标

1. 具有现代家庭制度意识；
2. 具有遵循家庭制度服务家庭的意识。

任务知识

一、家庭制度的发展现状

家庭制度正在经历从传统向现代、从不同类型的扩大家庭向夫妻式家庭制度的转变。主要体现在以下几个方面：

（一）择偶制度发生变化

从家族安排和以家庭利益为目标转向自由恋爱和以爱情为基础。在现代青年人之间，追求爱情已成为一股潮流，择偶注重情感相投，志趣相投，更看重对方人品、才学、能力，等等。在传统家庭制度中，婚姻不是婚姻当事人个人的行为，而是家庭甚至是家族的香火延续、传宗接代的大事。婚姻当事人在整个婚姻过程中没有自主权，不能自由选择配偶，不能自主决定婚姻大事。在现代家庭制度中，婚姻是婚姻当事人个人的事，婚姻当事人在婚姻过程中拥有自主权，能够自由选择配偶，对婚姻拥有最终决定权。

（二）个体幸福越来越受到重视

现代家庭中，家庭或者家族的利益越来越淡化，两性之间的平等增强，亲属之间的关系削弱。夫妻共同生活的目的，已不再是生儿育女，继承家业，而是追求自身的幸福，实现自我价值。

（三）家庭关系以代际关系为主轴转变为以夫妻关系为中心

家庭以夫妻为轴心，不仅是社会化大工业改变了家庭功能，促使家庭进一步小型化、核心化的结果；而且婚姻以爱情为基础，意味着夫妻间的婚姻关系受到充分重视，在家庭关系中上升到主要地位，父子间的血亲关系降到次要地位。

（四）血亲关系逐渐由父系制转变为父母双系制

往日权威的父系决定性地位丧失，母系血缘处于与父系血缘同样的地位，与父系的亲属或母系的亲属在相互往来走动的频率上相同，具有同样亲密的关系。工业社会的到来，使社会化大生产代替个体小生产，家庭的功能发生了很大的变化，家庭的物质生产功能逐渐丧失，但仍然是人口生产和物质消费的单位。随着个体自主意识和独立性的增强，家庭成员之

间的关系相对淡化，离婚与分居者急剧增加。同时，生育变成一种选择性活动，出生率下降。而且，未婚同居者变得越来越普遍，美其名曰试婚，合得来继续合，合不来则散，非婚生子女增多；单亲家庭大幅度增长；一人家庭、同性恋家庭等现象大量出现。所有这些事实，说明当代家庭正发生着急剧变革，对现存的家庭制度提出了严重挑战。

二、家庭制度发展的趋势

家庭制度与其他制度一起构成了人类社会活动的规范体系。作为社会基本细胞的家庭，将个体与社会联系起来，无论是对于个体还是社会，都具有非常重要的功能。虽然自人类社会以来，家庭形式不断在发生改变，但是到目前为止，家庭依然保持着它的基本形态和内核，家庭仍然在我们的生活中占据着重要的地位。但不意味着家庭制度一成不变，始终如一。家庭制度的发展呈现以下五个趋势：

（一）现代家庭制度的功能减弱

现代家庭制度的功能减弱首先是由于社会制度功能的分化造成的。社会制度及其功能的形成和演变经历了漫长的历史过程。在原始社会，除了很不成熟的经济和生育制度外，不存在其他社会制度，社会成员的各种社会需要是借助于本源社会制度实现的，如家庭就承担着生产、消费、娱乐和生育等多种社会功能。本源社会制度的社会功能逐渐趋于专门化，最明显的例子是家庭。随着社会的发展，家庭的教育、宗教等社会功能逐渐外移，家庭制度的社会作用越来越专门化。而家庭制度是一定社会中占统治地位的婚姻家庭形态在上层建筑领域的集中反映，它是社会制度的组成部分，由调整婚姻家庭关系的各种行为规范组成。在古代，家庭制度和家庭对制度的实行会对家庭成员产生一生影响，自西周始，婚姻实行等级婚、买卖婚与父母包办婚姻，程序上则采取的是纳采、问名、纳吉、纳征、请期、亲迎六礼，奉行"父母之命，媒妁之言"。而在婚姻关系终止上，男方拥有绝对主动权。在家庭关系当中，夫对妻、家长对子女占据统治地位，即"夫为妻纲，父为子纲"的雏形等内容。由此可见古代家庭制度功能之强大。而现代社会中，家庭作为主要的生产生活单位的地位已经不复存在，所以相应地，家庭制度在社会整体中的功能比起传统社会逐渐减弱。

其次，由于改革开放以来一些西方的思想价值观念也开始渗入并影响着国人的价值观，从而使得家庭制度的影响作用减弱。一方面，这些思想价值观念促进了人们思想的解放，使人们更加关注个人尊严、利益，使人们的个性得到解放。比如西方女权运动推动了妇女的解放，使妇女获得了人格独立，开始追求教育平等权、经济上的独立以及婚姻上的自主权，促进女性自我意识的觉醒，个性得到解放。西方女权运动主张消除两性差别，妇女要参与到社会各个领域中，拥有与男人平等的权利，有利于实现男女平等，标志着社会文明程度的提高。西方女权运动提出的恋爱婚姻自由、离婚自由等主张对我国婚姻家庭观念的变化有积极的影响，人们的活动往往表现为个体化的活动，家庭整体的活动越来越少，家庭制度所能规范的内容渐渐萎缩。因而家庭制度中家庭本位的色彩将更加淡化，个人的主体地位将上升。另一方面，我国目前婚姻家庭领域总体状况是比较好的，婚姻更加自由、男女更加平等，但不可否认的是，其中也存在一些问题，如婚外恋、家庭暴力、离婚率不断上升，等等，究其原因，随着极端利己思想的兴起，家庭制度规范行为、强调责任意识的功能被削弱。以往由家庭制度来决定和规范的事物，今后将更多地被个人的自由选择和更加社会化的其他社会制度所取代。当然，这并不意味着家庭和家庭制度不再重要，只是家庭制度不再大包大揽、越俎代庖、凌驾于其他一些社会制度之上，而是功能和界限更加明确、单纯、恰如其分，让家庭真正地在现代社会中发挥其应有的作用。这也是社会更加分化的一种体现。

（二）现代家庭制度多元化

一个现代社会的发展，由于人们生活方式和思想观念更加多元，我国的家庭、婚姻领域也会出现很多与以往大相径庭的景象，比如，未婚同居、网络婚恋、合同制夫妻等情况的增加，同性之间的结合，等等，对我国现有的婚姻家庭制度产生了新一轮的挑战。从而会出现各种不同家庭制度并存、家庭制度不断发生变化的状况。在传统社会中，在共同的文化、共同的信仰视阈下，相近的经济背景使得各个家庭具有相似的家庭制度。而在多样性、流动性较大的现代社会中，跨区域、跨民族的家庭结合越来越多，导致单一、僵化的家庭制度无法适应多样、多变的家庭模式。未来的家庭制度会在不同的家庭中表现出一定的甚至很大的差异性，或者会拥有多元化的家庭制度以适应多变的未来经济社会生活；而全局性的家庭制度安排也要体现出一定的灵活性，以包容不同的家庭模式和家庭关系状况。

（三）现代家庭制度民主化

家庭制度民主化，一方面体现在家庭内部关系的平等化、家庭内部男权及家长制权威的削弱。妇女或弱势家庭成员的地位是由社会关系的性质以及她们在社会经济生活中的作用决定的；生产资料的私有制和阶级压迫是男女不平等、妇女或弱势家庭成员受歧视的社会根源。无产阶级革命铲除了男女不平等的私有制和阶级压迫根源。随着"人人生而平等"的观念的普及，不同的家庭之间的地位更趋平等。社会主义制度从经济、政治、道德、法律和文化各方面为全面实现家庭成员地位平等和妇女解放奠定了基础条件，除了地位平等以外，还有家庭成员之间的权利和义务平等，如在父母与子女之间，法律规定父母与子女的平等，并且要求父母要尽到教育的责任；当子女长大后，也需要对父母尽到赡养责任，弘扬中华几千年优秀孝道传统。再比如家庭成员的财产权利平等、代际关系平等。

另一方面体现在家庭成员的行为自由度提高，家庭强制性减弱。而不是以前所强调的对家长或男权的绝对服从。随着社会开放程度的增加，西方社会的一些价值观念、生活方式逐渐对人们原有的观念形成了巨大冲击，特别是在计划经济体制向市场经济体制转轨的过程中，社会的组织形式、利益格局、就业形式等都呈现出了多元化的趋势，公民更加自由，个性得到解放。个人就是各种活动的主体，个体意愿和主体地位凸显和上升。

（四）现代家庭制度法制化

中国传统观念中，家庭事务相对隐私。以往家庭制度的建立与执行都是以不成文的道德观念、宗教戒条为衡量指标，维持家庭制度运转主要是依靠家长权威与民间舆论。对违反家庭制度的人，其制裁手段较为专制。婚姻家庭制度犹如社会的晴雨表，不仅记录了婚姻家庭和社会风俗的发展变化，还体现着社会经济、政治、文化、道德、观念等诸多方面变化的特点。中华人民共和国建立后，尤其是改革开放以来，我国社会发生了巨大变革，婚姻家庭制度也不断发展。家庭制度的法律法规更趋完善，在调整家庭关系中的作用更强。现代家庭制度的法制化可以从结婚制度、离婚制度、家庭关系制度三个方面得以体现。具体来说，结婚制度总体变迁趋势是赋予了当事人越来越多的自主选择婚姻的权利，主要体现在结婚所需条件及禁止条件，如我国1950年《婚姻法》（图2-2）第3条规定，结婚男女须双方本人完全自愿，不许任何一方对他方加以强迫或任何第三者加以干涉。1980年《婚姻法》第4条对此的规定则进一步强调双方自愿的必要性，将原法中的"须"字改为"必须"，即"结婚必须男女双方本人完全自愿，不许任何一方对他方加以强迫或任何第三者加以干涉"。这也就打破了封建婚姻制度中包办婚姻的恶习。离婚制度包括离婚条件、程序、离婚后子女抚养教育及离婚后的财产等方面。家庭关系制度主要调整夫妻关系、父母与子女的关系；既调整夫妻之间的人身关系和财产关系，也规范着父母与子女之间的权利与义务。婚姻家庭法律制度包括的内容十分广泛，除了《婚姻法》，还有相关的司法解释、地方性法规等许多法律规范。如《妇女权益保障法》《老年人权益保障法》《收养法》《继承法》《婚姻登记管理条例》等也是其内容的一部分。婚姻家庭制度不仅体现在法律规范上面，还涉及社会政治经济、风俗习惯、婚姻观念等多个方面，因此，法律作用的上升是保障家庭正常运行、健康发展和家庭成员权利的客观需要。而我国现行的家庭婚姻法律体系显然还有诸多有待完善之处。

图2-2 《中华人民共和国婚姻法》

（五）现代家庭制度人本化

以前家庭制度的安排设计往往更多反映出统治阶层的利益和家族整体的利益，比如古代女性的人身权利、财产权利、自由选择的权利等，随着专制社会的不断固化和深化，不断被取消、限制。现代家庭制度尤其强调保障妇女、儿童、老年人及家庭中其他弱势群体的合法权益上，如，在家庭暴力的预防和救济问题上，中国传统观念认为，家庭是私人小天地，家庭暴力属于"家务事"，不便外人介入和干涉。受传统"法不入家门"观念的影响，受到家庭暴力的当事人也对此极力掩盖，这更加剧家庭暴力的隐蔽性，给当事人造成更大的伤害，同时，也影响着社会秩序的安定。由此看来，如何有效预防、及时制止家庭暴力成为人们日益关注的问题。加之我国法律对于家庭暴力的规定又过于原则，具体性和可操作性不强，这就使得对于施暴者的制裁往往起不到应有的作用，导致家庭暴力反复发生并且呈上升态势。

家庭暴力实质上是家庭成员之间权利和地位不平等的体现，不仅损害了弱势一方的人身权益，而且极易造成婚姻解体、家庭破裂，不利于未成年子女的身心健康。对此，2001年，《婚姻法》明确规定"禁止家庭暴力"，保护妇女、儿童和老人的合法权益。不仅如此，《婚姻法》也规定了对实施家暴者的惩治措施和对受害者的法律救助，加强了对受害者的保护和救助，有利于维护妇女等弱势群体的合法权益。《婚姻法》明确了"家庭暴力不再是家务事"，而是法律所禁止的行为，保障了公民在私人生活领域的基本人权。

只有以上述五个发展趋势为依据构建合理的现代家庭制度，才能有利于千万个家庭及其家庭成员的健康发展，从而推进社会的健康发展。

任务拓展

低生育率社会的家庭制度

家庭承担着生殖和抚育的基本功能，家庭制度仍然是人类生育的核心制度。

费孝通在《生育制度》中提出，家庭制度构成人类生育的基本制度。他认为，家庭制度是保障人类繁衍的制度安排，为了完成对子女的生殖和抚育，需要对家庭制度及与其相关联的婚姻制度、亲属制度、财产继承制度等进行整体建构，使人类生育和人口再生产过程得以保证和持续。

家庭是人类生育和人口再生产的基本载体。人类的生育决策和生育行为，很大程度上受到家庭制度的影响和制约。现代社会中生育水平的下降，很大程度上是国家和市场力量侵入家庭的结果。对于家庭来说，生育的价值在减弱，家庭的生育功能也在弱化。在现代化不断发展的过程中，世界上不少国家和地区都进入了长期低生育率社会。

家庭制度是影响人类生育的基础性制度。我国在完成人口转变以后，正面临着进入低生育率社会的挑战。完善家庭制度建设、实施有效的家庭政策，是支持和服务生育，促进实现人口长期可持续发展的重要公共政策议题。对于生育问题和生育政策的讨论，需要转到家庭政策关节点上，重新思考家庭的功能、国家制度和家庭发展的关系。完善低生育率社会的家庭制度建设，需要思考和定位作为家庭制度的计划生育制度的未来发展，需要通过家庭制度建设来支持和服务人类生育，需要协调家庭政策和生育政策的关系，实施与生育友好兼容的家庭制度建设。

任务评价

一、单项选择题

1. 调整婚姻家庭关系的各种行为规范组合是（   ）制度。
   A. 家庭制度　　　　　　　　　　B. 经济制度
   C. 思想文化制度　　　　　　　　D. 政治制度
   E. 财产制度

2. （　　）年，《婚姻法》明确规定"禁止家庭暴力"，保护妇女、儿童和老人的合法权益。

  A. 1949　　　　　　B. 1950　　　　　　C. 2001　　　　　　D. 2020

  E. 1999

3. 现代家庭制度的法制化可以从结婚制度、离婚制度、（　　）三个方面得以体现。

  A. 生育制度　　　　B. 抚养制度　　　　C. 家庭关系制度　　D. 扶养制度

  E. 亲属制度

4. 现代家庭制度的民主化体现在家庭内部关系的平等化以及（　　）。

  A. 家庭成员行为自由度提高，家庭强制性减弱

  B. 家庭制度会在不同的家庭中表现出差异性

  C. 家庭的社会作用越来越专门化

  D. 家庭制度的法律法规更趋完善

  E. 以上都是

5. 现代家庭制度在社会整体中的功能性比起传统社会（　　）。

  A. 增强　　　　　　B. 减弱　　　　　　C. 不变　　　　　　D. 以上都对

  E. 以上都不对

二、简答题

1. 现代家庭制度的民主化体现在哪些方面？
2. 现代家庭制度未来的发展趋势是怎样的？

模块三　现代家庭生活

模块导航

模块三　现代家庭生活
项目一　认知家庭生命周期
　　任务一　认知家庭生命周期
　　任务二　认知家庭需求
项目二　认知家庭生活质量
　　任务一　认知家庭生活质量
　　任务二　认知家庭生活管理

课程导学

传承中华优秀文化，共创幸福家庭生活

家是最小国，国是千万家。家风正，则民心淳；民风正，则社稷安。只有千家万户好，国家才能富强，民族才能昌盛。党的二十大报告明确提出，"要弘扬中华传统美德，加强家庭家教家风建设"，"家庭家教家风"首次出现在党代会的报告中，充分体现了党和国家对家庭家教家风建设工作的高度重视，进一步凸显了家庭在国家发展、民族进步、社会和谐中的基石作用，把我们党对家庭问题的规律性认识提升到一个新高度，为新时代家庭建设提供了科学指南，成为新时代家庭建设与管理的根本遵循。

现代家庭生活管理是现代家政服务与管理专业的重要内容，所以，要教育和引导学生把国家、社会、家庭、个人的价值要求融为一体，提高个人的爱国、敬业、诚信、友善修养，自觉把专业学习和为家庭服务的小我融入社会需求和国家发展的大我，不断追求国家的富强、民主、文明、和谐和社会的自由、平等、公正、法治，将社会主义核心价值观内化为学习家政专业的社会责任和自觉行动。

项目一　认知家庭生命周期

【项目概述】

　　现代家庭生活是现代家政服务产业诞生的源泉及主要载体，不同的家庭处于不同的生命周期，家庭生活的重心就会有所不同，家庭生活需求也就存在差异。家庭生命周期理论揭示了家庭作为一个动态整体有不同的发展阶段，在每个发展阶段面临着不同的任务和需求。

　　本项目主要介绍家庭生命周期理论、不同周期的家庭需求等内容。通过本项目的学习，帮助学生理解家庭生命周期理论，掌握家庭生命周期理论与分析家庭需求的关系，能够有效地分析现代家庭需求。

【项目目标】

知识目标	1. 理解家庭生命周期理论； 2. 掌握家庭生命周期的划分
能力目标	1. 能够结合家庭生命周期理论进行家庭需求分析； 2. 能够有效地分析现代家庭需求
素养目标	1. 培养学生多专业视角分析问题的能力； 2. 对现代家庭需求具有科学的认识

【项目学习】

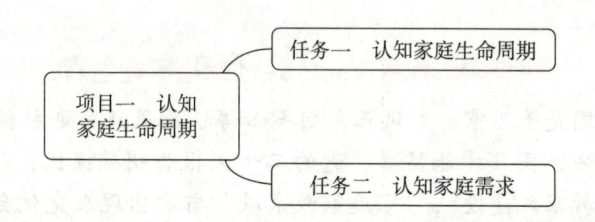

```
                    ┌── 任务一　认知家庭生命周期
项目一 认知家庭生命周期 ┤
                    └── 任务二　认知家庭需求
```

任务一　认知家庭生命周期

任务引言

　　任务情境： 在家政产业培训基地，家政培训讲师在给学员们分享作为家政行业的

模块三　现代家庭生活

从业人员，应当如何精准地把握客户需求。她这样讲："家庭就像人一样，家庭也是有生命的，也是有生命周期的。不同的家庭处于不同的生命周期，生活的重心就会有所不同，家庭需求也就存在差异。对我们服务行业的从业者来说，把握消费者的需求至关重要，而且很多不同的需求都会带给我们一些新的启发与灵感。我们来尝试一下分析下面案例的家庭用车需求。"

客户1：陆先生夫妇都是"90后"，已经结婚3年，目前育有一个2岁多的孩子，经济状况较好，与父母同住。

客户2：王女士是"00后"，大学刚毕业，计划购入新车代步。

客户3：吴大爷，今年刚退休，计划和老伴自驾旅行，饱览祖国大好山河。

任务导入：请尝试分析以上客户的家庭阶段与用车需求的差异。

学习目标

知识目标

1. 理解家庭生命周期理论；
2. 掌握家庭生命周期的划分。

能力目标

1. 能区分不同的家庭所处的生命周期阶段；
2. 能结合家庭生命周期理论进行家庭需求分析。

素质目标

1. 具有服务家庭的职业意识；
2. 具有从事家政服务工作的职业认同。

任务知识

一、家庭生命周期

（一）家庭生命周期的概念

任何个体都始终处于成长与变化之中，每个人都必然经历一系列的变化阶段，比如每个人都必须经历婴幼儿、儿童、青少年、壮年、中老年、老年直至去世等阶段，这就是人类的生命周期。学会生命周期的思维、方法，可以帮助我们预测事物未来的发展，从而采取正确的应对策略。

家庭生命周期就是指一个家庭从诞生、发展直至死亡的运动过程，它反映了家庭从形成到解体呈循环运动的变化规律。家庭与个体一样，也有其产生、发展和消亡的过程。

63

家庭随着家庭组织者的年龄增长而表现出明显的阶段性,并随着家庭组织者的寿命终止而消亡。

家庭生命周期概念最初是美国学者格利克于1947年首先提出来的。在市场营销学中,家庭生命周期特指消费者作为家庭成员所经历家庭各个阶段形态的变化,用以分析和揭示消费者在不同阶段消费的形式、内容和特征等,从而作为市场细分的变量。家庭生命周期大致可以分为形成、扩展、稳定、收缩、空巢和解体共六个阶段。家庭生命周期理论认为家庭在不同的生命阶段上有不同的内容和任务,但其理论具有较强的开放性,即研究者可以按照研究内容和研究目的,选择和划分需要的家庭生命周期,这样其理论会比其他家庭社会学理论有更强的适应性,也因此演变出多种流派、模型。

(二)家庭生命周期理论

1. 格利克的家庭生命周期模型

格利克提出,家庭生命周期是从一对夫妇的婚姻演变到家庭开始,经历扩充、扩充完成、收缩、收缩完成等阶段,直至消亡的动态发展过程。他根据标志着每一阶段的开始与结束的人口事件,第一次提出了清晰且相对完整的家庭生命周期,将家庭生命周期划分为形成、扩展、稳定、收缩、空巢、解体共六个阶段。并认为每个阶段都面临着不同的主要问题,要达成不同的主要目标。格利克的家庭生命周期模型如表3-1所示。

表3-1 格利克的家庭生命周期模型

阶段	起始	结束
形成	结婚	第一个孩子的出生
扩展	第一个孩子的出生	最后一个孩子的出生
稳定	最后一个孩子的出生	第一个孩子离开父母亲
收缩	第一个孩子离开父母亲	最后一个孩子离开父母亲
空巢	最后一个孩子离开父母亲	配偶一方死亡
解体	配偶一方死亡	配偶另一方死亡

2. 杜瓦尔的家庭生命周期理论

杜瓦尔认为就像人的生命那样,家庭也有共性的生命周期和不同发展阶段上的各种任务。而家庭作为一个单位要继续存在下去,需要满足不同阶段的需求,包括生理需求、文化规范、人的愿望和价值观等。家庭的发展任务是要成功满足人们成长的需要,否则将导致家庭生活中的不愉快,并给自身发展带来困难。具体而言,家庭生命周期包括相互联结的八个阶段,每一阶段都附带着必须克服的发展任务。当家庭所拥有的技能无法应对这一阶段所面对的需求时,家庭生活质量就会受到影响甚或导致家庭解体。杜瓦尔所提出的家庭生命周期理论更为系统,论述中更多的是将家庭生命周期等同于个人的生命历程,在不同的阶段需要扮演不同的角色,所以她的划分方法在社会心理学具有更广泛的适用性。杜瓦尔的家庭生命周期理论如表3-2所示。

表 3-2 杜瓦尔的家庭生命周期理论

阶段	平均长度/年	定义	家庭问题
1. 新婚	2（最短）	结婚、妻子怀孕	性生活问题、生育问题、交流和沟通问题、适应新的社会关系问题
2. 第一个孩子出生	2.5	最大孩子介于 0~30 个月	父母角色的适应问题、经济压力问题、照顾幼儿的压力问题、父母的健康问题
3. 学龄前期	3.5	最大孩子介于 30 个月~6 岁	儿童身心发育问题、孩子上幼儿园问题
4. 学龄期	7	最大孩子介于 6~13 岁	儿童身心发育问题、离家上学问题、适应学校环境问题
5. 青少年期	7	最大孩子介于 13 岁~离家	学习问题、性教育问题、与异性交往和恋爱问题
6. 青年期	8	最大孩子离家—最小孩子离家	开始有孤独感的问题、更年期问题、疾病开始增加的问题、重新适应婚姻的问题、照顾高龄父母的问题
7. 空巢期	15	父母独处至退休	重新适应两人生活问题、计划退休后生活问题、疾病问题
8. 老年期	10~15	退休至死亡	适应退休生活问题、经济收入下降问题、生活依赖性增强问题、面临老年病问题、衰老问题、丧偶问题、死亡问题

3. 家庭财务生命周期理论

梅修、墨菲和罗杰斯认为，在确定和分析消费者财务需求方面，家庭生命周期是比年龄更为重要的因素，因此，引入家庭生命周期概念，可以更为恰当地分析家庭的财务管理需求。他们认为家庭在各生命周期阶段均有不同的理财侧重点要考虑，如表 3-3 所示，在人生的不同阶段有不同的特征，因此不同阶段的家庭在财务状况、风险承受能力、理财目标均受到所在阶段特征的影响。因此可以根据财务生命周期，来了解不同人生阶段的财务需求和财务目标，进行有目的的理财活动。如单身和家庭形成期在事业和生活方面注重享受，即注重智力投资；在成长期注重对孩子的培养和投资；在成熟期既重视孩子也不忽视自身的享受；在衰老期更注重健康方面的投资。

表 3-3 家庭财务生命周期理论

周期	家庭生命阶段	特征	理财主要内容
单身期	起点：参加工作 终点：结婚	收入较低，购置生活用具，承担房屋租金，储备结婚费用	意外保险 现金规划 投资规划
家庭形成期	起点：结婚 终点：子女出生	收入稳定增加，购买自住房和家庭用具，支付房贷款	购房规划 家庭用具购置计划 健康意外保险

续表

周期	家庭生命阶段	特征	理财主要内容
家庭成长期	起点：子女出生 终点：子女独立	家庭收入稳定，家庭成员积累了一定的资金和投资经验，支出较大，主要是子女教育费和老人医疗费	子女教育基金 健康意外保险 养老基金规划 投资组合规划 避税规划
家庭成熟期	起点：子女独立 终点：夫妻退休	子女独立，债务还清，工作能力、经验及家庭经济状况达到最高峰	养老基金规划 投资组合规划 特殊目标规划
家庭衰老期	起点：夫妻退休 终点：夫妻身故	安度晚年，投资防范风险，以稳健为好	养老规划 遗产规划 特殊目标规划

二、家庭生命周期理论的应用

（一）家庭生命周期与家庭发展任务

家庭发展任务是指家庭在生命周期各个阶段所面临的、普遍出现的、需要家庭成员共同去解决的问题。家庭生命周期与常见的家庭发展任务的关系如表3-4所示。

表3-4　家庭生命周期与常见的家庭发展任务的关系

周期	家庭阶段	发展任务
家庭形成期	1. 新婚阶段	（1）夫妻努力经营婚姻，达到双方皆满意的关系； （2）建立家庭在财务、家务分工等方面运作的规则； （3）调整双方与家人间的关系； （4）规划和准备孕育下一代； （5）怀孕时做好生理、心理调适
家庭扩展期 家庭稳定期	2. 家有婴幼儿阶段	（1）承担父母角色，并促进婴幼儿的生理、心理发展； （2）建立一个舒适的家庭生活环境
	3. 家有学龄前儿童阶段	（1）知道孩子的特殊需要（如安全的环境）和兴趣，并促进其发展； （2）父母须调适照顾小孩所需耗费的体力及时间
	4. 家有学龄儿童阶段	（1）准备生育第二个、第三个孩子； （2）保持家庭与学校之间良好的互动关系； （3）父母共同协助孩子的学习和课业； （4）参加和子女有关的活动，维持稳定的亲子关系
	5. 家有青少年阶段	（1）随着孩子逐渐成熟，父母宜鼓励孩子独立，并调整亲子间的关系； （2）父母重新关心并建立自己的兴趣及生涯

续表

周期	家庭阶段	发展任务
家庭收缩期 家庭空巢期	6. 子女离家阶段	（1）父母给子女在就学、工作与婚姻上的协助； （2）维系家庭成为家人重要支持的来源
	7. 中年父母阶段	（1）夫妻间婚姻关系的再度适应； （2）调整及适应和成年子女之间的互动关系； （3）适应为人祖父母的角色； （4）增加对社区及休闲活动的参与
家庭空巢期 家庭解体期	8. 老年家庭阶段	（1）面临退休的课题，需要重新适应新的社会角色； （2）学习调适因老化所带来的生理改变，适应半失能、失能的生活状态； （3）应对因配偶死亡的失落，并再度适应独居生活

（二）家庭生命周期与家庭需求

家庭生命周期理论自产生以来，就一直经历着不断修改、充实、完善的过程，并持续深化、发展。结合家政服务实际使用需要，人们采用格利克的家庭生命周期模型，将家庭生命周期划分为形成、扩展、稳定、收缩、空巢、解体共六个阶段。由于家庭具有明显的阶段性特征，家庭在不同的阶段则产生不同的主要任务与需求，家庭将一部分任务与需求交由社会化家庭服务机构通过服务来解决，正是现代家政服务发展的起点。一般来说，家庭生命周期直接影响家庭在某一个阶段的具体需求。

1. 家庭形成期，最鲜明的特征是多元

这个时期，新成立的家庭要独立去面对世界，关注的事项非常多，需求也较为多元，诸如旅游、购房、金融理财、休闲娱乐、社交、学历提升等。同时，因年龄、性别、所在城市、收入不同，家庭成员的特征和需求关注点均呈现明显差异。

2. 家庭扩展期，母婴服务的关注度提高

这个时期的主题是孕育下一代，因此，健康管理、胎教、膳食营养、孕产妇照护、母婴照护、月子会所、产后康复、婴幼儿用品、婴幼儿食品、亲子教育、家庭教育等服务与产品需求快速涌现，需求相对集中，特点鲜明。

3. 家庭稳定期、收缩期，是最"忘我"的阶段

随着孩子的出生，家庭成员增多，家庭步入稳定期，家庭成员逐渐背负起上有老下有小的压力，"一老一小"与维护家庭的压力兼顾。收入和支出均达到高峰，此阶段家庭需求多元，且刚需性明显，教育、医疗健康、金融理财、家庭服务、休闲娱乐等需求逐渐增多。

4. 家庭空巢期、解体期，医疗康养是主线

此阶段子女已成年，整体财务状况会比顶峰期有所收缩，家庭成员健康状况有所下降，医疗与健康管理、健康照护的需求大幅增长，更加关注自己和父母的健康和养老问题，同时为子女准备婚嫁金也是该阶段家庭的独有特点。

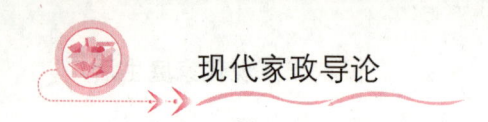

（三）家庭生命周期理论在家政服务领域的应用

对家庭生命周期理论的了解，有助于家政服务人员进行家庭需求评估，以便确认所服务的家庭处在哪种发展阶段以及处在这种发展阶段可能面临的压力，更好地为客户作出相应的家庭管理建议。具体来说有以下三点：

（1）通过家庭生命周期理论可以了解客户在不同生命周期阶段的主要需求，从而为他们提供更加标准化的规范服务。

（2）根据客户的家庭生命周期所处的特殊阶段，提供定制化、个性化的服务，比如为处于扩展阶段的家庭提供个性化母婴照护服务、特色营养膳食服务等个性化服务。

（3）根据家庭生命周期理论，提供更多的整合性服务方案，可以为不同阶段、跨阶段的客户提供不同的综合性服务。

三、学习家庭生命周期理论的意义

学习家庭生命周期理论对个人、家庭以及从事家庭服务的人员都具有重要意义。这一理论通过划分家庭发展的不同阶段，帮助人们理解家庭在其生命周期内面临的不同需求、挑战和变化。学习家庭生命周期理论的意义如下：

（一）更好地理解家庭动态

家庭生命周期理论提供了一个框架，帮助人们理解家庭如何随着时间的推移而发展和变化，以及这些变化如何影响家庭成员的行为和关系。

（二）预测和准备家庭转变

通过了解不同的家庭发展阶段，家庭成员可以更好地预测和准备即将到来的变化，如孩子的出生、成长、成年以及老年阶段。

（三）提高解决家庭问题的能力

对家庭生命周期理论的理解有助于人们识别在家庭特定发展阶段可能出现的问题，并采取适当的措施来解决或缓解这些问题。

（四）促进家庭关系的健康发展

理解家庭生命周期理论有助于促进家庭内部的健康沟通和有效地解决冲突，增强家庭成员间的理解和支持。

（五）有助于家政实践应用

对于从事家庭咨询、社会工作或心理治疗的专业人员而言，家庭生命周期理论是一个重要的工具，有助于人们在提供服务时更好地理解和满足家庭及其成员的需求。

（六）有利于制定家庭政策和干预策略

对政策制定者和社会服务机构而言，了解家庭生命周期理论有助于制定更为有效的家庭支持政策和干预策略，以满足不同发展阶段家庭的特定需求。

总体来说，家庭生命周期理论为家政服务人员提供了一种视角，以便于他们观察和理解家庭内部的复杂动态，以及家庭成员如何互动和适应生活中的变化。

任务拓展

生命周期视角下的家庭转变

1. 形成期推迟

改革开放后，生育政策的严格实施、经济社会的加速发展、个人主义对家庭整体利益的替代、生儿育女和养家糊口压力的渐增等，都促使初婚年龄持续且快速推迟，家庭形成时间推延。同时，早婚的比例越来越低，晚婚的比例越来越高。

2. 扩展期速度加快且与稳定期交叠

初育年龄推迟，家庭扩展期延后。中国人的生育多发生在婚姻之内，故初育年龄与初婚年龄存在内在联动效应，初婚的推迟必然带来初育年龄的延后。20世纪80年代早期，我国女性初育年龄在23~25岁；2017年，女性平均初婚年龄约为26.49岁，而平均初育年龄约为27.26岁。扩展期与稳定期交叠，家庭周期中段挤压。少育提前了终育年龄，家庭更早进入稳定期。若妇女终身只育一孩，则终育年龄就是初育年龄，稳定期等于扩展期；若生育两孩，则一般情况下，初育终育年龄间隔为4~5年。

3. 收缩期挤压且后空巢期延长

从第一个孩子搬离原生家庭开始，家庭就进入收缩期。在较高生育率时代，子女依次离家，故家庭的收缩期渐次展开，持续时间长。低生育必然带来收缩期的加快。2020年，平均家庭户规模不足3人，一代户、二代户与三人以下户快速增长等现象都暗示着家庭收缩期的转变。实际上，在独生子女家庭，孩子因上学或外出就业而使得家庭进入年轻空巢状态，收缩期的起点与空巢期的起点叠合；即便是两孩家庭，除少数情况外，收缩期与空巢期的间隔也仅4~5年。空巢期的提前与预期寿命的提升，必然延长空巢期的存续时间。子女数量的减少和预期寿命的延长，增加了家庭中老年人的数量，老化了家庭的年龄结构，提升了有老家庭的比重，老年空巢的占比越来越高。

4. 自然解体期大大推后，人为解体现象趋于普遍

家庭解体或因丧偶（自然解体）或因离异（人为解体）。过去，家庭解体主要源于配偶的亡故；今天，离异也是重要因素。

[来源：杨菊华《生命周期视角下的中国家庭转变研究》（社会科学），2022，(06)：154-165]

任务评价

一、单项选择题

1. 一般认为家庭空巢阶段的家政服务需求是（ ）。
   A. 母婴护理　　　　　　　　　B. 收纳整理
   C. 家电维修　　　　　　　　　D. 养老照护

2. 格利克的家庭生命周期模型一般分为形成、扩展、稳定、（ ）、空巢、解体共六个阶段。
   A. 独居　　　B. 瓦解　　　C. 收缩　　　D. 满巢

3. 根据杜瓦尔的家庭生命周期理论，在第一个子女出生的家庭阶段，家庭所面临的主要问题是（ ）。
   A. 学习问题　　　　　　　　　B. 孤独感问题
   C. 婴幼儿照顾压力问题　　　　D. 老人赡养问题

4. 根据家庭财务生命周期理论，（ ）阶段的家庭最适宜采取保守的理财举措。
   A. 单身期　　　　　　　　　　B. 家庭形成期
   C. 家庭成长期　　　　　　　　D. 家庭衰老期

5. 根据世界卫生组织的研究，每个人的健康与寿命主要取决于（ ）。
   A. 基因　　　　　　　　　　　B. 生活方式
   C. 物质水平　　　　　　　　　D. 锻炼与否

二、简答题

1. 简述家庭生命周期的含义。
2. 简述不同家庭生命周期阶段的家庭需求。

任务二　认知家庭需求

任务引言

任务情境：陆先生夫妇都是"90后"，已经结婚3年，目前育有一个2岁多的孩子，经济状况较好，目前由陆先生的母亲帮助带孩子，但是其母亲年纪较大，身体并不好，照顾起来也很吃力。

任务导入：请尝试从尽可能多的视角分析陆先生的家庭需求。

模块三　现代家庭生活

学习目标

知识目标

1. 理解家庭需求的概念、特征；
2. 知晓典型家庭需求。

能力目标

1. 能够有效分析现代家庭需求；
2. 能够辨别现代家庭需求。

素质目标

1. 具有服务家庭的职业意识；
2. 了解行业前景，培养职业认同。

任务知识

一、家庭需求的概念

家庭需求是家庭为满足其成员的发展，而需要的各种物质的或精神的要求的总和。一般来说，家庭需求是家庭这一主体对自身存在和发展条件的等待状态，这种状态意味着，如果这些条件得不到满足，主体的生存和发展就会受到影响。家庭需求是家庭生活的内在动因，家庭的一切活动都是围绕着家庭需求展开的。

二、家庭需求的特征

（一）客观性

家庭需求作为主体对自身存在和发展的一种等待状态，必然具有客观性，即在一定的现实条件下，必然会产生家庭需求，不以主体自身的意识所左右。它的存在受自然因素、社会因素和文化因素等多重因素的影响。

（二）阶段性

家庭成员个体生命发展具有阶段性，家庭自身的生命发展也具有阶段性，处于不同家庭阶段的家庭需求存在明显的不同与差异，而处于相同家庭阶段的不同家庭需求存在相似性。

（三）差异性与一致性的统一

作为一个整体的家庭，其成员之间的需求既存在着差别，又存在着共性，家庭生活的需

71

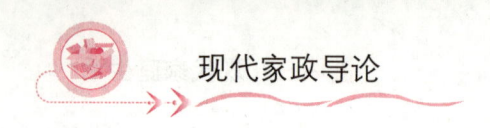

求是二者的统一。

三、现代家庭需求

在现代社会中，家庭作为人类生活的基石，其需求和期望正在经历深刻的变化。现代家庭的需求呈现出显著的多元性，这些需求不仅覆盖了物质和经济方面，还深入到了情感、心理、教育和健康等多个层面。

（一）经济与财务需求

在现代社会，家庭经济和财务需求对于维持家庭的稳定和福祉至关重要。首先，稳定和足够的收入是基本需求，它不仅满足日常生活的开销，还为家庭提供安全感。随着人们生活水平的提高，家庭成员越来越注重合理规划预算和储蓄，以应对未来的不确定性，如教育开支、医疗费用和退休规划。此外，对于投资和财产管理的需求也日益增长，家庭成员希望通过智能投资增加财富，确保长期的经济安全。掌握基本的财务知识和规划技能，对于现代家庭成员来说变得越来越重要。通过这些措施，家庭能够更好地应对经济挑战，确保成员的幸福和未来的财务稳定。

（二）居住与生活环境需求

现代家庭对居住和生活环境的需求已经远超过基本的居住功能。家庭成员越来越追求一个舒适、安全且功能性强的居住空间。这不仅涉及房屋的选址和设计，还包括内部布局和环境的优化。舒适性和便利性成为选房的重要标准，家庭成员希望自己的家能够提供充足的个人空间，同时也能促进家庭成员之间的互动。此外，随着环保意识的增强，节能和环保型住宅越来越受到家庭成员的青睐。家庭成员还特别关注室内空气质量和自然光的利用，以及绿色植物的布置。现代家庭期望通过改善居住和生活环境，提升生活质量，营造一个健康、和谐的家庭氛围。

（三）健康与福祉需求

在现代社会中，家庭健康与福祉需求显得尤为重要。随着人们健康意识的提升，现代家庭更加重视成员的身心健康。首先，健康的饮食习惯成为家庭关注的焦点。家庭成员倾向于选择营养均衡、天然健康的食物，避免过度加工和高热量食品。其次，定期的体育锻炼和运动也成为家庭生活的一部分。无论是集体的户外活动，还是个人的健身房锻炼，都被视为增强体质、减压的有效方式。此外，心理健康同样受到重视。现代家庭成员倾向于在压力较大时寻求专业的心理咨询服务，或通过家庭聚会、建立共同爱好等方式加强家庭内部的情感联结。现代家庭成员在追求物质生活质量的同时，也强调身心健康和家庭成员之间的情感福祉。

（四）教育与发展需求

在现代社会，教育和发展已成为现代家庭的核心需求之一。家庭成员特别重视子女的全面教育，旨在培养他们成为具备多元能力和全球视野的人才。这不仅包括传统的基础教育，如语文、数学等，还强调创造力、批判性思维和情感智力等软技能的培养。家长们越来越认识到非正式教育的重要性，例如参与艺术、体育和社会活动，以促进孩子全方位地成长和个性发展。同时，家庭也注重成员的终身学习和职业发展，鼓励他们通过在线课程、研讨会和专业培训不断提升自己的技能和知识。现代家庭成员认识到，教育不仅是获取知识的途径，更是实现个人潜力和家庭整体进步的关键。因此，家庭在教育和发展上的投入不断增加，以应对不断变化的社会和职业环境的挑战。

（五）社交与休闲需求

在现代快节奏的生活中，社交和休闲成为家庭需求的重要组成部分。现代家庭越来越重视休闲时间的质量，将其视为放松身心、加强家庭纽带的重要方式。家庭成员倾向于共同参与各种活动，如户外探险、电影之夜或家庭游戏，以增进相互间的理解和感情。此外，社交需求也在逐渐增加，家庭成员积极参与社区活动、社交聚会或文化活动，这不仅丰富了他们的社交生活，还增进了他们对周边社区的了解和归属感。随着数字化时代的到来，家庭成员还通过社交媒体保持联系，分享日常生活和特殊时刻。现代家庭成员认识到，良好的社交关系和充足的休闲时间对于维持家庭幸福和促进个人成长至关重要，因此在忙碌的生活中寻求平衡，确保这两方面的需求得到满足。

（六）技术与信息需求

在数字时代，现代家庭对技术和信息的需求日益增长。智能家居设备和高速互联网连接成为家庭标配，大大提高了生活的便利性和效率。家庭成员利用智能手机、电脑进行日常沟通、娱乐和学习，而智能家电则简化了日常家务，提升了生活质量。随着技术的不断进步，家庭成员对于媒介素养的重视也在增加，特别是在筛选网络信息和保护在线隐私方面。家长们越来越意识到指导孩子安全、负责任地使用网络的重要性。此外，家庭成员对于技术的应用不仅限于娱乐和便利，还包括使用在线教育资源支持孩子的学习和发展。现代家庭成员正在积极适应技术进步带来的变化，不断提升自身的信息处理能力，以确保技术在提高生活质量方面发挥最大的作用。

（七）心理与情感需求

在现代社会，家庭的心理与情感需求受到了前所未有的关注。随着生活节奏的加快，家庭成员面临着各种压力和挑战，因此家庭内的情感支持和心理健康管理变得至关重要。现代家庭越来越重视成员间的沟通和理解，认识到共享情感经历对于建立稳固的家庭关系至关重要。家长们在教育孩子时，不仅关注成绩，而且更注重培养他们的情商和应对挫折的能力。此外，家庭成员也越来越愿意寻求专业心理咨询，以应对生活中的情感困扰和心理问题。家庭活动，如共同旅行、庆祝节日或者每日的晚餐时光，成为增强家庭成员情感联系的重要时刻。现代家庭在追求物质生活的同时，越来越重视满足成员的心理和情感需求，以确保每个成员的幸福和心理健康。

（八）时间管理需求

在现代快节奏的生活中，时间管理已成为家庭面临的一大挑战和需求。对于许多家庭而

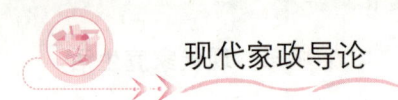

言，平衡工作和家庭生活是一项日常任务，尤其是在双职工家庭中更为显著。家庭成员努力在职业责任、家庭义务和个人兴趣之间找到平衡点。有效的时间管理不仅能提高生活效率，而且能为家庭成员提供更多共享的高质量时间，如家庭聚会、孩子的教育活动和共同的休闲时光。此外，现代家庭成员也意识到自我护理和休息的重要性，因此在忙碌的日程中安排时间进行放松和充电。为了更好地管理时间，家庭成员常常借助各种计划工具和应用程序来协调日程和活动。有效的时间管理对于提升现代家庭的生活质量和成员之间的幸福感具有重要意义。

四、现代家庭需求的影响因素

现代家庭需求的形成和变化受到多种因素的影响，这些因素相互作用，共同塑造了家庭的生活方式和需求特征。主要影响因素如下：

（一）经济状况

家庭的经济状况直接影响其消费能力和生活选择。经济增长和个人收入的提高使得家庭能够追求更高质量的生活，包括更好的教育、健康的服务和休闲活动。

（二）社会文化变迁

社会价值观和文化发展趋势对家庭需求产生深远影响。例如，现代社会对健康和教育的重视使家庭在这些方面的需求增加。

（三）科技进步

技术的发展带来了新的生活方式和需求。智能家居、互联网和移动设备的普及改变了家庭的沟通、娱乐和学习方式。

（四）人口结构变化

人口老龄化、小家庭趋势等人口结构的变化影响了家庭的结构和需求。比如，随着平均寿命的延长，家庭对老年护理的需求增加。

（五）政策和法规

政府的政策和法律法规也会影响家庭需求。例如，住房政策、教育制度和医疗保健政策都会直接影响家庭的决策和需求。

（六）环境因素

自然环境和生态变化也对家庭需求产生影响。例如，环境污染的加剧使得家庭更加关注居住环境的质量和健康生活方式。

（七）工作与生活平衡

工作方式的变化，如远程工作和灵活工时，影响家庭成员如何平衡工作和家庭生活，进而影响家庭的日常需求和生活安排。

（八）心理健康意识的提升

现代人对心理健康的认识日益增强，促使家庭成员更加关注心理健康和家庭内部的情感沟通。

五、典型家庭需求

根据家庭生命周期理论，家庭在不同阶段存在不同的典型家庭需求，如表3-5所示。

表3-5 家庭生命周期与典型家庭需求

阶段	典型家庭需求
形成	婚恋服务等
扩展	母婴照护、营养膳食、居家清洁等
稳定	家庭教育、母婴照护、膳食营养、收纳整理等
收缩	居家清洁、营养膳食、家电清洗等
空巢	医疗、老年照护、适老化改造等
解体	临终关怀、丧葬服务等

同时，需要注意的是，即使是处于相同生命周期的家庭，由于所在城市、家庭收入、年龄和风险偏好不同，需求和关注点也有所不同。我们将6个阶段的家庭进一步细分，描绘出10种典型家庭画像，分析其典型特征，构建家庭服务需求图谱，并为之匹配相应的服务。

（一）单身阶段

单身阶段，可描绘出"潮玩单身男""都市单身丽人""压力山大男"和"传统单身女"四种典型画像。"潮玩单身男"普遍收入较高，对待结婚生子态度佛系，生活重心在自身，集中于收入、理财和潮玩娱乐上；"都市单身丽人"有自己的事业追求和突出的容貌焦虑，不刻意追求结婚生子，更看重自己和父母的健康与养老；"压力山大男"的当务之急是买房买车、结婚生子，面临较大的资金压力；"传统单身女"也关注结婚生子，但将更多的精力放在自己和父母身上，组建家庭后精力会从自身转移到家庭。

（二）家庭形成阶段

家庭形成阶段可分为"丁克族""都市备孕族"和"传统备孕族"三种典型家庭画像。"丁克族"收入较高，盈余充足，注重生活品质，经济压力小，很早就开始为自己的养老生活打算；"都市备孕族"有生育计划，对自己、父母和下一代的关注比较平衡，家庭的核心关注点是增加收入，注重理财，并且为生育及抚育过程中的各项事项做好准备，甚至在备孕期开始做好各项规划；"传统备孕族"家庭中男性会重点关注事业上升和收入增加，而女性则更加担忧因生育而耽误自己的事业发展。

（三）家庭扩展阶段、稳定阶段

家庭扩展阶段、稳定阶段可分为"平衡型"和"忘我型"两种典型家庭画像。"平衡型"家庭收入水平中等偏上且往往有盈余，虽然会关注父母和子女，但不会因为养老抚小的经济压力过大而忘记关注自己的各种需求，重视家庭教育、重视休闲娱乐，一般存在较多的多元家庭需求并能转化为实际消费，同时对父母的养老和健康关注度较高；而"忘我型"家庭，孩子是目前生活的重中之重，父母其次，最后才是自己，这种类型的家庭需求较为集中。

（四）家庭收缩阶段、空巢阶段、解体阶段

家庭收缩阶段、空巢阶段、解体阶段可分为"品质养老型"和"关注子女型"两种典型家庭画像。"品质养老型"家庭的典型特征是为子女付出主要精力的阶段结束，家庭重心转向自己，对如何享受生活、保障自己的养老生活品质，尤为关注。而"关注子女型"家庭对于自身的养老，普遍满足于刚性养老需求即可，预期的养老方式比较单一，以居家养老为主，生活重心始终围绕子女甚至孙辈。

任务评价

一、单项选择题

1. 家庭需求的一般特征不包括（　　）。
   A. 客观性　　　　　　　　　　　　B. 阶段性
   C. 家庭需求的差异性与一致性的统一　　D. 可变性
2. 家庭扩展阶段最典型的家庭服务需求是（　　）。
   A. 婚恋服务　　　　　　　　　　　B. 母婴照护
   C. 居家清洁　　　　　　　　　　　D. 适老化改造
3. 家庭需求的限制因素不包括（　　）。
   A. 家庭资源　　　　　　　　　　　B. 家风家训
   C. 家庭需求数量　　　　　　　　　D. 家庭价值观
4. 家庭中最基本的最起码的需求是（　　）。
   A. 生理需求　　　　　　　　　　　B. 感情需求
   C. 安全需求　　　　　　　　　　　D. 尊重的需求
5. "忘我型"家庭生活的重心是（　　）。
   A. 夫妇　　　　B. 老人　　　　C. 孩子　　　　D. 宠物

二、简答题

1. 根据家庭生命周期理论，不同阶段的典型家庭需求有哪些？
2. 现代家庭需求的影响因素有哪些？

项目二　认知家庭生活质量

【项目概述】

不同家庭对于生活质量、生活满意度甚至幸福指数往往存在不同的判断标准，通过对家庭生活质量、生活管理的学习，有助于培养学生的家政服务用户思维、用户视角，使其更好地服务于现代家庭。

本项目主要介绍家庭生活质量的内涵、家庭生活质量评估、家庭生活管理等内容。通过本项目的学习，帮助学生理解评价家庭生活质量的指标，掌握生活管理的原则与方法，以便更好地满足家庭需求，促进社会和谐发展。

【项目目标】

知识目标	1. 理解家庭生活质量的内涵、指标体系； 2. 知晓家庭生活管理的原则、方法
能力目标	1. 能有效进行家庭生活质量评估； 2. 能根据家庭管理需求制定相应的家庭管理方案
素养目标	1. 认识到家政服务在构建和谐家庭、促进和谐社会发展等方面的重要性； 2. 树立正确的家庭目标与价值追求

【项目学习】

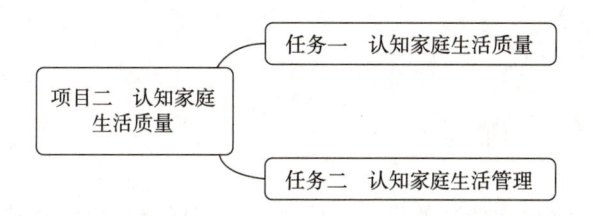

项目二　认知家庭生活质量
- 任务一　认知家庭生活质量
- 任务二　认知家庭生活管理

任务一　认知家庭生活质量

▶ 任务引言

任务情境：中央电视台曾在《走基层百姓心声》节目中推出"幸福是什么？"的

> 主题特别调查。走基层的记者分赴各地采访包括城市白领、乡村农民、科研专家、企业工人在内的几千名各行各业的工作者,一时间,"幸福"成为媒体的热门词汇。"你幸福吗?"这个简单的问句背后蕴含着一个普通中国人对所处时代的政治、经济、自然、环境等方方面面的感受和体会,引发当代中国人对幸福的深入思考。
>
> **任务导入**:请同学们尝试讨论你认为的家庭幸福是什么?具体的判断指标有哪些?

任务目标

知识目标

1. 理解家庭生活质量的概念;
2. 熟悉影响家庭生活质量的相关指标体系。

能力目标

1. 能运用家庭生活质量相关指标,把握客户的需求要点;
2. 能结合实际有效开展家庭生活质量评估。

素质目标

1. 具有创造美好家庭生活的服务意识;
2. 具备从事家政服务工作的职业认同。

任务知识

一、家庭生活质量的概念

生活质量既可以用来描述较高的家庭物质生活,同样地,也可以被视为精神上的幸福与享受。我们需要认识生活质量这一概念,以便我们可以对家庭生活质量的内涵有更精准的理解和把握。

(一)生活质量的定义

生活质量又称为生存质量或生命质量,最早由美国著名经济学家加尔布雷在1958年出版的《富裕社会》一书中提出。生活质量是指"人的生活舒适、便利的程度,精神上所得的享受和乐趣",即指人们对生活水平的全面评价。此后这一概念得到广泛的使用。总的来看,生活质量虽然是个体的感受,但其以生活水平为基础,逐步发展,其内涵具有更大的复杂性和广泛性。之后,诸多学者开始将生活质量作为一个专门的领域进行研究,在促使生活质量和社会客观物质指标体系的完善外,也使学者逐渐关注居民主观上对精神健康和幸福感的感受。如莫里斯所著《衡量世界穷国的生活状况——物质生活质量指数》一书,成功构建了由死亡率、预期寿命和识字率三个指标组成的物质生活指数测量体系，用来进行社会物质生活水平测量。也有学者从收入与财产、消费、教育、婚姻、文娱休闲、医疗健康、居住条件、社会保障、生活设施9个方面共36项指标来分析个体家庭的生活质量情况。1992年联合国环境与发展大会上提出了"可持续发展"这一新概念，推动着人们持续关注人类生存与发展中的生活质量问题，包括客观的生活水平和主观的幸福感两个方面。21世纪以来，沿着主观的、客观的、主客结合的三种研究方向的生活质量研究还在进一步发展与完善之中。同时，有关幸福感的研究也汇入到生活质量的研究领域中来，并成为研究的热点。

（二）家庭生活质量的概念

家庭生活质量是生活质量这一概念在家庭领域的具体延伸。家庭生活质量是指家庭成员在物质、心理、社交和环境等多个维度上的整体福祉和满意度。这个概念不仅涵盖了家庭的经济状况和物质资源，还包括家庭成员的健康、教育、情感联系、社交互动、生活环境和个人实现等方面。

家庭生活质量的高低取决于多种因素，包括家庭的财务安全感、居住条件的舒适性、成员之间的情感关系和支持、社交和休闲活动的充足性，以及对个人和家庭目标的实现程度。高质量的家庭生活不仅意味着满足了基本的生活需求，还包括家庭成员在心理和情感上的健康感、幸福感和满足感。

简而言之，家庭生活质量是一个综合性指标，反映了家庭成员在各个方面的整体福祉，是衡量一个家庭整体健康和幸福状态的重要指标。

国外学者波斯顿和特恩布尔等将家庭生活质量做了描述性界定，即能够使得家庭需求得以满足，家庭成员共享生活的各方面条件。国外学者杰斯卡认为家庭生活质量是由家庭结构模式、可用性社交网、适应潜力、家庭理念（如信仰、态度）、疾病等综合影响的家庭需求的满足。我国社会学家风笑天将家庭生活质量定义为："在一定的物质生活条件基础上人们对家庭生活各方面的综合评价。"张登国等学者也指出："客观的家庭生活环境和主观的家庭生活感受才能正确反映家庭生活质量。"结合以上定义，我们不难把握，家庭生活质量是建立在一定的物质生活条件基础上的，人们对家庭生活各方面的综合评价，具体包括客观指标和主观指标两个维度。客观指标包括物质生活质量、婚姻生活质量、闲暇生活质量、健康生活质量等；主观指标体现在家庭生活质量的总体评价及相关方面的满意度。如莫里斯所著的《衡量世界穷国的生活状况——物质生活质量指数》一书，成功构建了由死亡率、预期寿命和识字率三个指标组成的物质生活指数测量体系，用来进行社会物质生活水平测量。也有学者从收入与财产、消费、教育、婚姻、文娱休闲、医疗健康、居住条件、社会保障、生活设施9个方面共36项指标来分析个体家庭的生活质量情况。1992年在联合国环境与发展大会上，人们提出了"可持续发展"这一新概念，推动着人们持续关注人类生存与发展中的生活质量问题，包括客观的生活水平和主观的幸福感两个方面。21世纪以来，沿着主观的、客观的、主客观结合三种研究方向的生活质量研究还在进一步发展与完善之中。

二、家庭生活质量的内容

家庭生活质量的高低，直接影响到一个人的整体生活质量。我们要从哪些角度来分析家庭生活质量呢？家庭生活质量的指标可以从多个维度进行分类，通过分析这些指标，可以帮助人们评估和理解家庭生活的整体状况。以下是一些主要指标：

（一）经济

经济指标是评估家庭整体福祉的重要指标，其直接影响家庭成员的生活质量和安全感。通过对这个指标的评估，可以帮助家庭成员更好地理解家庭的经济状况和财务健康程度。

1. 家庭总收入

家庭的收入水平是衡量家庭经济条件的基本指标，包括所有家庭成员的工资、奖金、投资收入等。

2. 财务稳定性

财务稳定性是指家庭的财务能否稳定地满足日常生活需求，以及能否抵御和应对突发事件（如失业、疾病等）。

3. 债务负担

债务负担包括家庭的总债务额（如房贷、车贷、信用卡债务等）以及债务占家庭收入的比例。

4. 储蓄和投资

家庭的储蓄水平和投资情况，如定期存款、股票、基金投资等，反映了家庭的财务规划和未来安全感。

5. 消费结构

家庭在食品、住房、教育、娱乐等方面的支出分布，可以反映家庭的生活方式和优先级。

6. 财务管理能力

家庭在预算制定、支出控制和财务规划方面的能力，影响着家庭财务的长期稳定性和成长性。

7. 退休准备

退休准备即家庭为退休生活准备的充分程度，包括养老金、退休储蓄计划等。

8. 应急储备

应急储备是指家庭为应对紧急情况（如医疗紧急情况、自然灾害等）所设立的储备金。

（二）居住环境

居住环境指标涵盖了与家庭居住地相关的各种因素，这些因素直接影响家庭成员的舒适度、健康情况和整体福祉。

1. 住房条件

住房条件包括家庭住房的大小、设计、建筑质量以及维护状况。宽敞、维护良好的住房更有利于提升生活质量。

2. 居住安全

居住安全涉及住宅的结构安全性、防灾能力（如地震、洪水等）以及社区的犯罪率和整体安全性。

3. 环境质量
环境质量包括空气质量、噪声水平、绿化程度等因素。良好的环境质量对家庭成员的身心健康至关重要。

4. 生活便利性
生活便利性即家庭住址与工作地点、学校、医疗机构、购物中心等的距离和交通便利性。

5. 社区资源
社区资源包括社区内可供家庭成员使用的资源，如公园、娱乐设施、社区中心等。

6. 邻里关系
良好的邻里关系能够促进社会交往，提供必要的社会支持，对家庭成员的心理健康有积极影响。

7. 居住稳定性
家庭是否经常搬家，居住地的稳定性对家庭成员尤其是儿童的心理健康有重要影响。

8. 自然环境接触性
家庭成员能否轻松接触到自然环境，如公园、海滩、山脉等，对提升生活质量和减少压力有益。

（三）健康与福祉

健康与福祉指标是评估家庭成员整体福祉的关键指标，综合考量了家庭成员的身体和心理状态，以及与健康相关的生活环境和行为，这是评估家庭生活质量的重要方面。通过关注这个指标，家庭可以更好地维护成员的健康，促进整体福祉。

1. 身体健康状况
评估涉及家庭成员的身体健康状况，包括慢性病发病率、体重管理、身体活动水平等。

2. 医疗保健的可及性和质量
评估家庭能否轻松获取高质量的医疗服务，包括定期的健康检查、紧急医疗服务的可及性等。

3. 生活方式
评估家庭选择的生活方式，如饮食习惯（均衡、健康的饮食）、定期锻炼和避免不良习惯（如吸烟、过度饮酒）。

4. 心理和情感支持
评估家庭成员间相互提供的心理和情感支持程度，以及家庭作为一个整体对压力和挑战的应对能力。

5. 健康教育和意识
评估家庭成员对健康相关知识的了解和健康意识的高低，以及是否定期参与健康促进活动。

6. 环境健康

评估家庭生活环境中的健康因素，如室内空气质量、环境污染水平、居住环境的卫生状况等。

7. 休息与放松

评估家庭成员是否能够获得充足的休息时间和放松机会，这对于维持良好的身心健康非常重要。

（四）教育与发展

教育与发展指标反映了家庭成员在知识获取、技能提升和个人成长方面的情况，直接影响家庭成员的未来机会、生活满意度和整体福祉。通过关注并投资于这些方面，家庭可以促进成员的全面发展，提高整体的生活质量。

1. 教育水平

评估家庭成员的最高教育程度，包括成人的教育背景、儿童及青少年的学校教育水平。

2. 教育资源的可及性

评估家庭能够获取的教育资源，如学校的质量、课外辅导、在线教育资源等。

3. 终身学习和技能发展

评估家庭成员是否参与继续教育和职业培训，以及他们在专业技能和兴趣爱好方面的发展。

4. 儿童和青少年的学业成绩

评估家庭中学龄儿童、青少年的学业表现和学习成就。

5. 教育环境和支持

评估家庭提供的学习环境和教育支持，包括父母对孩子学业的关注程度和帮助。

6. 职业发展和满意度

评估成年家庭成员的职业发展机会、工作满意度和职业安全感。

7. 个人成长和自我实现

评估家庭成员在个人兴趣、爱好和自我提升方面的机会和参与程度。

（五）社交与休闲

社交与休闲指标涵盖了家庭成员在社交互动、娱乐活动以及个人休息和放松方面的状况。这一指标反映了家庭生活的另一方面，即家庭成员如何通过社交活动、休闲娱乐和个人放松来增加生活的乐趣，提升幸福感和生活满意度。通过积极参与这些活动，家庭成员可以建立更强的社会联系，增进家庭内部的情感交流，从而提高整体的家庭生活质量。

1. 社交活动参与度

评估家庭成员参与社区活动、朋友聚会、家庭聚会等社交活动的频率和质量。

2. 休闲和娱乐活动

评估家庭成员参与娱乐活动的种类和频率，如旅游、运动、阅读、观看电影等。

3. 家庭成员间的互动质量

评估家庭成员之间的内部交流和共同活动，包括共进餐、进行家庭游戏、进行家庭讨论等。

4. 社会支持网络

评估家庭成员在需要帮助时能够得到的社会支持程度，包括亲朋好友的支持、邻里关系以及社区服务等。

（六）心理与情感

心理与情感指标关注的是家庭成员的心理健康、情感交流和家庭内部关系的质量，直接影响家庭的整体幸福感和稳定性，对于维持家庭的和谐与稳定至关重要。通过关注和改善这些指标，家庭可以促进成员之间的正面互动，增强情感联系，提升整体的家庭生活质量。

1. 情感支持和亲密度

评估家庭成员之间提供情感支持的程度，包括亲密关系、理解和同情。

2. 沟通质量

评估家庭成员之间的沟通效果和频率，包括开放性、诚实和尊重。

3. 冲突解决的能力

评估家庭成员处理和解决内部冲突的能力，包括冲突的频率、处理方式和解决效果。

4. 心理健康状况

评估家庭成员的心理健康，包括压力管理、情绪稳定性、是否存在抑郁或焦虑症状。

5. 情感安全感

评估家庭成员感受到的情感安全感和归属感，即感觉被接纳、理解和尊重。

6. 幸福感和满足度

评估家庭成员对生活的总体满足度和幸福感，以及对家庭生活的满意度。

（七）时间管理

略。

三、家庭生活质量评估

作为家庭成员或者现代家政服务业的从业者，在我们逐步提升家庭生活质量和落实帮助提升客户家庭生活质量的介入行动前，需要先评估客户的家庭现状及所面临的问题。家庭生活质量评估是一个系统的过程，涉及家庭生活的多个方面。以下是进行家庭生活质量评估的基本步骤：

（一）明确评估目的

确定评估目的，是为了改善家庭成员的幸福感、解决特定问题，或者是为了更好地理解家庭的当前状况。

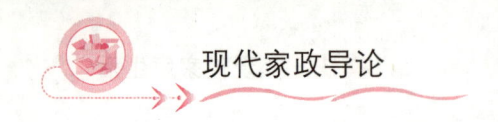

（二）收集数据

收集关于家庭经济、居住环境、健康与福祉、教育与发展、社交与休闲、心理与情感以及时间管理等方面的信息。可以通过问卷调查、日常观察和家庭成员的讨论来进行。

（三）分析和解读数据

对收集到的数据进行分析，识别家庭在各个方面的优势和挑战。比如，分析家庭收入和支出情况，评估家庭成员的健康状况，或者考察家庭成员之间的沟通和互动。

（四）制定改进计划

基于分析结果，制定有针对性的改进计划。例如，如果发现经济管理是一个问题，可以考虑制定更有效的家庭预算和储蓄计划。如果发现家庭成员间缺乏沟通，可以设定定期的家庭会议或共同活动。

（五）实施和监测

按照改进计划实施，并定期监测进展。这可能包括定期检查经济状况、跟踪健康指标或者评估家庭成员的满意度和幸福感。

（六）评估和调整

在实施一段时间后，重新评估家庭生活质量，看看哪些措施有效，哪些需要调整。随着家庭情况的变化，可能需要定期重新评估和调整计划。

家庭生活质量评估不是一次性的活动，而是一个持续的过程，需要家庭成员共同参与和努力。通过这种评估和改进，家庭可以更好地应对挑战，提高生活质量，增强家庭成员的幸福感和满意度。

四、我国现代家庭生活质量问题

随着社会的快速发展和人们生活方式的变化，中国现代家庭面临着与一些生活质量相关的问题。

经济压力是许多家庭普遍面临的挑战。在高房价、高教育成本和养老问题的背景下，家庭的经济压力显著增加。尽管收入水平有所提高，但许多家庭仍存在经济上的不稳定性和未来的不确定性。

居住环境的问题也不容忽视。城市家庭面临的居住空间狭小、环境拥挤等问题，影响了居住舒适度和家庭成员的心理健康。同时，环境污染、噪声干扰等也成为影响生活质量的因素。

在健康与福祉方面，现代化生活方式带来的不健康饮食习惯和缺乏运动，导致了诸如肥胖、心血管疾病等健康问题。此外，工作压力和快节奏的生活也给家庭成员的心理健康带来了挑战，例如焦虑和抑郁症状在一定程度上有所增加。

在教育方面，尽管教育资源丰富，但学业压力、升学竞争和对孩子全面发展的关注成为家长主要担忧的问题。家庭教育资源的不均衡也加剧了家庭之间的教育差距。

在社交与休闲方面，忙碌的工作和生活节奏使得家庭成员难以找到足够的时间进行社交活动和休闲娱乐，这影响了家庭的社会联系和生活乐趣。

总的来说，中国现代家庭在享受经济发展成果的同时，也面临着经济压力、居住环境、健康福祉、教育压力以及社交休闲等方面的挑战，这些问题共同影响着家庭生活的质量和家庭成员的幸福感。

任务拓展

家庭生活质量提升案例

1. 案例背景

家庭成员包括父亲（工作繁忙的职场人士）、母亲（兼职工作者和家庭主妇）、两个孩子（一个在小学，一个在幼儿园）。

2. 家庭存在的问题

父母因工作繁忙，缺乏与孩子的互动时间。家庭成员间沟通有限，常因小事产生摩擦。家务劳动主要由母亲承担，母亲感到压力大。孩子的教育和课外活动缺乏规划。

3. 家庭管理改善措施

（1）时间管理：家庭制定了一份详细的时间表，包括父母的工作时间、孩子的学校时间和家庭共处时间。每周安排至少一次家庭活动，如游戏夜或外出散步。

（2）家务分配：家务在家庭成员间重新分配。孩子们承担适合他们年龄的简单家务，如整理玩具和协助设置餐桌，以减轻母亲的负担。

（3）沟通改善：定期进行家庭会议，讨论各自的需求和感受以及家庭事务，这增强了家庭成员间的理解和尊重。

（4）教育规划：为孩子们制定了更有效率的学习和课外活动计划，确保他们的教育成效和全面发展。

（5）健康生活方式：全家人开始关注健康饮食，并一起参与户外活动，如周末骑行或徒步，以促进身心健康。

4. 效果评价

家庭成员间的沟通和理解得到改善，减少了冲突。家务分配更加平衡，母亲的压力得到缓解。定期的家庭活动增强了家庭的凝聚力和幸福感。孩子们在学习和个人成长方面得到更好的支持。

通过这些措施，该家庭成功地提升了整体生活质量，增强了家庭成员间的联系，形成了更和谐、更有支持性的家庭环境。

任务评价

一、单项选择题

1. 马斯洛的需求层次理论把人类的需求由低到高排序为（　　）。
   A. 生理需求、安全需求、尊重需求、爱与归属的需求、自我实现的需求
   B. 生理需求、安全需求、爱与归属的需求、尊重需求、自我实现的需求
   C. 爱与归属的需求、生理需求、安全需求、尊重需求、自我实现的需求
   D. 尊重需求、生理需求、安全需求、自我实现的需求、爱与归属的需求

2. 马斯洛关于爱与归属的需求是指（　　）。
   A. 个人追求安全、舒适、免于恐惧
   B. 谋求自由与独立，得到别人的重视或赞赏
   C. 充分展现潜能与天赋，完成与自己相称的一切
   D. 希望归属于某个群体，在所处的群体中占有一个位置，与他人交流并得到关心与爱护

3. 衡量家庭生活质量的主观指标，一般主要涉及五大类生活领域，即生理健康和人身安全、物质幸福、社会幸福、个人的发展及（　　）。
   A. 情感幸福　　　　　　　　　　B. 财务幸福
   C. 价值幸福　　　　　　　　　　D. 婚姻幸福

4. 以下（　　）不属于影响家庭生活质量的主观指标因素。
   A. 邻里关系　　　　　　　　　　B. 家庭经济状况
   C. 价值观　　　　　　　　　　　D. 恩格尔系数

5. 以下（　　）不属于当下我国家庭结构的变化。
   A. 家庭规模小型化　　　　　　　B. 家庭类型核心化
   C. 家庭形态消解化　　　　　　　D. 家庭功能社会化

二、简答题

1. 简述家庭生活质量的内容。
2. 简述评估家庭生活质量的步骤。

任务二　认知家庭生活管理

任务引言

任务情境： 王女士是一位漂亮又能干的职业女性，一家三口每次到换季时，家里

衣服就会乱放，自己衣服多，占了整个衣柜，总会导致老公衣服乱扔，或者找不到。而宝贝女儿衣服也多，但因为年纪小不会整理，也经常乱扔。平时家人工作忙碌，更多的精力都用在了事业上，偶尔花时间整理出来的衣橱，过了不多久，又会变乱。为此，王女士非常苦恼，却没有有效的解决办法！一次通过朋友介绍的机会，看到置物有方的收纳整理服务，通过一番了解后，她决定把专业的事花钱交给专业的人去做。

任务导入：试讨论家庭需要管理吗？现代家庭生活管理包括哪些方面的内容？

任务目标

知识目标

1. 理解家庭生活管理的定义；
2. 知晓家庭生活管理的内容。

能力目标

1. 能分析与识别家庭生活管理的内容；
2. 能根据家庭需求制定相应的家庭管理方案。

素质目标

1. 具有服务不同生命周期家庭的职业意识；
2. 具有从事家政服务工作的职业认同。

任务知识

一、家庭生活管理的定义

家庭生活管理是指家庭成员共同参与的对家庭资源（包括时间、财务、物资等）的规划、组织、协调和控制，以实现家庭的日常运作和长期目标。家庭生活管理的目的在于提升家庭生活的整体质量，确保家庭成员的需求得到满足，并促进家庭成员的幸福和和谐。这是一个持续的过程，需要家庭成员间的相互理解、合作和沟通。

二、家庭生活管理的内容

家庭生活管理是确保家庭和谐运作的关键，它涵盖了家庭日常生活的各个方面。以下是家庭生活管理的几个重要内容：

（一）家庭财务管理

家庭财务管理是指对家庭经济资源的规划、控制和监督，以确保家庭的财务安全，实现经济目标，提高生活质量。这是家庭管理的基础，包括制定家庭预算、控制日常支出、规划储蓄和投资，以及为未来（如子女教育和退休）做准备。良好的财务管理能够确保家庭经济的稳定和安全。

（二）家庭时间规划

家庭时间规划是家庭生活管理中的一个重要方面，它涉及如何有效地安排和利用时间，以平衡家庭成员的工作、学习、家务、休闲以及个人兴趣。有效的时间管理对于忙碌的现代家庭至关重要，这包括合理安排工作、家庭事务和休闲活动的时间，确保家庭成员之间有质量的共处时间。

（三）家庭事务分配

家庭生活管理还包括家庭事务的合理分配，它涉及如何合理地分配家庭日常事务，以确保家务劳动公平且高效。通过确保家庭成员共同参与家务，不仅能提高干家务的效率，还能增强家庭成员之间的合作和责任感。

（四）家庭健康管理

家庭健康管理是确保家庭成员身心健康的重要环节，包括从日常健康习惯到应对健康危机的各个方面。关注家庭成员的身体和心理健康，包括提供健康的饮食、鼓励定期参加体育活动，以及关注家庭成员的情绪和心理需求。家庭健康管理可以有效地维护家庭成员的健康，预防疾病，提高生活质量，并在面对健康挑战时作出适当的反应。家庭健康管理要求家庭成员共同参与和努力，形成积极健康的生活方式。

（五）家庭教育管理

家庭教育管理是指家庭中对孩子教育的规划、组织和实施，以促进孩子的全面发展和学习成效。管理过程不仅涉及学术学习，还包括情感、社会技能和个人兴趣的培养。对于有孩子的家庭而言，支持孩子的教育是家庭生活管理的重要组成部分，这包括监督学习、参与学校活动以及鼓励孩子的全面发展。家庭可以有效地支持孩子的教育，帮助孩子在学术和个人发展上取得成功。家庭教育管理需要家长的积极参与和对孩子的全面关注。

（六）家庭情感和关系维护

家庭生活管理还包括维护和加强家庭成员之间的情感联系。家庭情感和关系维护是家庭生活中极为重要的一部分，它关乎家庭成员之间的和谐与幸福。这涉及良好的沟通、解决家庭冲突以及共同参与家庭活动。家庭情感和关系的维护需要家庭成员的共同努力和持续关注。

（七）家庭休闲和娱乐规划

现代社会，家庭休闲和娱乐规划对于增强家庭成员间的关系和提高生活质量至关重要，家庭休闲和娱乐活动不仅能为家庭成员带来快乐和放松，还能增强家庭的凝聚力和幸福感。规划家庭休闲和娱乐活动，对于提高家庭生活的乐趣和放松家庭成员的压力非常重要。

通过这些家庭管理，家庭不仅能保持日常生活的有序，还能增进成员间的理解和支持，提升家庭整体的幸福感和满足感。

三、家庭生活管理的原则

家庭生活管理的原则是指导家庭高效、和谐运作的基本准则。遵循这些原则可以帮助家庭成员更好地协调日常生活，处理家庭事务，促进成员之间的良好关系。以下是一些关键的家庭生活管理原则：

（一）公平性原则

确保家庭责任和义务的分配公平合理，让每个家庭成员都感到被尊重和公正对待。

（二）沟通原则

保持开放和诚实的沟通，鼓励家庭成员表达自己的观点和感受，倾听并尊重彼此的意见。

（三）灵活性原则

对于家庭计划和安排保持一定的灵活性，以适应家庭成员需求的变化和意外情况的出现。

（四）共同参与原则

鼓励所有家庭成员共同参与家庭事务的管理和决策，增强彼此之间的合作和责任感。

（五）尊重与理解原则

尊重每个家庭成员的个性和需求，努力理解并接纳彼此的差异。

（六）支持与鼓励原则

在家庭成员面临困难和挑战时提供支持和鼓励，共同面对问题和解决困境。

（七）平衡性原则

在工作、学习、休闲和家庭生活之间寻找平衡，确保家庭成员的生活多元化且富有成就感。

（八）定期评估原则

定期评估家庭生活管理的效果，根据需要调整策略和计划。

通过遵循这些原则，家庭可以构建一个更加和谐、有序且富有支持性的生活环境，增强家庭成员之间的亲密关系和整体幸福感。

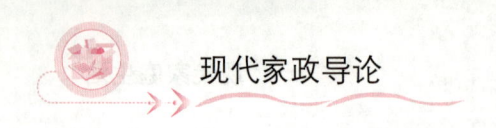

四、家庭生活管理的意义

家庭生活管理在现代社会中具有重要的意义，它对维持家庭和谐、提高生活质量以及促进家庭成员的个人发展具有深远影响。以下是家庭生活管理的主要意义：

（一）提升生活效率与质量

通过有效的家庭生活管理，可以更合理地分配家庭资源，如时间、金钱和劳力，从而提升日常生活的效率和质量。

（二）确保经济安全与稳定

良好的财务管理有助于确保家庭在经济上的安全与稳定，减少经济压力，使家庭能够应对未来的不确定性和潜在的经济挑战。

（三）增强家庭凝聚力

家庭生活管理涉及家庭成员间的沟通和合作，这有助于增强家庭关系，提升家庭成员之间的情感联系和互相支持。

（四）促进家庭成员发展

合理的家庭生活管理可以为家庭成员提供成长和发展的机会，包括教育、职业发展以及个人兴趣的培养。

（五）保障家庭成员健康

科学的家庭生活管理能关注和保障家庭成员的健康，如鼓励健康的生活习惯、提供营养均衡的饮食以及关注心理健康。

（六）提高适应能力

有效的家庭生活管理有助于提高家庭对外部变化的适应能力，包括社会经济变化、家庭结构变动等。

（七）应对现代挑战

在快节奏和压力大的现代生活中，家庭生活管理已成为应对各种挑战、保持生活平衡的重要工具。

综上所述，家庭生活管理不仅关乎家庭的日常运作，还是保障家庭幸福、促进成员成长和维护家庭稳定的关键。它要求家庭成员之间相互合作、共同参与，形成有效的管理机制。

任务拓展

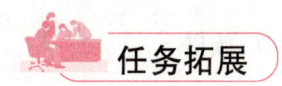

国际家庭日

1989年12月8日，第44届联合国大会通过一项决议，宣布1994年为"国际家庭年"，并确定其主题为"家庭：变化世界中的动力与责任"，其铭语是"在社会核心建立最小的民主体制"。此后联合国有关机构又确定以屋顶盖心的图案作为"国际家庭年"的标志，昭示人们用生命和爱心去建立温暖的家庭。国际家庭年的宗旨是提高各国政府、决策者和公众对于家庭问题的认识，促进各政府机构制定、执行和监督家庭政策。

1993年2月，联合国社会发展委员会作出决定，从1994年起，每年5月15日为"国际家庭日"（International Day for Families）。

2022年1月1日，《中华人民共和国家庭教育促进法》正式施行，这是我国首次就家庭教育进行专门立法，从"家事"到"国事"，中国父母正式进入"依法带娃"时代。

设立"国际家庭日"，旨在提高各国政府和公众对家庭问题的认识，促进家庭的和睦幸福和进步；促进对有关家庭问题的认识，增加有关社会、经济和人口对家庭影响的知识。

任务评价

一、单项选择题

1. 以下（　　）原则不符合现代家庭生活管理的基本原则。
   A. 公平性　　　　B. 灵活性　　　　C. 平衡性　　　　D. 独断性

2. 家庭生活管理的（　　）目标，总体上较为笼统，很难衡量，但它对其他家庭目标的设置与实施有着极大的指导与推动作用。
   A. 长期　　　　B. 中期　　　　C. 近期　　　　D. 短期

3. 下列不属于家庭生活管理的内容的是（　　）。
   A. 家庭财务管理　　　　　　　　B. 家庭教育管理
   C. 家庭健康管理　　　　　　　　D. 家庭思想控制管理

4. 下列关于家庭生活管理的说法，正确的是（　　）。
   A. 家庭生活管理是指家庭成员共同参与的对家庭资源（包括时间、财务、物资等）的规划、组织、协调和控制，以实现家庭的日常运作和长期目标
   B. 家庭生活管理只是为了实现家庭富裕
   C. 家庭生活管理对家庭资源进行静态管理
   D. 家庭生活管理是一种没有方向的组织活动

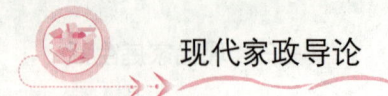

5. （　　）是社会主义和谐家风建设的重要工具。

A. 图书　　　　　B. 家训　　　　　C. 奖状　　　　　D. 族谱

二、简答题

1. 什么是家庭生活管理？
2. 家庭生活管理的内容有哪些？

模块四 家政教育和家庭教育

模块导航

模块四 家政教育和家庭教育
  项目一　认知家政教育
    任务一　认知家政教育
    任务二　认知国外家政教育发展
    任务三　认知我国家政教育发展
  项目二　认知家庭教育
    任务一　认知家庭教育
    任务二　认知国外家庭教育发展
    任务三　认知我国家庭教育发展

课程导学

卓长立:"阳光大姐"的爱心事业

她是享誉全国的家政服务品牌——"阳光大姐"的创始人,济南阳光大姐服务有限责任公司党支部书记、董事长——卓长立。"阳光大姐"成立以来,已累计安置就业326万人次,培训家政服务人员247万人次,服务家庭317万户。在"阳光大姐",家政服务员们学会了自尊、自爱、自信、自立、自强。

2018年3月8日,在全国两会上,卓长立向习近平总书记汇报了工作,习近平总书记再次对家政服务作出重要指示:"家政业像'阳光大姐'的名字一样是朝阳产业,既满足了农村进城务工人员的就业需求,也满足了城市家庭育儿、养老的现实需求,要重视家政培训和服务质量,要细分市场,把这个互利共赢的工作当作事业来做,做实做好,办成爱心工程。"

卓长立不忘初心,牢记习近平总书记的嘱托,把家政服务当作事业来做,带领着

> "阳光大姐"在安置就业、教育培训、企业文化建设、诚信体系建设、拓展空间等方面重点发力,整体水平迈上新台阶。

项目一　认知家政教育

【项目概述】

　　教育是促进家政服务业升级的关键性因素之一。发达国家的家政产业繁荣发展的背后,教育发挥了关键性作用。家政教育为家政服务行业的发展提供了基础,在理论研究和人才培养方面,为家政服务的社会化、产业化、数字化发展提供了重要的支持。家政教育分为多个层次,由低到高分别为家政职业培训、家政中等职业教育、家政高职大专教育、家政职业本科教育以及家政本科教育等。现代家政教育对于促进家政服务行业提质扩容、转型升级意义重大。

　　本项目主要内容有家政教育及意义、国外及我国家政教育发展等。通过本项目的学习,学生要具有初步的家政教育认知,能正确区分不同类型的家政教育,建立专业认知,树立专业认同,为后续课程学习打下基础。

【项目目标】

知识目标	1. 掌握家政教育的概念; 2. 概述国外家政教育的情况; 3. 概述我国家政教育的情况
能力目标	1. 能正确区分不同类型的家政教育; 2. 能分析我国家政教育现状; 3. 能辨别国外典型家政教育的特点
素养目标	1. 具有正确的现代家政教育认知; 2. 对国外家政教育具备取其精华去其糟粕的意识; 3. 具有从事家政服务工作的职业认同

【项目学习】

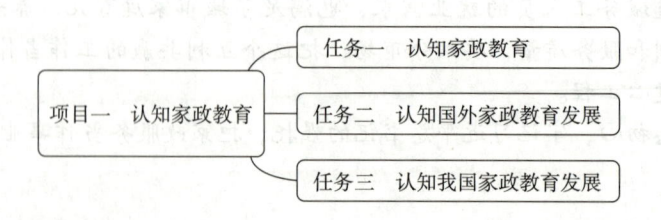

项目一　认知家政教育
- 任务一　认知家政教育
- 任务二　认知国外家政教育发展
- 任务三　认知我国家政教育发展

任务 认知家政教育

任务引言

任务情境：家政教育水平的高低直接影响着我国家政服务业的未来发展。进入新时代，我国家政业快速发展，对现代家政专业人才的培养提出了更高要求。2019年国家发布的《国务院办公厅关于促进家政服务业提质扩容的意见》提出：支持院校增设一批家政服务相关专业，原则上每个省份至少有1所本科高校和若干职业院校开设家政服务相关专业。

任务导入：我们学习的现代家政服务与管理专业属于家政教育的什么类型？有什么意义？

学习目标

知识目标

1. 理解家政教育的定义；
2. 理解家政教育的内容；
3. 知晓家政教育的意义。

能力目标

1. 能区分不同的家政教育类型；
2. 能用不同方式宣传家政教育的意义。

素质目标

1. 具有家政教育和培训的职业意识；
2. 具有从事家政服务工作的职业认同。

任务知识

一、家政教育的定义

"家政教育"一词是由英文（Home Economics Education）翻译而来的。家政教育是从家政学衍生来的概念，它指通过对受教育者进行关于家庭生活的相关观念和技能的培养，以提高个人家庭生活质量，建立良好生活方式的一种教育形式。它的教育对象是所有人，教育者是具有家政相关理论与实务的教师。家政教育是以家政学课程为核心，以家庭日常生活为切入点，教会学生基本的生活技能和技巧，培养学生高尚的道德情操，提高文化艺术修养，促进身心健康的教育。家政教育通常既可以指基础教育阶段的普通家政教育，也可以指高等教育阶段家政学系的专业学科教育，还可以指社会和成人的家政推广教育。

（一）基础教育家政教育

基础教育家政教育包括幼儿园教育、中小学教育。这些家政教育有专职家政教师，设置科学、系统的教学课程。幼儿园主要通过游戏对儿童进行身心健康教育，如成功感、挫折感以及喜、怒、哀、乐等情绪的体验，使儿童具备自己处理生活中事情的能力。中、小学的家政教育，注重学生实践和体验的学习，增加了手工制作、生活自立、家务劳动、饮食卫生等方面的学习，促进学生全面发展，提高学生独立生活及人际交往的能力，为今后享有高品质的生活奠定基础，最终达到提高全社会家庭生活质量的目的。

（二）职业家政教育

中等职业教育和高等职业教育中的家政教育，主要是为学生将来所要从事的与家政相关的职业做准备，如养老服务、餐饮、服饰制造、育幼服务、收纳整理等行业，目的在于培养高技能、高素质家政人才来适应当今社会需要。

（三）高等家政教育

大学教育和研究生阶段的家政教育，培养能从事家政培训、管理、教学和研究、与家庭需求有关的产业策划、开发、营销和推广等工作的创新型、复合型和应用型的高级家政人才。主要是为学校教育及家政职业教育培养师资，为家政学研究机构培养后备人才。

（四）社会家政教育

社会家政教育包括青少年保护对策教育、妇女教育、成人教育、劳动者教育、地域社会教育、高龄者教育、一般教养教育、职业训练教育等。

二、家政教育的产生

（一）国外家政教育的产生

1. 美国家政教育产生和发展的历史背景

家政教育源于19世纪美国中小学开展的生活实践教育。随着时代的不断发展，家政教育的内涵也在不断丰富。美国家政教育产生的原因如下：

1）美国社会经济发展的客观需要

19世纪最后30年是自由资本主义向垄断资本主义过渡的时期，美国社会发生了巨大变化，经济突飞猛进，科学技术进步，工业迅速发展。大工业生产使劳动场所从家庭中分离出来，许多妇女加入劳动者队伍，家庭逐渐失去其教育代理者的作用。与此同时，公立学校入学人数呈几何级数增加，公立教育成为美国最大的行业之一。社会要求公立教育引导儿童和青年面向变化着的社会和生活。在教育内容上着重进行生活适应教育和职业训练，而不是"学术教育"，目的是使青年能谋得"争取生活的工作"，并善于处理个人同集体、生活与工作的关系，成为顺应美国社会秩序的自立人。"家政"正是生活教育的重要内容。

2）美国进步主义教育思潮的影响

19世纪末20世纪初，美国进步主义哲学思潮对教育产生了极为深刻的影响。进步主义教育所持的主要观点是：教育要适应变化着的社会及生活的需要，通过学校教育改进个人生活。进步主义教育的代表人物杜威的信条就是"教育即生活""学校即社会"。进步主义教育思想直接影响美国的学校教育。1918年，美国进行第一次中等教育改革，制定了实施中等教育的七大原则，即：

（1）健康；
（2）掌握读、写、算等基本技能；
（3）成为有价值的家庭成员；
（4）具备职业效率；
（5）具备公民资格；
（6）有价值地利用闲暇时间；
（7）具备伦理品格。

这七大原则把适应生活需要的内容都包含进来，改变了原来只强调升学的"学术教育"倾向。这七大原则作为美国中等教育的宗旨，曾长期处于支配地位。1938年，美国青年委员会在其报告《中学应教什么》中，极力主张把重点放在人的关系和家庭生活上，强调个人对生活的适应。1947年，美国教育总署成立青年生活适应教育委员会，发表《为每个青年的生活适应教育》，正式有了"生活适应教育"这一口号。所谓生活适应教育，就是"更好地装备所有美国青年，使之作为家庭成员、劳动者以及公民，过自身满意和对社会有益的生活"。进步主义教育所倡导的生活适应教育已渗透到中小学的教育实践中。

3）家政运动先驱者的倡导和学术团体的推动

1899年9月，第一次家政学术会议在纽约的柏拉塞特湖俱乐部召开，11位对家政有浓厚兴趣并有志于家政事业的人士共同研讨有关家政的问题。会议推举女科学家埃伦·理查兹夫人为主席。在这次会议上，"家政学"（Home Economics）被正式定为家庭科学管理及有关主题研究的专有名词。这以后一连10年，他们每年集会一次，会议名称就叫柏拉塞特湖家政会议。会议的共同主题是"促进健康、道德、进步的家庭生活是国家繁荣的基础"。

1909年，美国家政学协会（The American Home Economics Association）（以下简称协会）成立，理查兹夫人为第一任会长。该协会的宗旨是通过各项合作计划，举办短期培训班、创办杂志等手段，积极推进家政研究工作。协会创办的《家政学研究杂志》，至今仍是家政实践工作者和理论研究者的必备刊物。另外，家政学协会还拨出专项基金，设立"杰出贡献奖"，以表彰在家政领域中作出突出贡献的个人和组织。协会在思想上、学术上和实践上成为美国家政教育与学术研究的核心。在该协会的领导下，各地纷纷建立分会，许多大学先后设立了家政系。正是由于美国家政先驱者的大力倡导和各种学术团体的推动，使美国家政教育在实践和理论上都处于领先地位。

4）预防社会和经济问题

1980 年，国际家政学联盟（IFHE）在马尼拉召开四年一次的代表大会。会议的主题是"家政，发展的重要伙伴"。总结这次会议的发言人格林博士指出："我们必须从头开始并重视人的基本生存需要……人们首先必须有空气、水、食物和休息，免遭危险并保证身体和情感的安全和自由，然后才能考虑更高层次的归属和自尊需要。"格林指出了普遍存在的社会和经济问题，如人口增长；住房供给、健康护理和社区安全保障；技术给生活质量带来的影响；对无自理能力者的护理；代际关系；男女在家庭和工作中的地位、作用和权力；对高危险团体的特殊关照；技术发展和环境保护的平衡；对各年龄成员的教育支持；政府适当参与个人和团体的创造发明；合理利用不破坏未来供给的资源。格林认为："所有这些问题都含有家政成分。""家政主要通过预防、教育、发展的方式发挥作用，而不是通过补救、治疗或危机干预的办法来解决问题。"正是由于家政学在社会稳定和发展中所起的积极作用，使家政教育一直得到美国政府的支持。

2. 日本家政教育的产生与教育改革

日本基础教育的家政教育经历了一个耐人寻味的发展历程：由战前专门为女性特设的家事、缝纫和烹饪等学科为代表的传统家政教育，转向战后创建阶段的以男女学生共学必修为特征的现代普通家政教育；在经济高速发展的时期，改变为男生学技术、女生学家政的具有职业导向和性别特征的家政教育。自 20 世纪 80 年代开始，又重新转变为与战后学科初创阶段相同的，男女学生共学必修的普通家政教育。可以说，战后日本中小学家政教育学科在发展过程中蕴含着诸多政治、经济和文化以及学科定位的意蕴。

1）日本第一次教育改革

日本第一次教育改革是在 1868 年明治维新之后，日本一改原来的做法，引进西方资本主义国家制度、经济制度和思想观念，仿效西方教育制度建立起现代教育制度。教育被纳入国家政治、经济、军事发展的战略轨道，并伴随国家和社会的变革而不断变化。明治维新后期，在学校教育中开设了家事科，即日本传统意义上的家政教育。

2）日本第二次教育改革

日本第二次教育改革是在 1945 年日本战败投降，第二次世界大战结束之后，在美国占领军的主持下进行的改革，这次改革废除了战前日本天皇专制的军国主义教育体制，确立了民主化的教育新体制。战后创建阶段的以男女学生共学必修为特征的现代普通家政教育，在经济高速发展的时期里，改变为男生学技术、女生学家政的具有职业导向和性别特征的家政教育。

3）日本第三次教育改革

日本第三次教育改革是在 20 世纪 70 年代至 80 年代，为适应全球信息化技术革命的新形势，对日本教育中存在的许多弊端进行的一系列改革。在这种宏观的改革背景之下，小学阶段的家政教育学科的培养目标由关注学生家庭知识与技能培养到注重家庭道德教育。初中的技术家庭教育学科在男女学生共学必修方面取得了较大的发展，并且根据学生的兴趣增加了大量的选修课。

（二）中国古代的家政教育变迁

中国古代的家政教育有着悠久的历史，其变迁反映了不同历史时期的社会结构、文化观念和经济发展水平。以下是一些主要的变迁：

1. 先秦时期

在这个时期，家政教育主要集中在传授生存技能和基本的社会规范上，如农业知识、家庭手工业技能以及礼仪规则。

2. 汉朝

汉朝时期，随着儒家思想的兴起，家政教育开始强调"内圣外王"的理念，即女性主内，男性主外。女性的家政教育包括纺织、烹饪和家庭礼仪等。

3. 唐宋时期

在唐宋时期，家政教育更加重视文化素养和艺术修养，如书法、绘画、音乐等。同时，对于女性的家政教育依然十分重视，包括制作衣物、管理家务等。

4. 明清时期

这个时期，随着《女诫》等家庭教育著作的流行，家政教育更多地被视为培养女性德行和家庭管理能力的重要手段。在此期间，男女角色分工更为明显。

5. 晚清及民国时期

晚清及民国时期，受西方文化影响，家政教育开始出现新的变化。家政教育不仅包括传统的家庭管理技能，还开始融入现代科学知识，如营养学、卫生学等。

中国古代的家政教育随着社会的发展和文化的变迁而演变，从最初的生存技能传授逐渐发展到更为复杂和多元化的家政教育体系。这些变迁反映了社会对女性角色和家庭职能认知的变化，以及文化和经济条件对家政教育的影响。

三、家政教育的意义

家政教育的普及，关系到每个家庭生活质量的提高，关系到和谐社会的建立，关系到祖国未来人才的发展。具体说来，开展现代家政教育的意义有以下几个方面：

（一）对个人而言

1. 提高生活质量

家政教育教会个人如何有效地管理家务，包括烹饪、清洁、洗衣等技能，使他们能够创造更加卫生、整洁和有序的生活环境。学会这些基本技能，可以提高个人的生活质量，使他们的日常生活更加便捷和愉快。

2. 培养自理能力

家政教育教会年轻人如何独立生活，包括学会购物、制定预算、解决家庭问题等。这有助于培养年轻人的自理能力，使他们能够在离开家庭后独立生活并应对生活中的挑战。

3. 提高营养意识

家政教育通常包括有关健康饮食和食品安全的知识。通过家政教育，学生能够了解如何选择和准备健康食物，降低相关的健康风险。这有助于个人的身体健康，从而降低医疗支出，提高生活品质。

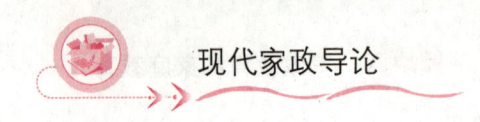

4. 培养社交技能

家政教育教会学生如何与家庭成员和家政服务人员合作，从而培养解决问题、沟通和决策的能力。

这些技能在就业、社交生活和家庭关系中都非常重要。

（二）对家庭而言

1. 增进家庭和谐

家政教育有助于培养家庭成员之间的合作和凝聚力。在家庭中一起准备食物、打扫卫生、管理家庭预算等活动，可以增进亲情，降低冲突。家庭成员学会协作，可建立更加和谐的家庭环境。

2. 节约家庭资源

家政教育强调如何有效地管理时间、金钱和资源，这有助于家庭预算和资源的合理利用，有利于更好地规划经济，减少浪费，提高生活品质。

（三）对社会而言

1. 创造就业机会

家政教育为年轻人提供了在家政服务行业工作的机会。掌握家政技能可以为就业和创业创造机会，毕业生可以选择从事家政服务行业，这有助于提高就业率，降低社会不稳定因素。家政服务行业的发展还可以创造更多的就业机会，推动经济增长。

2. 推动可持续发展

家政教育注重可持续家庭管理和资源的合理利用，这有助于减少浪费和保护环境，有助于社会的可持续发展，推动资源节约和环境保护。

综上所述，家政教育不仅对个人、家庭和社会都具有重要的意义，还能在多个层面上产生积极的影响。通过家政教育，可培养人们的实用技能，从而提高生活质量、促进家庭和谐、创造就业机会和推动可持续发展。家政教育已成为一个综合性的教育领域，为社会的进步和发展作出了重要贡献。

任务拓展

齐国樑：家政教育是门大学问

1916年，年仅33岁的齐国樑应邀出任直隶第一女子师范学校校长。自此，这位留学归国的年轻人，开启了他为女子师范教育执着追求的人生旅途。当时，齐国樑是我国中等师范学校中唯一一个具有国外学历和学衔的校长，不仅具有先进的教育知识和技能，还把国外先进教学理念和管理经验运用到教育工作中，尤其重视女子家政教育。

齐国樑在女子师范的办学成就，得益于他丰富的留学经历和对师范教育、家政教育的执着追求。齐国樑曾两度留学日本，对日本女子教育印象甚深。日本当时兴起的家政学科主要开设于女校，它使女生学会科学管理家庭、料理家务、教育子女等基本技能，对于提高妇女在家庭与社会上的地位，使妇女顺利走出家庭、谋求独立生活创造了条件。这奠定了齐国樑毕生献身女子师范教育及家政教育的思想基础，萌生了其在中国兴办家政学科的念头。

1921年，齐国樑已38岁，早已过了外出求学的最佳年龄，但他并未退缩，顽强拼搏，为此付出了超出常人的努力。他原本打算到美国直接进入哥伦比亚大学师范学院研究生院学习，但其在日本获取的学历未被承认，只好选择斯坦福大学教育系的本科教育，重新开始。

在美深造的五年，齐国樑开阔了眼界，增长了知识，特别是重点考察了美国的家政学科，获益匪浅，这又一次坚定了他在国内开办女子家政教育的决心。1926年，本打算继续攻读博士学位的齐国樑，响应女师要求，返回天津，投入新的工作之中。

齐国樑两度赴日，一度赴美，前后一共花费近11年学习研究师范教育，尤其关注女子家政教育，奠定了其日后从事教育工作扎实的理论基础。赴美期间，他对中国女子家政教育、女子师范教育有了全新认识和深入思考，也坚定了发展女子教育、倡导家政教育的决心。

为了推动家政教育的发展，齐国樑多次上书当局，"增设女子家政艺术学院，研究家事科学及与家事有关之艺术，以图女子教育之改进。"1929年，河北省立女子师范学院成立家政学系，"以造就女子师范及中学家政教师，并以改善我国家庭生活为主旨。"当时，全国高校中仅燕京大学在1923年设有家政系。

齐国樑借鉴美日妇女教育经验，构建较完整的学科教育体系，使家政系短短几年就彰显出雄厚的办学实力，成为国内培养家政师资的重要基地。1934年，"春季家政系毕业同学8人，竟有十余处争相延聘，由此可见家政学在我国已有蒸蒸日上势。"彼时的女师集聚了云成麟、苏吉亨、吴松珍、董善谋、孙家玉、孙之淑、王非曼、罗德司吉（俄）等家政教师，为我国家政教育发展奠定了坚实基础。

齐国樑"学识渊博，经验宏富，为人仪态整肃、和蔼可亲，处事脚踏实地、认真负责，不务虚名、不期近功，其所以能受学生的爱戴，为社会人士所敬重，绝非偶然"，其女子教育思想涉及女子教育、女子家事教育、女子师范教育等诸多方面，自成体系，尤其是关于女子强则国家强的理念、关于女子家政的教育思想和实践、关于女子师范教育的思想，今天仍引发后来者的学术思考和实践冲动。

任务评价

一、单项选择题

1. 家政教育通常既可以指基础教育阶段的普通家政教育，也可以指（　　）家政学系的专业学科教育，还可以指社会和成人的家政推广教育。

A. 初等教育阶段　　　　　　　　B. 中等教育阶段
C. 高等教育阶段　　　　　　　　D. 成人教育阶段

2. 幼儿园主要通过（　　）对儿童进行身心健康教育。
A. 游戏　　　　B. 阅读　　　　C. 体育　　　　D. 说教

3. 中、小学校的家政教育，实际上可视为对一个健全的人所进行的多方面能力和（　　）的教育。
A. 技能　　　　B. 知识　　　　C. 素质　　　　D. 思政

4. 中等职业教育和高等职业教育中的家政教育是家政（　　）教育。
A. 安全　　　　B. 职业　　　　C. 健康　　　　D. 事业

5. 大学教育和研究生阶段的家政教育，主要是为学校教育及家政职业教育培养（　　），为家政学研究机构培养后备人才。
A. 师资　　　　B. 研究人员　　　C. 家政从业者　　D. 行业技师

二、多项选择题

1. 以下（　　）可以推进家政教育学发展。
A. 确立家政学学科地位
B. 构建完善的家政学教育序列体系
C. 构建家政学教育理论体系
D. 构建开放性的产教研体系

2. 对个人而言，家政教育的意义有（　　）。
A. 提高生活质量　　　　　　　　B. 培养自理能力
C. 提高营养意识　　　　　　　　D. 培养社交技能

任务二　认知国外家政教育发展

任务引言

任务情境：家政作为一门学科，源自美国。如今，美国近千所大学设有家政系，还有的专门设置家政学院，可以培养硕士生、博士生。菲律宾几乎所有的大学都设有家政专业，学生从业前还要进入后续培训机构，接受技能培训。在日本，家政教育是基础教育阶段的必修学科，大学也普遍开设了家政课程，教学内容几乎涉及社会、经济、文化等各个领域……总之，很多国家已经建立了一套从学前、小学到研究生阶段的家政教育体系，家政教育序列已相当完备。"他山之石，可以攻玉"，学习国外家政教育理念，拓宽国际视野，有利于加深大家对家政的认识。

学习任务：国外各个国家家政教育有什么特点？

模块四　家政教育和家庭教育

任务目标

知识目标

1. 知晓美国、菲律宾、韩国、英国、日本家政教育的特点；
2. 理解国外家政教育的经验。

能力目标

1. 能概述国外家政教育的现状；
2. 能借鉴国外家政教育的经验。

素质目标

1. 具有学习借鉴国外家政教育的意识；
2. 具有国际家政视野。

任务知识

一、美国家政教育

美国家政学创立于 19 世纪末 20 世纪初，这个时期是美国进步主义运动盛行的时候，这一时期美国由农业时代步入工业时代，由传统社会进入现代社会。这一时期的家政学有以下特点：

（一）将家政学视为一种社会改革

理查兹是第一个从麻省理工学院拿到学士学位的女性，因此她希望通过家政学的教育，帮助妇女进行科学的训练和职业的发展，鼓励她们学到技术和知识后走出家庭，在社会上争取更多的工作机会，并与男人公平参与社会管理事务，承担社会责任，以此来实现自己的社会价值。

（二）自然科学在家政学科的研究中占主导地位

19 世纪末 20 世纪初是世界第二次科技革命的时期，当时物理、化学、生物成为学术界的主导学科。家政学的创立者是受过自然科学训练的女科学家，她的工作就是将自然科学的研究成果运用于生活当中，更好地提高人们的生活质量。所以当时在理查兹的带领下，家政学的重点研究方向是家庭食品、服装、住房、生产和消费等领域。

（三）家政学具有跨学科属性

理查兹认为科学对于环境的控制必须是跨学科的，所以家政学自创立之初就被认为具有跨学科属性。所以在当时理查兹会经常和其他领域专家谈论工业环境、公共卫生、营养学和

食物搭配等。

1862年，美国政府正式通过立法并提供资金来鼓励社会各级学校广泛开设家政教育课程，高校成立家政系。1923年，美国农业部设立家政局。100多年来，美国支持并重视家政教育，从学前、小学、中学、各种技术和社区学院，直到学院、大学、研究生和博士生教育所形成的发展阶梯，目的是把学生引进家政教育领域，为今后持家、在职工作或进一步接受教育奠定基础，家政课程侧重初级烹调、食品保存和缝纫；而相当学历的成人家政课程的侧重点是家庭装饰、家具选择或儿童养护等。

目前，美国的家政学已涉及社会、经济、环境、资源、生态等各个方面，家政教育目前已发展成为一个大的学科体系。美国有近千家大学设有家政系，还有很多大学专门设立了家政学院，培养家政专业的硕士生、博士生。世界著名的美国麻省理工学院就开设家庭经济学专业。

美国家政教育包括的主要领域有人类发展、个人和家庭理财、住房和室内设计、食品科学、营养学、健康、纺织品和服装以及消费者问题。

二、菲律宾家政教育

在菲律宾的国家教育体系中，家政教育是一个必不可少的组成部分，而且在全国的普及程度非常高，形成了广泛而良好的社会基础。菲律宾从学前、小学、中学，到职业学院、大学的较为完备的家政教育体系，不仅使家政劳动意识得到启蒙传播，国民树立起了公平职业观念，而且有助于培养家政专业化人才，满足市场需求，造就世界品牌"菲佣"。

（一）基础教育阶段的家政教育

菲律宾现行教育体制为K-12基础教育体制，即1年学前教育加12年中小学教育，后者包括6年小学教育、4年初中教育和2年高中教育。

1. 小学教育

在菲律宾，小学阶段就已经开始推行家政教育，不仅引导学生积极参与劳动，提高其自立、自理能力，掌握生活必备技能，更重要的是引导学生从小树立正确的劳动观念，这对促进菲律宾社会平等劳动观念的形成发挥了基础性作用。因此家政教育在菲律宾的小学教育中占据着重要位置，几乎所有的小学都设有专门的家政课或劳动课，拥有相对完善的家政劳动课程教育设施，包括专门的手工教室和烹饪教室等，其家政课程一般为每周1~2课时，学习内容涉及一般家务的各个方面，主要包括钉纽扣等手工操作、简单的食物烹饪以及家务整理等内容，实践性较强，着重培养学生的自理能力。

2. 初中教育

菲律宾初中教育中的家政课程设置在其国家教育改革中越来越受到重视，在初中阶段的8大基础课程设置中就设有"技术与家政"课程。

公立初中大多是在一年级同时开设"技术入门"和"综合科学"系列课程，使科学教育的认识功能和技术教育的应用功能都能得到发挥，而家政作为生活必备技能，是其中非常重要的一门必修课程。在中学二年级，学生可以根据自己的特点选择进入科学和技术两个不同的分支领域学习，此阶段的家政课程作为技术领域的专业技能课程，尤其注重对学生就业的促进作用。此外，家政教育在菲律宾的女子学校中具有更为重要的意义，家政课程作为必修课程会伴随每一位女学生的整个初中学习阶段，她们被要求修习所设全部家政课程。

3. 高中教育

菲律宾的高中课程设置则逐渐引入专业课程，致力于为学生提供升学或就业所需的技能和能力。其中，以"技术—职业—生计计划"（TVL）为方向的高中教育与职业教育存在一定关联性，家政教育也主要出现在此类高中课程设置中，主要涉及家庭教育、食品管理、烹饪制作等内容。

该阶段的家政课程已经开始与家政人才培养衔接起来，依托科学专业的教育培养体系，理论学习和实践操作并重，旨在为准备继续就读高等职业学校的学生打下良好的职业技能基础。

（二）高等教育阶段的家政教育

1. 普通高等教育

菲律宾国家家政教育体系中，高等家政教育尤其突出。现有的 2 000 多所大学里，几乎每所都设有家政课程，而且课程设置十分全面，覆盖了生活哲学、家居管理、家庭伦理、家庭教育、家庭保健、人文艺术、食品管理、烹饪制作、手工工艺、餐饮与酒吧管理等领域。在菲律宾国立大学、菲律宾师范大学等多所大学中，更是开设有独立的家政学专业和家政学院（系）。

菲律宾国立大学的家政教育堪称高等家政教育的世界典范，其家政专业的水平在世界上享有盛名。其家政学院创办于 1961 年，共设有 5 个系，包括"家政教育系""家庭生活和儿童发展系""食品科学营养学系""服装、纺织与室内装饰系"以及"餐厅、酒店与公共管理"系。5 个系中共设有 7 个学士学位专业、6 个硕士学位专业以及 3 个博士学位专业（表 4 – 1）。

表 4 – 1　菲律宾国立大学的家政学院学位专业表

系	学士学位专业	硕士学位专业	博士学位专业
家政教育系	家政学	家政学	家政学
家庭生活和儿童发展系	儿童早教 家庭生活和儿童发展理学	家庭生活和儿童发展理学	
食品科学营养学系	社区营养学理学 食品技术理学	食品技术理学 食品科学理学	营养学 食品学
服装、纺织与室内装饰系	服装工艺理学 学士、室内装潢理学	学士、室内装潢理学	
餐厅、酒店与公共管理系	餐厅、酒店与公共机构管理理学	食品服务管理	

菲律宾国立大学（图 4 – 1）的家政学院在家政学科发展中还构建了产学研三位一体、协同发展的教育机制。在教学研究方面，不仅拥有科学一流的课程设置和课堂教育，而且拥

有设施完备的研究中心、人才培养基地以及实践基地，为各个专业都提供了高水平、高质量的研究条件和实践环境。学院设有实验大楼、餐厅、茶室、食品加工厂以及儿童发展中心等实践基地，这些配套硬件设施的建设有效地保证了学生不仅只是学习理论，更可以将理论付诸实践，进行现实场景的研究和观察，进而可以保证所培养的人才可以直接应用于家政服务市场。

图4-1 菲律宾国立大学

菲律宾国立大学家政学院在家政人才培养过程中也会通过社区扩展项目和社会志愿服务项目来进一步拓展学生的实习实践机会，在实现高等家政教育社会服务价值的同时，助力于家政教育在全社会的普及。

菲律宾高等家政教育在家政专业以及家政行业的发展中充分发挥了高校的主体作用，不仅发展了家政学科，而且以个人、家庭和社会的需求为中心，适应家政行业发展，培养家政职业化高端人才，真正满足了家政服务市场的需求。

2. 职业技术教育

菲律宾家政职业技术教育是自初中后开始的，被视为高等教育的一部分，与四年的普通高等教育并行，主要包括两年的职业技术教育与专业培训教育。

菲律宾的职业技术教育也致力于为已经就业的群体提供在职培训，仅菲律宾海外劳工福利管理局发放营业执照的培训机构就有1 000多个，同时政府也出资设立了大量的家政职业培训学校，对有意从事家政行业的女性进行专业化培训。菲律宾将评估和认证学员职业技术能力资格作为保证职业技术教育质量的重要任务。菲律宾从事家政行业的人员，包括家政相关专业的大学毕业生在内，都需要参加劳动就业部下属的技术教育与技能开发署的考核，以证明其从事家政工作的能力。目前，技术教育与技能开发署针对菲律宾家政从业人员的培训主要包括两部分，即技能培训和语言文化培训（表4-2）。

表 4-2 菲律宾家政从业人员的培训

培训类型	技能培训	语言文化培训
培训内容	涵盖了一名家政从业人员日常工作涉及的一切领域。以理论课为基础，以实操课为重点，要求学员必须学会清理房间、清洁和整理各种面料的衣物、照料老人和儿童等各项职业必备技能	涵盖英语、汉语普通话、粤语、阿拉伯语等多门国际常用语言，学员需要在课程中学会用目的地所用的语言与人进行交流，此外还需要对目的地的文化、饮食习惯等方面有所了解
培训时间	共计 714 课时，包括 20 个小时的基础能力课程、40 个小时的通用能力课程、158 个小时的核心能力课程和 496 个小时的选修能力课程	持续一周
发证组织	技术教育与技能开发署	菲律宾海外劳工福利管理局

菲律宾依托技术教育与技能开发署和菲律宾海外劳工福利管理局的流程化管理，使菲律宾的家政职业技术教育建立起了全国化的培训教育课程体系以及统一标准的考核认证制度，形成了一套完整的高度秩序化职业技术教育体系，最终造就了菲佣专业化、职业化的行业典范。

三、韩国家政教育

家政教育在韩国被称为家庭管理教育或家庭和消费者科学，培养学生必备的家政技能，教导学生如何正确地协调家庭与社会之间的关系。韩国社会高度重视家政教育，不断地创设良好的家政教育环境。韩国从幼儿园就开始进行家政启蒙教育，并在基础教育阶段、高等教育阶段、继续教育阶段开展不同形式的家政教育。

（一）基础教育阶段的家政教育

小学 6 年、初中 3 年、高中 3 年为韩国的基础教育阶段，在这一阶段，家政教育的相关课程均为必修课。

1. 小学教育

韩国从小学开始便开设家政、礼仪、环保之类的课程，并同时辅之以各类社会实践活动，锻炼学生的自理能力和社会责任感，如 5 年级与 6 年级的学生每周必须修 2 个小时的实用技艺课程，比如泡茶。

韩国小学生学习与家政相关的课程内容丰富、贴近生活，课程所占学时多。例如《正确的生活》科目的学习内容主要包括日常文明礼仪、整理自己的东西、和朋友们如何相处等。

2. 初中教育

初中阶段，韩国家政课为必修课程，课程学时多，涵盖范围广，如在食品领域，营养问题、市场营销、准备食物及如何烹调、运用工具或服务等都包括在内。初中阶段的家政课程除讲授理论课程外，还在专门的教室进行手工操作，并以实践课程为主，主要学习烹饪、家

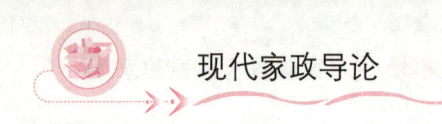

饰、服装，以及家庭生活礼仪等与家庭生活相关的课程。

3. 高中教育

韩国高中教育主要分为普通高中、职业高中及其他类型的高中，例如外语高中、艺术与运动高中、科学高中。

1）普通高中

普通高中阶段的家政教育包含在生活、教养课内容里，包括技术、家政、第二外国语、汉文、教养等。学习内容包括以下两个方面：

（1）高中一年级技术/家政科：家庭生活的设计、家庭生活安排、能量和传送技术、建筑技术的基础等领域。

（2）高中二、三年级选修科目：信息社会和计算机、农业科学、工业技术、企业经营、海洋科学、家庭科学等。

2）职业高中

职业高中的建立是韩国政府为促使该国成为工业强国而实施的策略，职业高中的毕业生对于补足韩国技术工人的劳动力短缺扮演着重要角色。职业高中主要有五类，分别是农业、工业、商业、海事水产养殖及家事等。

职业高中开设家政方面的课程，为解决社会劳动力短缺的难题打好了基础，也为学生走向就业岗位扩展了途径。

（二）高等教育阶段的家政教育

韩国具有完备的高等家政教育学科体系，包括专门的家政大学、家政职业院校以及在综合类大学和职业院校中设置家政系等，除设置本科、专科学历外，还设有硕士、博士学位，学科体系完善，可满足不同层次家政人才培养的需要。

高等职业教育领域，家政教育学科设置丰富，毕业生就业门类广、取得资格证人数多，为韩国家政服务业发展注入了坚实力量；在本科教育阶段，家政教育课程侧重家政学的理论与实际应用；在研究生教育阶段，学生会在家政教育领域选取特定方向进行深入学习，开展深入研究，致力于成为家政教育某一领域（如家庭烹饪、营养方向等）的专家。

（三）继续教育阶段的家政教育

韩国继续教育阶段的家政教育主要指各种成人家政教育，包括短期和长期培训、各类远程教育、继续教育课程等多种形式。在继续教育阶段，不同教育机构通过多种形式对如何调适家庭生活、改善家庭生活质量等进行培训，具有时间灵活、辐射面广、形式多样、内容丰富等特点，成为韩国开展家政教育的重要途径。

四、英国家政教育

英国的英式管家享誉世界，被誉为世界上最专业的保姆，是世界家政服务的经典和代表。英国在漫长的发展历史进程中，家政教育已经积累了比较丰富的经验，形成了独具特色的家政教育体系。

模块四　家政教育和家庭教育

　　首先，英国家政教育的课程设置由具有颁发职业资格证书的开发机构和家政产业界的代表等各方共同交流、研讨合力开发完成，课程设置以家政企业和学习者的个人需要为主导理念，切实做到突显出雇主驱动、学习者个人发展需要和一体化的家政教育课程标准。据此，英国家政教育的专业课程类型多样，涵盖领域广泛，涉及家庭生活的方方面面，可以囊括生活服务的全部内容（表4-3）。

表4-3　英国家政教育的专业课程

课程方向	涵盖内容
普通家政教育的基本理论	家政教育原理的研究、家政经营理论、家庭生活方式理论和家庭服务理论的研究等
家庭生活技艺	服装设计、成衣制作和缝纫、室内布置装饰设计、个人整体造型设计、园艺技术、家庭经济与管理、人际关系与社交礼仪、家用电器使用与维修等
食品研究与营养	家庭饮食、食品营养、膳食供应管理、烹饪制作、实验食品、治疗营养等
儿童教育	教育学、儿童早教、幼儿学、儿童心理发展、儿童养护与发展、卫生学、家庭看护学、生理学等

　　其次，英国建立了多种类型和层次的家政职业教育实施机构，其主要分为以现代学徒制为代表的校外家政职业教育系统和学校家政职业教育系统。

（一）校外家政职业教育系统

　　英国家政教育培训体系中，校外家政职业教育机构是培养家政人才的阵地之一，主要包括家政企业和私营培训公司，以及一些非营利性机构和慈善团体等。其中，以现代学徒制为核心的家政企业和私营培训公司大多是成年人参加家政教育培训的首要选择。

　　家政企业和私营培训公司主要参与国家家政职业标准的制定和开发，决定家政人才培训的内容和方式，以更好地完成家政人才的培养和训练任务。这些家政企业直接参与到家政人才培养的活动中，不仅能获得企业所需的重要人力资源和政府划拨的培训经费，而且可以利用自身的资源和优势对学徒进行现场教学，不断提高学徒的家政职业技能。同时，家政企业积极与家政职业院校以及其他提供家政教育技能培训的机构沟通合作，共同合作制定学徒培训计划并保证计划的实施，提高家政人才的职业技能和培养质量。

（二）学校家政职业教育系统

　　在英国家政职业教育系统中，存在着多层次多类型的家政职业教育机构，主要包括中等家政职业教育机构、高等家政职业教育机构以及高等教育学院和大学。

1. 中等家政职业教育机构

　　英国开设家政教育的中等职业教育机构主要有综合中学、技术中学、现代中学和城市技术学院。中等教育阶段的任务主要是为接受更高层级的教育做准备，因此该阶段的学习重点是以普通教育为主，兼修具有职业性和技术性的职业教育课程。家政教育作为中等教育阶段的一门选修课程，学习内容主要包括饮食、保育、栽培、机械等生活必需的技能，此阶段家政教育的培养目标主要是教会学生基本的生活技能，提高学生的艺术修养和对家庭生活的热爱，培养做人和做事的高尚道德情操，进而促进身心的健康发展。

2. 高等家政职业教育机构

英国高等职业教育阶段的家政职业教育机构包括继续教育学院、第六级学院和第三级学院。英国高等职业教育阶段实施家政职业教育的机构种类多样，但是主要由继续教育学院承担高水平、高层次的家政人才的培养工作。

继续教育学院以 16～19 岁的青少年为主要教育对象，其教学任务跨度比较大，通常是 1 级到 5 级的家政职业教育，相当于我国的中等和高等职业教育。与第六级学院和第三级学院相比，继续教育学院提供的课程种类比较广泛，主要有国家职业资格证书课程、普通国家职业资格证书课程和继续教育证书课程，课程设置不仅包括学生道德情操的职业教育，而且更重要的是帮助学生系统地掌握与日常家庭生活相关的应用技能，例如家庭生活技艺、家庭生活美学、家庭生活测量与评价、家庭干预与治疗等，综合培养学生的实践操作技能，以满足不同客户的需求。

3. 高等教育学院和大学

英国高等教育阶段的家政职业教育主要由高等教育学院或者大学提供。高等教育学院或大学整合学术和工作本位的学习，由家政企业、专业团体、学院和大学共同参与制定家政人才培养计划，课程学习灵活，包括全日制、部分时间制、模块制、远程学习等各种组合的模式。

高等教育学院或大学提供 6～8 级的职业教育，分别等同于高等教育资格框架的学士、硕士和博士学位，最终获得的家政职业技术认定为职业文凭或证书、职业高级文凭或证书、专家资格证书。

五、日本家政教育

日本传统意义上的家政教育名为"家事科"，开始于明治维新后期，是一门对女性实施教育的学科，在日本称为"花嫁修学"，即为人妻的女孩的必修课。

（一）中小学家政教育

家政课程是日本基础教育阶段男女生必修的普通学科，培养的总目标是"让学生认识家庭生活的内涵，掌握家庭生活各领域的基本知识和技术，在理解家庭生活意义的同时，养成必需的生活能力和主动的实践态度"，文部省出台的《中小学学习指导要领》是开设该课程的依据，其中对中小学家政教育课程有明确的规划。

1. 小学阶段

小学阶段家政课程的培养目标是：通过学校教育活动对学生进行生活方式的指导，培养社会观和职业观，培养身心健康安全的生活意识、互助合作的社会意识，使学生养成积极的生活态度、良好的生活习惯。小学阶段家政课程的科目主要为生活科和家庭科（表 4-4）。

表 4-4　日本小学家政课程情况表

科目	生活科	家庭科
培养目标	通过具体活动与体验，了解自身与周围人群、社会及自然的关系，在思考自身生活的同时，掌握生活必需的习惯和技能，养成自主自立的能力	通过衣食住行相关的实践体验活动，在掌握日常生活必需的基本知识和技能的同时，重视家庭生活，作为家庭的一员，要具有的促进生活更好发展的实践态度
课程侧重	指导低年级学生对日常生活的认识和理解	指导高年级学生对生活技术的初步掌握
学习内容模块	学校环境、家庭、周围环境、公共设施、自然环境、游戏、动植物、与人交流、个人成长等	家庭生活与家人、日常饮食及调理基础、衣服和居住、消费生活与环境等
开设时间	第1、2学年	第5、6学年
学时安排	第1学年：102学时 第2学年：105学时	第5学年：60学时 第6学年：55学时

2. 初中阶段

初中阶段家政课程的培养目标是：通过学习生活中必需的基本知识和技能，加深生活与技术之间关系的理解，培养促进生活的创造能力和实践态度。初中阶段家政课程的科目主要为技术科和家庭科（表4-5）。

表 4-5　日本初中家政课程情况表

科目	技术科	家庭科
培养目标	通过制造手工等实践体验的学习活动，掌握材料加工、能源变换、生物培育及与情报信息相关的基本知识和技术的同时，加深对技术、社会与环境之间关系的理解，培养正确评估活动技术的能力和态度	通过衣食住行等相关实践体验的学习活动，学习生活自立必需的基本知识和技能，加深对家庭职能的理解，展望生活，培养通过课题研究促进生活的能力和态度
内容侧重	家庭和生活领域的实用技术	家庭环境和成员的关系协调及管理
学习内容模块	A. 技术与制造：生活生产技术、制作品设计、机械结构与维护、利用能源转换设计制作物品、作物栽培及相关事项等。 B. 计算机信息：生活生产中情报信息的作用及相关事项、计算机基本功能及操作、计算机使用、信息通信及网络、多媒体技术、程序测试与控制等	A. 生活自立与衣食住：初中生营养与饮食、食品选择及日常饮食调理基础、衣服选择与维护、室内环境整理与居住、简单衣服制作等。 B. 家人与家庭生活：自身成长和家人与家庭生活关系、幼儿发展与家庭、家人与家庭关系、家庭生活与消费、幼儿生活与幼儿接触、家庭生活与地域关系等
开设时间	初中三年	初中三年
学时安排	第一学年：70学时 第二学年：70学时 第三学年：35学时	第一学年：70学时 第二学年：70学时 第三学年：35学时

3. 高中阶段

高中阶段家政课程的培养目标是：综合掌握个人成长和生活经营的常识，在理解家人、家庭和社会的意义与关系的同时学习生活必需的知识和技能，通过男女协作，培养与家庭及地域相关的生活能力和实践态度。高中阶段家政课程的科目主要为家庭基础、生活设计和家庭综合（表4-6）。

表4-6　日本高中家政课程情况表

科目	家庭基础	生活设计	家庭综合
培养目标	学习人生与家人家庭、儿童与高龄者福祉、消费生活及衣食住行相关的知识和技能，在解决以家庭和地域为主的生活课题的同时，培养积极的实践态度	学会通过实践体验人生与家人、家庭及福祉、消费生活、衣食住行相关的知识和技能，在解决以家庭和地域为主的生活课题的同时，培养积极充实的实践态度	综合学习人生与家人家庭、儿童与高龄者福祉、消费生活、衣食住行相关的知识和技能，在解决以家庭和地域为主的生活课题的同时，培养积极的实践态度
课程侧重	家庭经营管理	日常生活技术	家庭健康生活，较前两者综合性较强
学习内容模块	人生与家人福祉、家人生活与健康、消费生活与环境、家庭规划与家庭活动等	人生与家人福祉、消费生活与环境、家庭生活与革新、生活设计与调理、生活管理、家庭规划与家庭活动等	人生与家人家庭、儿童成长及保育福祉、高龄者生活福祉、生活的科学与文化、消费生活与资源环境、家庭规划与家庭活动等
开设时间	高中三年	高中三年	高中三年
学时安排	64学时/年	128学时/年	128学时/年

（二）高等教育阶段

日本拥有从专科到本科到研究生的完备家政教育体系，其专业化和普及化的水平在全世界享有盛誉。

日本高等教育层次的家政教育在"二战"结束初期开始酝酿建立。对日本高等家政教育的创立最为重要的事件就是日本女子大学家政学部的建立以及日本家政研究学会的设立。日本女子大学家政学部的建立意味着家政教育走向高等教育层次，日本家政研究学会的设立则推动了家政教育理论的发展。

日本的高等学校，尤其是国立大学都设有家政学系（部），其中包括像早稻田大学这样的高水平大学。而在女子大学里，家政学专业更为普遍和流行，如御茶水女子大学、九州女子大学，都把家政学作为优势品牌学科加以打造，有些女子大学甚至还设有家政学的硕士和博士点。

日本家政学的研究和教学内容非常丰富。在大学教学中，除了一般科目，如伦理学、音乐、美术、经济学、法学、化学、生物学、生理学外，家政学的专门科目有家政学原论、家庭经营管理、家庭经济学、消费者保护论等。所有科目中最重要的是家庭经营管理，它是家政学的中心体系。

日本高等教育机构中凡开设有现代家政学专业学科的，其课程设置都各具特色，一般来讲，主要有以下专业：家政生活方面的学科、被服学方面的学科、食物学方面的学科、住居学方面的学科和儿童学方面的学科。

任务拓展

英国诺兰德学院

诺兰德学院创建于 1892 年，被誉为全球保姆界的哈佛大学。其前身是女佣培训学院，目前已成为世界知名的家政大学，一直以"爱永不消失"为校训。诺兰德学院百余年来成功培养超过 7 000 名世界一流的保姆，一代又一代的毕业生走入富人家庭，成为家政行业最专业的象征。诺兰德学院的毕业生一向是抢手货，从来不担心就业。除了当保姆外，诺兰德学院的毕业生还能胜任护理院管理和小学教师等工作。不过，保姆行业在职业道德方面也有不可触碰的天条。诺兰德学院要求毕业生必须尊重并保护主人的隐私，不能当长舌妇。2000 年 3 月，在时任英国首相布莱尔家里干了四年的保姆罗萨莉·马克，向《邮报》透露了一些"第一家庭"的生活细节，文章最终被布莱尔夫人向最高法院申请了禁止令才没能发表。罗萨莉可能从《邮报》拿到了一笔钱，但她的保姆职业生涯也从此走到了头。

诺兰德学院主要开设幼儿教育和早期儿童研究两个专业。前者侧重于实践，后者则侧重于理论探索。学生不仅要修儿童健康课，更要学习包括心理、历史、哲学、社会科学、文学和教育等多个学科的内容；毕业之前，还要接受有关急救、困难情景下驾驶等培训。近年顺应时代需要，还增加了自卫术、防止儿童被绑架等内容。该学院还告诉学生如遇到主人夫妇吵架怎么办，女主人嫉妒你与孩子的亲密关系怎么办，如何处理男主人的性骚扰，等等。有人开玩笑说，优秀的保姆不仅应该有诺兰德学院的毕业证书，更应该有社交学的博士学位。

任务评价

一、单项选择题

1. 菲律宾高中教育分为 4 个方向，家政教育会出现在（　　）方向的课程设置中。
   A. 学术方向　　　　　　　　　　　B. 技术—职业—生计方向
   C. 运动方向　　　　　　　　　　　D. 艺术和设计方向

2. （　　）家政学院创办于 1961 年，其家政教育堪称高等家政教育的"世界典范"，其家政专业的水平在世界上享有盛名。
   A. 菲律宾师范大学　　　　　　　　B. 菲律宾科技大学

  C. 菲律宾国立大学   D. 菲律宾理工大学

  3. 韩国从小学开始便开设家政、礼仪、环保之类的课程，并同时辅之以各类社会实践活动，锻炼学生的自理能力和社会责任感，如（   ）年级学生每周必须修 2 个小时的实用技艺课程，比如泡茶。

  A. 1—2   B. 3—4   C. 5—6   D. 1—6

  4. 在英国的家政教育中，"服装设计"属于（   ）方向的课程。

  A. 普通家政教育的基本理论

  B. 家庭生活技艺

  C. 食品研究与营养

  D. 儿童教育

  5. 日本小学家政课程的科目是（   ）。

  A. 生活科、家庭科   B. 技术科、家庭科

  C. 家庭基础、生活设计   D. 生活设计、家庭综合

二、多项选择题

  1. 菲律宾家政教育在（   ）阶段展开。

  A. 小学   B. 初中   C. 高中   D. 高等教育

  2. 以下（   ）等国家在中小学阶段进行较为全面的家政教育。

  A. 中国   B. 菲律宾   C. 英国   D. 日本

三、简答题

  1. 结合其他国家对于家政教育的经验，你认为我国可以采取什么措施以促进家政行业的发展。

  2. 简述菲律宾的家政教育。

任务三　认知我国家政教育发展

任务引言

  任务情境：随着社会的变迁，我国家庭结构和生活方式也在不断变化，家政教育作为一种重要的教育形式，具有越来越重要的作用。在过去的几十年里，我国经历了巨大的社会变迁，从传统的家庭结构到现代的家庭结构，这些社会变迁带来了巨大的影响和挑战，也对家政教育提出了更高的要求。近年来，随着我国家政服务业快速发展，家政教育也不断发展。本任务引导学生学习我国家政教育体系、我国家政教育的历史演进和发展，尤其要让学生理解家政职业教育发展，树立专业认同和职业认同。

  学习任务：我国家政教育体系有哪些特点？

模块四　家政教育和家庭教育

任务目标

知识目标

1. 知晓我国家政教育体系；
2. 知晓我国家政教育发展阶段。

能力目标

1. 能概述我国家政教育体系；
2. 能说出我国家政教育发展的各个阶段。

素质目标

1. 具有从事家政教育相关工作的意识；
2. 树立主动宣讲家政教育知识的意识。

任务知识

一、我国家政教育体系

我国家政教育已经建立基础教育、职业教育、高等教育、成人教育多种形式并存的初步体系。但家政教育在我国刚刚起步，在国家教育体系中尚未得到足够的重视，其教育模式和培养体系都尚未完全建立起来，还不能充分发挥服务个体、家庭和社会的重要作用。

（一）基础教育阶段的家政教育

20世纪末以来，世界许多国家和地区在新的国际形势下开展了大规模的基础教育课程改革运动。这次改革的共同理念是："强调课程的人文化、力求课程的生活化、注重课程的统整化、加强课程的弹性化，大力开发校本课程、着重培养创作能力。"

在中小学和幼儿园开展家政教育的意义重大。儿童和少年正在成长阶段，身体和心理的可塑性都非常强。对他们进行家政教育可以培养他们对家庭及自己的正确认知，增强对父辈的理解与感恩，还可以让他们理解"家是爱的产物与共同体"，培养其责任意识。另外，在家政技能的教育中可以培养他们手脑并用的能力，增加业余爱好，健全个性和社会性发展。在繁重的学习生活中，家政教育会给他们带来更多乐趣和很多不一样的收获。

基础教育阶段的家政教育要在上级部门的指导下，开发中小学校本课程。结合当地的风俗习惯和教育资源，因地制宜地制定实用性的课程。在教育目标上偏重于家庭观念和家庭意识的培养。在教育方式上应采用寓教于乐的方式，采用教师或同学模拟、小组合作、个人独创和比赛、展览的方法来进行。

在我国现行基础教育阶段，家政劳动教育相对缺失，有相当长的一段时间，中小学阶段未开设独立的家政劳动教育课程，仅少部分地方学校的劳动课程、校本课程中会涉及一些家

政劳动教育相关内容，但与其相近的劳动技术课也被迫变成了一门"边缘课"。幸运的是，在其他国家十分重视学生家政教育的同时，我国专家学者也纷纷提议国家应该对中小学的劳动技术课作出明确规定，让学生从小学习熨烫、缝纫、修理、烹饪等技能，2022年9月，劳动技术课已成为青少年的必修课。

（二）职业教育阶段的家政教育

家政学是技能性很强的学科，家政实务的教学能更快、更直接地服务于社会。职业教育中的家政教育是以培养具备熟练的家政技能的高级技工或高级保姆为目的的教育，具有很强的应用性和技能性。在我国家政教育中，职业教育是走在前列的。早在1988年，我国第一所家政职业学校——武汉现代家政专修学校在武汉成立，截至2018年年底，我国已有20余所高职院校。在国家政策的大力推动下，2019年下半年，全国新增至72所高职院校开设家政相关专业，到2023年，根据教育部公布的专业设置备案结果，已有125所高职院校开设相关专业。

《关于教育支持社会服务产业发展 提高紧缺人才培养培训质量的意见》提出，以职业教育为重点抓手，提高教育对社会服务产业提质扩容的支撑能力，加快建立健全家政、养老、育幼等紧缺领域人才培养培训体系，扩大人才培养规模，全面提高人才培养质量，支撑服务产业发展。2021年3月22日，教育部公布了《职业教育专业目录》，新增现代家政服务与管理、母婴照护、幼儿保育、智慧健康养老服务、老年人服务与管理等家政相关专业，新增了职业本科现代家政管理专业。《中华人民共和国职业教育法》明确提出国家采取措施，加快培养托育、护理、康养、家政等方面的技术技能人才。

（三）高等教育阶段的家政教育

1952年，在全国高等学校院系进行调整后，国内大学不再设家政系，家政教育就此远离高校的学科体系。直至2003年，家政教育重回高校的学科体系，教育部在我国普通高校中首先批准吉林农业大学开办家政学本科专业。同年，北京师范大学珠海分校也开设了家政本科学历教育。聊城大学东昌学院、湖南女子学院分别于2009年、2012年开始创办家政学本科专业。

2012年9月，家政教育重新正式加入我国高等教育学科体系。2012年教育部颁布实施的《普通高等学校本科专业目录》中，家政学专业作为特设专业被列入本科专业新目录，学科归属于法学，授予法学学位。

但受经济社会发展及传统社会观念的影响，家政学专业的发展规模和速度都受到一定程度的制约。截至2019年年底，全国只有吉林农业大学、河北师范大学、湖南女子学院、天津师范大学、聊城大学东昌学院、安徽师范大学皖江学院、安徽三联学院、北京师范大学珠海分校8所高校开设了家政学本科专业。

2019年，在国家重视家政行业发展并出台一系列政策的背景下，2020年又有郑州师范学院、太原师范学院、江西师范大学科学技术学院、山西工商学院、贵州财经大学商务学院、泰山学院、南昌工学院、河南牧业经济学院8所高校获批家政学本科专业，截至2023年，全国开设家政学本科专业的大学已有22所，河北师范大学、南京师范大学2所大学还开设有家政学硕士研究生专业。

高等教育中的家政专业以培养家政政策与管理人才、家政科研与教育人才为目标,培养家政高级人才。在这种教育模式下,学生既要学习综合的理论知识,又要学习一些专业技能型的知识。时代要求他们要对作为一门学科的家政或作为一种产业的家政有深厚的知识底蕴和透彻的理解。

从已经开设家政学本科专业学校设置的课程来看,大学本科所学更倾向于理论知识,大致有2个专业方向:家政企业管理方向和家政教育方向。家政学专业的学生不仅要学习基础课程,而且要学习家政专业教育课程,如家政学概论、家庭社会学、家政管理学、家庭教育学、社区工作概论、社会保障、服装美学、服饰美学、家庭营养学、食品卫生学、婚姻家庭法、公关礼仪基础、居室装潢与设计、艺术欣赏、形体艺术、插花与花卉栽培、美容美发与化妆等。

总体来看,在新时期新背景下,我国家政学科体系的建设,甚至家政学科概念的界定,尚处于探索阶段。随着国家对于家政服务业及家政学专业建设的推动,家政教育必将迎来新的发展机遇。

(四) 成人教育阶段的家政教育

党的二十大提出:"健全终身职业技能培训制度,推动解决结构性就业矛盾。"通过加强职业培训,进一步提高家政服务员的职业道德和专业技能,是发展现代家政服务业重要途径。

由于我国学历教育中家政教育的缺失,有必要在结婚前对准夫妇或其他社会人员进行家政教育。这是一种有针对性地进行家庭态度和家庭技能的培训。

家政公司的发展有助于缓解我国大学生就业及社会闲置人员的再就业问题。但是,他们在进入家政服务行业之前要接受一定的职业培训。这些职业培训一般由家政职业技能培训机构的家政专业教师来进行,内容一般包括家政的基本概念、行业规范、职业道德及相关技能的培训与考核。

但是目前我国进行家政职业技能培训的机构不仅包括人社部门批准的职业培训机构和妇联、家政行业协会等社会组织筹办的培训机构,还有大量的不具有培训资格的家政公司和机构在提供家政培训,不同机构各行其是,并未形成统一的培训和考核标准,从而导致进入家政市场的从业人员的技能水平良莠不齐,使得整个家政行业规范化和职业化建设进程缓慢。而行业服务质量不高也就导致家政职业社会口碑不佳,这更加剧了我国社会中固有的家政服务"低人一等"的劳动偏见,同时也导致家政服务职业近几年一直是我国最缺工的职业之一。

二、我国家政教育发展历程

虽然我国2 400多年前就已有家庭教育传统,但家政教育真正进入我国高校距今不过一个世纪的时间。家政专业首次进入我国高等教育,标志性事件是1919年北京女子高等师范学校设立家事部,开设家政学专业。从其发展变迁来看,主要分为四个阶段:

(一) 民国时期家政学教育的兴起

1919年,北京女子高等师范学校设立家事部,标志着家政专业教育在我国高校的兴起,

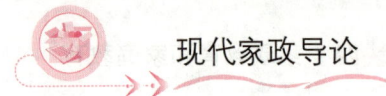

后来又有燕京大学和金陵女子文理学院等13所高校相继开设家政学专业。这个时期的家政专业教育由于受我国两千多年封建传统观念的影响，家政教育呈现出女子教育的特点，具有明显的传统家政教育特征和浓厚的封建主义色彩。即便如此，也仅持续了30年就中断了。

（二）中华人民共和国成立后家政学教育的中断

中华人民共和国成立后，进行了"三大改造"，建立了社会主义制度，进入了社会主义社会。受当时意识形态的影响，家政与保姆和佣人画上了等号，被看作是资本主义社会的东西，是不允许存在的。热播剧《父母爱情》中的一些剧情就反映了当时的这种现象，导致家政学专业不再开设，其专业的一些科目被拆散，归属于其他一些专业。1952年，全国高校院系和学科进行了大调整，家政学科作为一门独立的学科在我国全部被撤销，家政学专业教育在我国随之中断，差不多中断了近半个世纪。

（三）改革开放后家政学教育的春天

1978年3月，全国科学技术大会胜利召开，邓小平同志提出了"科学技术就是生产力"的光辉论断，国家确立了"尊重知识、尊重人才"的根本方针。5月，《光明日报》发表了《实践是检验真理的唯一标准》，推动了全国思想大解放。12月18日，中国共产党召开了十一届三中全会，确立了解放思想和实事求是的思想路线。思想的大解放不仅促进了经济的大发展，也促使着人们的生活理念、消费观念以及精神面貌发生改变，为家政学专业的复出提供了良好的社会环境。特别是改革开放后，我国发生了翻天覆地的变化，经济发展日新月异，家政学教育呼之欲出。1988年，湖北武汉首先破冰，成立了现代家政专修学校。1993年，吉林农业大学迈出了一大步，开办家政教育专业函授班。2003年，吉林农业大学家政学本科专业开始招生，填补了我国高校家政学科建设的空白。2012年，教育部把家政学专业列入普通高等学校本科专业目录，归属法学门下，给家政学专业安上了"户口"，家政学专业逐渐步入正规化发展轨道。

（四）党的十九大以来家政学教育的提质扩容

中国共产党十九大报告作出了我国进入了中国特色社会主义建设新时代的重大判断，我国社会主要矛盾已经转化为人民日益增长的美好生活需要和不平衡不充分发展之间的矛盾。主要矛盾的变化引发和带动了其他方方面面的改变，家政服务业与家政学教育也要与时俱进。2019年6月，国务院颁发了著名的"家政36条"——《关于促进家政服务业提质扩容的意见》，支持高校增设一批家政服务相关专业。教育部随即采取行动，贯彻落实，要求每个省至少有一所本科高校和若干所高职院校开设家政专业。2020年，教育部新设置了第14个学科门类——交叉学科门类。同年，河北师范大学家政学专业成功申报交叉学科，按二级学科管理。至此，家政学专业名正言顺，在我国正式"安家落户"。

三、我国家政教育发展趋势

随着我国社会经济的快速发展和人口结构的深刻变化，家政服务行业迎来了前所未有的发展机遇和挑战。家政教育作为家政服务行业的人才培养基地，肩负着提升整个行业服务水平和效率的重任。在新时代背景下，我国家政教育呈现出明显的发展趋势，这些趋势不仅体现在教育模式和内容上的创新，而且体现在政策支持和行业标准上的完善。

（一）注重家政人才培养

随着人们的生活日益科学化和高质化，传统的家政服务者已经无法满足其需求，家庭理财师、高级护工、家庭教师以及育婴师等专业家政化人才成为诸多家庭争相聘用的对象。然而，与旺盛的社会需求相矛盾的是我国高端家政人才的巨型缺口，在国家和社会为此作出积极调整的同时，相关研究者也开始由关注"家政服务人员""家政培训""家政培训师"等增加传统家政人员数量、提升传统家政服务质量的路径研究转向"家政人才培养"研究上来。家政人才不仅是满足人们个性化需求、提升人们生活质量的产物，而且对于促进家政行业转型、维护家政行业健康、可持续发展也有着重要意义。如今，家政人员的范围不再局限于以体力输出为主的保姆和保洁人员，而是囊括了与家庭生活息息相关的经济、教育、医疗等各个方面。因此，挖掘家政需求的类型，为培养单位提供目标性参考；分析国外家政人才培养成功案例，研发适合我国家政人才培养课程；注重高校家政人才培养研究，提高家政人员专业化水平、构建个性化教育模式，培养多层次家政人才等已成为我国家政教育研究者迫切需要解决的问题，研究成果也会持续增多。

（二）与产业发展深度融合

产业发展是带动经济增长的重要因素。纵览我国家政教育相关研究可以发现，无论是针对较早的家政公司还是近年来的家政推广、企业管理、家政服务业的研究，都是围绕家政产业发展进行的。家政产业是我国第三产业的重要组成部分，是国民经济的重要支柱。能促进家政产业繁荣发展，增强我国的综合国力，在当今具有重要的时代意义。产业发展的显著表现是形成自己的特色品牌。例如英国管家、菲佣、英国诺兰德学院保姆等一些国际家政品牌的出现，不仅传播了现代家政的科学理念，带动了本国经济的快速发展，而且为家政行业赢得了更多的社会尊重和职业认同，在改变人们思维、吸纳更多人力资源跻身家政行业、壮大家政队伍方面作出了突出贡献。我国目前已有"管家帮""阳光大姐"等一些初具影响力的家政品牌。要想打造一批有影响力，辐射全国乃至国际的家政行业龙头企业，塑造一批我国行业和社会认同度高的家政知名品牌，必须以家政教育为指导。基于此，部分学者将家政理念、人员培训、企业文化、运营管理等多个方面与家政教育进行融合研究，这在一定程度上对于拓展家政教育功能、促进家政产业发展发挥了积极作用。

（三）聚焦高校家政专业发展

高等学校肩负着为区域经济发展培养专业人才的重任，是促进地方经济发展的助推器，随着家政行业的快速扩张和家政人才的普遍紧缺，如何以高校为阵地，设立家政专业，培养家政人才，成为近年来学者关注的重点。我国在2012年就将家政学专业列入了《普通高等学校本科专业目录》，但据不完全统计，全国仅有30多所高校开设了家政相关专业，其中本科学校有5所，专科学校20余所。2019年6月，国务院印发的《关于促进家政服务业提质扩容的意见》再次强调：支持院校增设一批家政服务相关专业，原则上每个省份至少有1所本科高校和若干职业院校（含技工院校）开设家政服务相关专业，扩大招生规模。这为我

国高校家政专业发展提供了政策支持。我国高校家政专业研究经历了从专业形成、学科建设到学生扩招等基础阶段的发展，而在家政教育日益专业化、高质化、多元化的今天，引领高校家政专业建设、探索高校家政教育模式、构建高校家政专业课程体系等将是未来研究的重点方向。

（四）关注弱势群体家政教育

针对弱势群体的家政教育研究最早开始于1995年。杨士谋在借鉴欧美等发达国家和地区家政教育成熟经验的基础上，对农村开发进程中农村妇女的家政教育提出了建议，开启了我国针对弱势群体家政教育研究的征程。随着时代的变迁，到21世纪初，"下岗女工""妇女组织"这一群体的再就业问题受到学者的普遍关注，相关研究成果产量颇丰，主要集中在转变观念、需求分析、家政培训、目标分类等方面。以时代需求为导向，着力解决当前社会存在的问题，为我国经济建设出谋划策始终是我国家政教育研究者追求的目标。随着新型城镇化趋势的不断演进，农民工转型就业的社会现实契合了我国第三产业扩张进程中对人员的大量需求，探索农民工家政培训机制、为农民工量身定制家政教育课程、助力其向新型职业农民转变是目前家政教育研究者重点关注的问题。

（五）校企合作共育家政人才

为贯彻落实党的十九大精神，深化产教融合，全面提升人力资源质量，校企联合共育家政产业人才，才能提高高校家政专业的人才培养质量，产学研融合才能让家政专业大学生接地气，有底气深深扎根于家政行业，进而推动家政产业更好更快地发展。校企合作做到了适应社会所需，与市场接轨，与企业合作，坚持实践与理论相结合的全新理念，注重学生的培养质量，注重在校学习与企业实践，注重学校与企业资源、信息共享的"双赢"模式，为家政行业发展带来了一片春天。

未来，随着政策的进一步完善和技术的持续创新，家政教育将在提高服务质量、促进就业、满足家庭多元化服务需求等方面发挥更大的作用。家政教育的改革和发展，不仅关系到数百万家庭的幸福和健康，而且是推动社会进步和文明进步的重要力量。

任务拓展

家政教育、家庭劳动教育应得到足够的重视

我们在构建与完善有中国特色的家政劳动教育体系过程中，加快覆盖我国教育全过程的家政劳动教育体系构建，使其在培养专业家政人才，支撑我国家政产业健康、长足发展之外，更能够充分发挥服务个人、家庭和社会的重要价值，有效改善国民家庭生活质量，助力社会的和谐与稳定。

第一，加快构建覆盖基础教育全过程的家政教育及家庭劳动教育体系。首先，要推动在幼儿园、中小学普遍开设家政劳动教育校本课程；其次，要在大中专院校普及开设家政通识课程。

第二，充分发挥高校主体作用，完善高等教育体系中的家政教育及家庭劳动教育体系。我国高校的家政劳动教育和家政学相关研究应当以个人、家庭和社会的需求为中心，以培养职业化的家庭服务人才为目标，把家政学科的发展作为培养人才、服务社会的重要举措来抓。

第三，创新家政人才培养机制，建设职业教育、职业培训与资格认证一体化的家政人才培育体系。对于家政教育而言，最终还是需要落实于实际应用，培育家政行业的专业从业人员，因此政府在政策上负有普及和推广职业技能教育的责任，政府相关部门要在评估和认证学员职业技术能力环节加以财政和配套政策支持，对考核认证过程全程严格把关，以有效保证我国家政行业从业人员的专业技能水平和职业素养。

任务评价

一、单项选择题

1. （　　），教育部正式颁布实施《普通高等学校本科专业目录》，首次将家政学专业作为特设专业列入本科专业新目录，预示家政学专业在我国开始步入正规化的发展轨道。
   A. 2003 年　　　B. 2010 年　　　C. 2012 年　　　D. 2019 年
2. 在我国家政教育中，（　　）是走在前列的。
   A. 基础教育　　　B. 职业教育　　　C. 高等教育　　　D. 成人教育
3. 我国第一所家政职业学校是（　　）。
   A. 吉林农业大学　　　　　　　B. 武汉现代家政专修学校
   C. 郑州师范学院　　　　　　　D. 太原师范学院
4. 从已经开设家政学本科专业学校设置的课程来看，大学本科所学更倾向于理论知识，大致有 2 个专业方向：（　　）方向和（　　）方向。
   A. 家政企业管理　家政教育　　　B. 家庭生活管理　家政教育
   C. 家政企业管理　家庭生活管理　D. 家庭生活管理　家庭教育
5. 我国小学家政教育暂时没有专门的课程，目前与之贴近的课程是（　　）。
   A. 思想品德课　　　　　　　　B. 劳动技术课
   C. 健康教育课　　　　　　　　D. 体育课
6. 家政专业首次进入我国高等教育，标志性事件是 1919 年（　　）设立家事部。
   A. 燕京大学　　　　　　　　　B. 金陵女子文理学院
   C. 北京女子高等师范学校　　　D. 吉林农业大学

二、多项选择题

1. 下列（　　）是家政教育研究的方向。
   A. 家庭生活管理　　　　　　　B. 产业发展深度融合
   C. 家政人才的培养　　　　　　D. 关注弱势群体
2. 我国家政教育发展经历了（　　）的历程。

A. 民国时期家政学教育的兴起
B. 中华人民共和国成立后家政学教育的中断
C. 改革开放后家政教育的春天
D. 党的十九大以来家政学教育的提质扩容

三、简答题

1. 简述我国家政教育体系。
2. 简述我国家政教育发展趋势。

项目二　认知家庭教育

【项目概述】

每个人都是源于家庭教育成长起来的，家庭教育是根本。我国现在家庭结构简单了，生活条件普遍改善了，家长对子女的期望也越来越高，越来越重视家庭教育。国家人力资源和社会保障部公示的18个新职业中，家庭教育指导师（以下简称指导师）位列其中，家庭教育指导师被认定为新职业。2022年1月1日，《中华人民共和国家庭教育促进法》正式施行，家庭教育指导师开始进入公众视野。

本项目主要内容有家庭教育的含义、内容、原则，国内外家庭教育的发展等。通过本项目的学习，学生要具有初步的家庭教育认知，强化专业认同，为学习后续课程打下基础。

【项目目标】

知识目标	1. 理解家庭教育的含义； 2. 了解国外家庭教育的情况； 3. 了解我国家庭教育的情况
能力目标	1. 能概述家庭教育原则； 2. 能概述国外家庭教育的内容； 3. 能针对不同年龄儿童的特点开展家庭教育
素养目标	1. 具有正确的家庭教育认知； 2. 具有热爱专业、投入专业学习的信念

【项目学习】

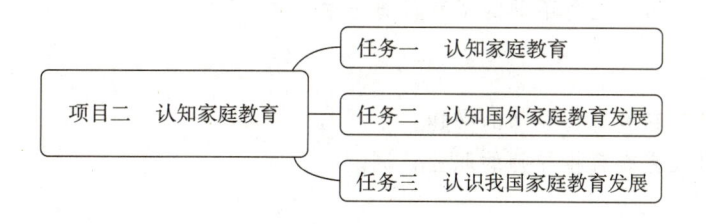

项目二　认知家庭教育
- 任务一　认知家庭教育
- 任务二　认知国外家庭教育发展
- 任务三　认识我国家庭教育发展

现代家政导论

任务 — 认知家庭教育

任务引言

任务情境：现代家政学是社会教育中开辟的新领域，是建设现代家庭的系列知识体系，包含了家庭教育学、家庭经济学、家庭社会学、家庭卫生学、家庭美学、婴幼儿和青少年心理与教育等内容，对优化家庭、丰富社会教育内容，提高家庭文化精神生活质量，推动社会主义精神文明建设，有着积极深远的意义。近年来，大家对家庭教育越来越重视。中国教育学会名誉会长、北京师范大学顾明远教授认为，要把家庭教育搞好，还需要把整个家庭建设好，需要学习现代家政学。家庭教育指导师的职责是指导家长开展家庭教育，指导师主要负责照顾孩子，督促其养成良好的生活习惯和行为礼仪，必要时也对亲子关系进行辅导。家庭教育指导师身兼住家保姆和家庭教师的双重角色，可以完成婴儿阶段的早教，以及幼儿园阶段的语文、数理思维启蒙。

任务导入：家庭教育的含义是什么？家庭教育有哪些内容？

任务目标

知识目标

1. 理解家庭教育的含义；
2. 知晓家庭教育的内容。

能力目标

1. 能概述家庭教育的原则；
2. 能针对不同场景应用不同的家庭教育方法。

素质目标

1. 具有从事家庭教育指导师的兴趣；
2. 具有从事家庭教育指导师的职业认同。

任务知识

一、家庭教育的含义

家庭教育有广义和狭义之分。广义的家庭教育，涉及家庭关系、家庭经营与管理、家庭

与社会的关系、家庭法律关系、家庭伦理、家庭健康等多重学科，是家庭成员之间互相施加影响的教育。狭义的家庭教育，指家长对子女有目的地施加影响的教育。

《中华人民共和国家庭教育促进法》（以下简称《家庭教育促进法》）聚焦于未成年人的健康成长，采取了狭义的概念。即家庭教育是指父母或者其他监护人为促进未成年人全面健康成长，对其实施的道德品质、身体素质、生活技能、文化修养、行为习惯等方面的培育、引导和影响。

本书所讲家庭教育指一个人在家庭这个特殊社会结构中所受的教育，一般指一个人从出生到自己组成家庭之前所受到的来自家庭各方面的影响，包括有意识的知识传授、道德教育和无意识的家庭生活氛围的陶冶。按照传统观念，家庭教育是在家庭生活中由家长（首先是父母）对其子女实施的教育。

二、家庭教育的重要性

家庭教育的重要性在于它对孩子的全面发展和幸福感具有深远的影响。家庭作为孩子成长的第一个和最基本的环境，对孩子的价值观、行为习惯以及情感和社交能力的形成起着至关重要的作用。

具体来说，家庭教育的重要性体现在以下几个方面：

（一）有利于情感和心理发展

家庭是孩子情感安全感和心理健康的基石，在家庭中获得的情感支持、理解和尊重对孩子自尊心和自信心的建立至关重要。

（二）有利于价值观和道德观的形成

家庭教育对孩子价值观和道德观的塑造起着核心作用。家长的言行举止、对待他人的方式以及日常的家庭互动都对孩子有着潜移默化的影响。

（三）有利于培养社交技能

家庭是孩子学习社交技能的第一个场所。通过与家庭成员的互动，孩子可学会如何沟通、合作、分享以及解决冲突。

（四）提供学习的基础

家庭教育为孩子提供了学习的基础，包括基本的读写能力、学习习惯的培养以及激发对知识的兴趣和好奇心。

（五）教授生活技能

家庭教育帮助孩子学习生活技能，如个人卫生、基本的家务劳动、时间管理和财务管理等，这些技能对孩子的独立生活至关重要。

（六）培养健康的生活方式

家庭教育对孩子健康生活方式的培养有着不可替代的作用，包括健康的饮食习惯、身体

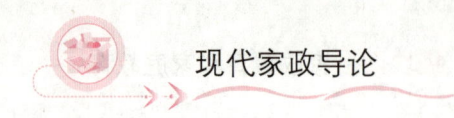

锻炼以及生活和睡眠模式。

（七）建立应对生活挑战的准备

家庭教育帮助孩子学会如何面对和应对生活中的挑战和困难，培养他们的韧性和适应能力。

家庭教育的影响贯穿于孩子的一生，它不仅影响孩子的个人成长和学业成就，还影响其成年后的社会适应能力和生活质量。因此，提供积极、健康和全面的家庭教育对于培养健全、自信且有责任感的下一代至关重要。

三、家庭教育的内容

（一）家庭教育的一般内容

家庭教育的一般内容涵盖了从基本生活技能到情感和社交能力的培养，以及对孩子个人兴趣的支持等多方面。以下是家庭教育的一些主要内容：

1. 学业支持

帮助孩子完成学校作业，提供额外的学习资源和辅导，鼓励孩子对学习保持好奇心和热情。

2. 情感教育

教育孩子如何识别和表达自己的情感，提供情感支持，帮助他们理解并管理自己的情绪。

3. 社交技能和道德教育

教育孩子如何与他人合作、共享和交流，传授诚实、尊重、同情等核心价值观和道德标准。

4. 生活技能的培养

教育孩子学习基本的生活技能，如烹饪、清洁、理财和个人卫生管理。

5. 健康和安全教育

教育孩子保持健康的生活方式，包括健康饮食、心理健康、适量运动，以及掌握有关个人和公共安全的知识。

6. 独立性和自主性的培养

鼓励孩子独立思考，培养孩子解决问题的能力，鼓励他们在安全的环境中尝试和探索。

7. 兴趣和特长的发展

支持孩子发展个人兴趣和特长，无论是在科学、艺术、体育还是其他领域。

8. 文化教育

向孩子介绍不同的文化和生活方式，培养他们对多样性的理解和尊重。

家庭教育不仅仅局限于学业教育，更重要的是为孩子在情感、社交、生活技能和个性发展等方面提供支持和指导。通过家庭教育，孩子可以在安全和爱的环境中成长，形成坚实的个人基础和价值观。

（二）《中华人民共和国家庭教育促进法》之家庭教育内容

《中华人民共和国家庭教育促进法》指出，家庭教育以立德树人为根本任务，培育和践行社会主义核心价值观，弘扬中华民族优秀传统文化、革命文化、社会主义先进文化，促进未成年人健康成长。未成年人的父母或者其他监护人应当针对不同年龄段未成年人的身心发展特点，以下列内容为指引开展家庭教育：

（1）教育未成年人爱党、爱国、爱人民、爱集体、爱社会主义，树立维护国家统一的观念，铸牢中华民族共同体意识，培养家国情怀；

（2）教育未成年人崇德向善、尊老爱幼、热爱家庭、勤俭节约、团结互助、诚信友爱、遵纪守法，培养其良好的社会公德、家庭美德、个人品德意识和法治意识；

（3）帮助未成年人树立正确的成才观，引导其培养广泛的兴趣爱好、健康的审美追求和良好的学习习惯，增强科学探索精神、创新意识和能力；

（4）保证未成年人营养均衡、科学运动、睡眠充足、身心愉悦，引导其养成良好的生活习惯和行为习惯，促进其身心健康发展；

（5）关注未成年人心理健康，教导其珍爱生命，对其进行交通出行、健康上网和防欺凌、防溺水、防诈骗、防拐卖、防性侵等方面的安全知识教育，帮助其掌握安全知识和技能，增强其自我保护的意识和能力；

（6）帮助未成年人树立正确的劳动观念，使其自觉参加力所能及的劳动，提高生活自理能力和独立生活能力，养成吃苦耐劳的优秀品格和热爱劳动的良好习惯。

四、家庭教育的方法

（一）家庭教育常用的方法

家庭教育最常用的方法集中于培养孩子的积极行为、情感发展和社交技能，同时也强调家长作为榜样的重要性。家庭教育最常用的方法如下：

1. 正面强化

家长通过表扬和奖励来鼓励孩子的良好行为和成就。这种方法强调积极的反馈，而不是惩罚。

2. 示范行为

家长通过自己的行为为孩子树立良好的榜样，孩子往往会模仿大人的行为习惯和态度。

3. 共读和讲故事

家长与孩子共同阅读和讲述故事，不仅可以提升孩子的语言能力，还有助于情感交流和培养想象力。

4. 有效沟通

家长与孩子进行开放、诚实的对话，鼓励他们表达自己的想法和感受，并认真倾听他们的观点。

5. 设定规则和界限

家长为孩子设定明确和一致的家庭规则和界限，帮助他们理解界限和责任。

6. 参与孩子的活动

家长参与孩子的兴趣活动，如运动、艺术或游戏，以增强家长与孩子之间的联系。

7. 鼓励自主性

家长鼓励孩子独立完成任务和作出决策，培养他们的自主性和自信心。

8. 情绪管理教育

家长教育孩子如何识别和合理表达自己的情感，学会自我调节情绪。

9. 道德和价值观教育

家长通过日常生活的实例教授孩子诚信、尊重、同情等基本道德和价值观。

10. 家庭聚会和讨论

家长定期举行家庭会议或聚会，一起讨论家庭事务，让每个成员都有参与和表达的机会。

这些方法不仅能促进孩子的行为和认知发展，还能强化家庭成员之间的情感联系，为孩子营造了一个积极、支持和关爱的成长环境。

（二）《中华人民共和国家庭教育促进法》之家庭教育方法

根据《中华人民共和国家庭教育促进法》，未成年人的父母或者其他监护人实施家庭教育，应当关注未成年人的生理、心理、智力发展状况，尊重其参与相关家庭事务和发表意见的权利，合理运用以下方法进行教育：

（1）亲自养育，加强亲子陪伴；
（2）共同参与，发挥父母双方的作用；
（3）相机而教，寓教于日常生活之中；
（4）潜移默化，言传与身教相结合；
（5）严慈相济，关心爱护与严格要求并重；
（6）尊重差异，根据年龄和个性特点进行科学引导；
（7）平等交流，予以尊重、理解和鼓励；
（8）相互促进，父母与子女共同成长；
（9）其他有益于未成年人全面发展、健康成长的方式方法。

五、家庭教育的原则

家庭教育的原则是指在实施家庭教育的过程中必须遵循的具有普遍指导意义的原理和要求。它是根据儿童身心发展的特点和个性、品德形成的规律，以及儿童家庭教育的目的和任务制定的，是家庭教育实践的经验总结。家庭教育的原则指导着家庭教育过程的各个方面，贯穿家庭教育的全过程，对家庭教育计划的制定、内容的选择以及方法的确定等都有重要的指导作用。

（一）主体性原则

主体性原则是指在家庭教育的过程中，要尊重孩子的主体地位，发挥孩子的主体作用，调动孩子的主动积极性。家庭教育中遵循主体性原则就是要尊重孩子的选择性、自主性、能动性和创造性，把每个孩子都看成是独特的、能动的、有潜能的个体。主体性原则以"主体性教育培养主体性的人"为目的，认为每个孩子都是发展的主体，有着自己的尊严和价值，有着自己的想法和特点，渴望得到家长的尊重和理解。

主体性原则的基本要求：尊重并平等地对待孩子，使孩子成为发展的主体。

（二）理智施爱原则

理智施爱原则是指在家庭教育中，父母要把对孩子的关心爱护和严格要求结合起来，既不可无严，又不可严而无度，既不可无爱，又不可爱而无限，两者必须相互配合。爱孩子是教育孩子的前提，父母只有爱孩子，才有教育孩子的积极性和主动性。孩子也只有切身感受到父母的爱，才会从感情和行动上接受父母的教育，朝着父母所期望的方向发展。但并非什么样的爱都能促进孩子的成长，父母必须理智施爱，才能使孩子健康地发展。

理智施爱原则的基本要求：要做到爱而不溺；爱孩子要有一定的原则；爱孩子要学会放手；要做到严而不苛、严而有理、严而有方。

（三）因材施教原则

所谓因材施教，是指家长要从孩子的实际情况、个别差异出发，有的放矢地对其进行有差别的教育，促使孩子的学习能扬长避短，获得最佳的发展。就像世界上没有两片一模一样的叶子，世界上也没有两个完全相同的人。由于先天的遗传素质、后天的生活和教育环境不同，孩子在生理上和心理上都具有不同的特征。家庭教育要取得好的教育效果，就必须有针对性地对孩子进行因材施教。

因材施教始于中国古代大教育家孔子。孔子擅长通过观察和谈话了解学生的特点，并有针对性地进行教育。宋朝朱熹在《四书集注》中说："孔子教人，各因其材。"孔子在长期的教育实践中，首先看到了人的智力高低的不同，因而采取了不同的教学方法。比如："中人以上，可以语上也；中人以下，不可以语上也。"意思是说，对于具有中等以上水平的学生，可以讲解高深的学问；而对于中等以下水平的学生，则不能讲。孔子还从学生的能力、志向、气质、性格、兴趣爱好、品德修养等方面进行具体的因材施教。长期以来，因材施教已成为中国教育的优良传统和基本原则，也是家庭教育的重要原则之一。

因材施教原则的基本要求：全面深入地了解自己的孩子；根据孩子的个性特征进行教育。

（四）言传身教原则

言传身教原则是指在家庭教育中，不仅要善于说理，而且要以自己的行为给孩子作出榜样。既要注意言传，又要注意身教，把二者有机结合起来。常言道：父母是孩子的镜子，孩子是父母的影子。在孩子的心目中，父母是最可信赖的人，父母的一言一行、一举一动都会成为孩子的行为准则和楷模。我国古代大教育家孔子说过："其身正，不令而行；其身不

正，虽令不从。""不能正其身，如正人何？"这些都在告诉我们，在家庭教育中，父母的言教和身教同样重要。

言传身教原则作用的机制是孩子的模仿行为，父母的言谈举止、为人处世，通过孩子的模仿行为，从而对孩子的成长起作用。模仿是人类特有的天性，特别是学龄前的孩子，尤其具有爱模仿、易受暗示、可塑性大的特点。因此，父母要率先垂范，以身作则，严以律己，做合格的父母。这样，才会给孩子以好的榜样作用，才能有效地实施家庭教育。

言传身教原则的基本要求：以身作则；善于说理；身教和言教相结合。

（五）正确导向原则

正确导向原则是指在家庭教育中，父母应坚持以正确的价值观对子女的身心发展施加教育影响，使他们在正确价值观的引导下，朝着社会与家庭期望的目标成长。

父母的教育行为受社会地位、个人性格等多方面因素的影响。其中，父母对人生的看法，决定着教育子女的主要方面。每个家长都是按照个人理解的人生幸福与成功教育子女的。但由于父母自身能力和眼界所限，父母所进行的教育导向却未必是正确的。

正确导向原则的基本要求是：父母以正确的人生价值观为孩子的成长奠基；以民主型的教育态度和方式对待孩子。

（六）循序渐进原则

循序渐进原则是指家庭教育要遵循儿童身心发展实际，有次序、有步骤地进行，以期在儿童身上形成家长所期望的特征和品质。"循"是遵守、依照、沿袭的意思；"序"是次序、步骤的意思；"渐"是逐步的意思。循序渐进原则实际上有两个含义：一是循知识本身发展之序；二是循儿童身心发展之序。

当前家庭教育中"别让孩子输在起跑线上""让您的孩子比您更成功"等口号屡见不鲜，为了使自己的孩子早成才、快成才、成大才，很多家长盲目地把孩子带入了"超前教育""过度教育"的误区。

所谓"超前教育"，就是不顾孩子身心发展水平，不考虑孩子实际理解能力和接受能力，任意提前进行智力开发。在一两岁时就教孩子识字、算术、古诗、外语等；还未上学，就让孩子学习小学课本上的知识目的是使孩子抢占先机，在同龄人的竞争中占据优势。

所谓"过度教育"，就是孩子学完了学校的功课，回家后还要"吃小灶""吃偏饭"，由家长或家庭教师教更深更难的知识；此外还要参加各种各样的特长班，只要家长觉得有必要，不管孩子的情况，一律要学。每天把孩子的学习日程安排得满满的，孩子连喘息的机会都没有，恨不得一下子就把孩子培养成超乎寻常的"神童"。

循序渐进原则的基本要求：要根据孩子实际水平和身心特点量力而行；教育孩子要循序渐进。

六、家庭教育与家政的关系

家庭教育与家政密切相关，两者在家庭生活中相辅相成，共同影响家庭的和谐与成员的发展。家政涉及家庭管理、营养和健康、家庭财务管理、消费者教育、居住环境设计等领域，而家庭教育则专注于家庭环境中的教育实践和理论，包括孩子的心理发展、行为指导、价值观塑造等。一方面，二者有共同目标。家庭教育和家政都致力于提升家庭生活质量，增强家庭成员的福祉。家庭教育通过教育孩子和家庭成员来实现这一目标，而家政则更多关注于家庭作为一个整体的管理和运作。另一方面，二者互相补充。家政提供了管理家庭所需的技能和知识，例如财务管理、健康营养、生活组织等，这些技能对于有效的家庭教育至关重要。同时，良好的家庭教育可以促进家政的家庭管理原则和实践的落实。家庭教育与家政在提升家庭生活质量和促进家庭成员发展方面有着共同的目标和密切的联系。它们相辅相成，共同构成了家庭生活的重要组成部分。

人力资源和社会保障部向社会公示的18个新职业中，家庭教育指导师位列其中。2022年1月1日，《家庭教育促进法》正式施行，家庭教育指导师开始进入公众视野。面对这一全新赛道，首先作出尝试的，是同样围绕家庭展开的家政行业。家政公司也开始试水家庭教育指导业务，或与培训机构展开合作，号召员工持证上岗。

家庭教育指导师主要负责照顾孩子，督促其养成良好的生活习惯和行为礼仪，必要时也对亲子关系进行辅导。指导师身兼住家保姆和家庭教师的双重角色，可以完成婴儿阶段的早教，以及幼儿园阶段的语文、数理思维启蒙。

任务拓展

家长家庭教育基本行为规范

（1）依法履行对未成年子女的监护职责。承担家庭教育主体责任，坚持立德树人，树牢"家庭是人生的第一个课堂，父母是孩子的第一任老师"理念。

（2）注重家庭、注重家教、注重家风，构建平等民主和谐的家庭关系，营造相亲相爱的家庭氛围，弘扬向上向善的家庭美德，为子女健康成长创造良好的家庭环境。

（3）保护子女合法权利，尊重子女独立人格。注重倾听子女的诉求和意见，不溺爱，不偏爱。杜绝任何形式的家庭暴力，根据子女年龄特征和个性特点实施家庭教育。

（4）注重子女品德教育，引导子女爱党、爱国、爱人民、爱社会主义，形成尊老爱幼、明礼诚信、友善助人等良好道德品质，遵守社会公德，增强法律意识和社会责任感，养成好思想、好品行、好习惯。

（5）教育引导子女养成良好的学习习惯，提升自主学习能力，保护子女的好奇心和学习兴趣，理性帮助子女确定成长目标，不盲目攀比，不增加子女过重的课外负担，用德、智、体、美、劳全面发展的眼光评价子女。

（6）促进子女身心健康发展，保证子女营养均衡、科学运动、睡眠充足、身心愉悦，帮助子女形成阳光心态、磨炼坚强意志、锻炼强健体魄，保持良好的生活习惯，有针对性进行性健康和青春期教育，增强孩子自我保护的意识和能力。

（7）培养子女健康的审美情趣和审美能力，引导和鼓励子女亲近大自然，参加社会实践和公益活动，善于发现美、欣赏美、创造美，陶冶高尚情操，提升文明素质。

（8）教育引导子女树立正确的劳动观念，参加力所能及的劳动，在出力流汗中体会劳动如何创造美好生活，提高生活自理能力，养成良好的劳动习惯。

（9）注重自身言行，在日常生活中做到爱岗敬业、诚信友善、孝老爱亲、遵纪守法，为子女树立良好的榜样，与子女共同成长进步。

（10）积极参与家校合作和社区活动，尊重教师和社区工作者，理性表达合理诉求，用好各类教育资源，在家庭、学校、社会协同育人中发挥作用。

任务评价

一、单项选择题

1. 根据《中华人民共和国家庭教育促进法》，未成年人的父母或者其他监护人实施家庭教育，应当关注未成年人的（　　）、心理、智力发展状况，尊重其参与相关家庭事务和发表意见的权利。

　　A. 生理　　　　　　B. 抗挫力　　　　　　C. 年龄　　　　　　D. 体力

2. 《中华人民共和国家庭教育促进法》指出，家庭教育以立德树人为根本任务，培育和践行社会主义核心价值观，弘扬（　　）、革命文化、社会主义先进文化，促进未成年人健康成长。

　　A. 中华民族优秀传统文化　　　　　　B. 传统文化
　　C. 社会主义文化　　　　　　　　　　D. 社会主义核心价值观

二、多项选择题

1. 家庭教育的原则有（　　）。

　　A. 正确导向原则　　　　　　　　　　B. 循序渐进原则
　　C. 言传身教原则　　　　　　　　　　D. 因材施教原则

2. 家庭教育的特点有（　　）。

　　A. 连续性　　　　　　　　　　　　　B. 感染性
　　C. 早期性　　　　　　　　　　　　　D. 一致性

3. 为促进未成年人健康成长，可采用的家庭教育方法有（　　）。

　　A. 亲自养育，加强亲子陪伴　　　　　B. 共同参与，发挥父母双方的作用
　　C. 相机而教，寓教于日常生活之中　　D. 潜移默化，言传与身教相结合

三、简答题

1. 家庭教育的含义是什么？
2. 家庭教育的原则有哪些？

任务二 认知国外家庭教育发展

任务引言

任务情境：在长期的社会实践中，人们不仅深刻认识到家庭教育在人全面发展中的作用，而且也积极探索相关的理论，寻求最合理的家庭教育方法，以促进人的全面发展。如英国致力于落实家庭教育的政策支持和培训服务，韩国关注家庭教育与文化素养融合，法国探索家庭教育与性别意识等内容，家庭教育已成为社会热点之一。在美国、英国的教育法规中，有专门条款规定孩子的劳动时间。他山之石，可以攻玉，学习国外的家庭教育经验，有助于国内家庭改善教育理念。

任务导入：国外家庭教育发展现状怎样？主要观点有哪些？

任务目标

知识目标

1. 知晓美国、英国、德国、日本的家庭教育重点；
2. 知晓美国、英国、德国、日本的家庭教育内容。

能力目标

1. 能概述国外家庭教育内容；
2. 能辩证看待国外家庭教育。

素质目标

1. 理性看待国外家庭教育内容；
2. 具有学习应用较好的国外家庭教育经验的意识。

任务知识

受文化、经济、社会等不同因素的影响，不同国家的家庭教育有不同侧重点，包含不同教育内容。西方国家家长普遍认为孩子从出生起就是一个独立的个体，有自己独立的意愿和个性，家长并没有支配和限制孩子的权力，一般也不替孩子做选择。家长在家庭教育中，引导孩子认识到孩子是自己的主人；家长尊重和理解孩子的愿望和心理。西方国家的家长从锻炼孩子的独立生活能力出发，对孩子的教养采取放手而不放任的方法。所谓放手，即从孩子

生下来，父母就设法给他们创造自我锻炼的机会和条件，让他们在各种环境中得到充分的锻炼。所谓不放任，就是对孩子的任性说"不"。

一、美国家庭教育

美国家庭教育的重点在于民主平等。

（一）重视民主平等

美国的家庭教育崇尚民主，家长和孩子共同制定能维护各方面权益的规范。在制定家规时孩子与父母具有均等的权利。父母常能宽容孩子们的顽皮、淘气，不太注意小节。美国家庭教育的民主气氛造就了一代又一代独立性极强的美国青年。但有时极端的民主也使美国不少家庭的教育过于放任，造成不少孩子以自我为中心，盛气凌人，行为顽劣。美国家长非常尊重自己的孩子，在平常生活中对子女讲话方式也很礼貌，让子女帮忙做事都会用商量的语气，比如说："请你帮助做！"或"你可以帮助我吗？"等等，当孩子做完事情后，也从不忘说"谢谢"。引导孩子在潜移默化中树立对别人尊敬的观念。

（二）重视独立自主

美国的家庭教育注重培养孩子的开拓精神和竞争意识，引导孩子能够成为一个自食其力的人。在美国家庭中，父母注重发展孩子的主观能动性。家庭鼓励孩子进取向上，反对压抑他们的个性，注意培养孩子独立自主的意识，引导孩子对自己负责。美国家长对于孩子的教育多以鼓励和表扬为主，孩子做了一件小事也会得到父母的赞扬。爱护和信任对于孩子的成长有重要作用。家长承认人与人之间的个体差异，不把自己的孩子与别人的孩子进行攀比，鼓励孩子的独立性，尊重孩子的想法，也尊重孩子的隐私。

（三）重视经济独立

美国家长注重帮助孩子树立明确的经济观念和经济独立的意识，家长教导孩子有计划地消费有限的零用钱，以及如何想办法去赚钱。正是基于这种早期的经济观念的教育，美国青年的经济独立意识较早。在美国，家长常用经济手段来促使孩子学习进步，刺激子女间的学习竞争。

二、英国家庭教育

英国家庭教育的重点在于给孩子失败的机会。

（一）重视劳动教育

孩子做某件事失败了，英国人的观念不是索性不让孩子去做或者家长包办代替，而是再提供一次机会。如让孩子洗碗时孩子将衣服弄湿了，家长就鼓励和指导孩子再来一次，让他在再一次的尝试中自己学会避免失败的办法。

（二）重视餐桌教育

英国家庭素有"把餐桌当成课堂"的传统。从孩子上餐桌的第一天起，家长就会对其进行有形或无形的教育。绝大多数英国家长认为，幼儿想自己进食，是对"人格独立"的向往，应予以积极鼓励。英国人普遍认为，偏食、挑食的坏习惯多是幼儿时期家长的迁就造成的。他们还认定，餐桌上对孩子的习惯引导，不仅可以引导孩子学会关心旁人，而且可以帮助孩子养成礼貌待人的习惯。在不少家庭里，5岁左右的孩子乐于参与家务劳动，如餐前摆好餐具、餐后清洗餐具。这一方面可以减轻家长家务劳动的负担，另一方面可以让孩子有一种参与感，对孩子健康成长具有正面意义。

（三）重视环境保护

英国家长还教育孩子从小知道哪些是可以再生制造的"环保餐具"，哪些塑料袋可能成为污染环境的"永久垃圾"。外出郊游，他们会在家长的指导下自制饮料，并且在制造过程中还尽量不掺入可能污染环境的化学色素等添加剂。此外，也尽量少买易拉罐等现成食品，注意节约用电用水。

三、德国家庭教育

德国家庭教育的重点在于让孩子与大人争辩。

（一）重视争辩能力

德国人认为："两代之间的争辩，对于下一代来说，是走向成人之路的重要一步。"因此，他们鼓励孩子与父母争辩，自由发表自己的意见。通过争辩使孩子觉得父母讲正义、讲道理，孩子会更爱父母、信赖父母、尊重父母。父母要孩子做的事他通过争辩弄明白了，会心悦诚服地去做。父母有难题，孩子参与争辩，也能启发父母。

（二）重视独立自立

在德国，提倡摒弃传统的家长权威，家长在进行家庭教育时，兼顾青少年不断增长的自立能力与独立愿望。兼顾并不指盲目顺从孩子的意愿，而是尽量使孩子成为"积极的受教育者"。家长不是将自己的想法强加给孩子，而是通过与孩子沟通协商，引导孩子明白事情的道理，以最终得到他们的同意。家长要认真考虑孩子不同的或相反的意见，用理性取得共识。在德国，家长还注重孩子能动性和自觉性的培养，比如孩子不会做的作业，父母就会鼓励他们自己动脑筋去寻找答案，而决不会轻易将答案告诉他们。

（三）重视素质培养

在德国，家长比较注重从情感上关心孩子，使孩子从小就感受到爱。家长还注重为孩子创造良好的学习环境，家长很关心孩子的学习成绩，但决不会把分数看得比孩子的能力更重要，当孩子成绩不好或是有不良行为时，家长会很认真地和孩子探讨其原因，积极从孩子的角度去思考问题，而不会用极端的方式去对待孩子。

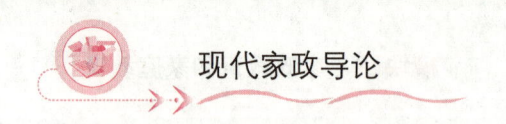

四、日本家庭教育

日本家庭教育的重点在于让孩子独立自主。

（一）重视忍耐教育

在日本，人们信奉："只有让儿童经受一定的以忍耐为内容的身心训练，而不是满足他们的各种要求，才能培养儿童克服困难的能力。"为了让儿童养成坚韧和顽强的品质，日本家长重视对儿童进行忍耐的教育。如孩子在没有成人带领的情况下，面对艰苦的自然环境，安营扎寨、寻觅野果、捡拾柴草、寻找水源，克服重重困难，进行自救活动。孩子冬季也穿短装，洗冷水澡，目的是培养孩子的耐寒能力和意志力。

（二）重视自立教育

乘火车、轮船旅游时，人们常常会发现跟随父母旅游的日本孩子不论年龄大小，每个人身上都无一例外地背着一个小背包，背包里装的都是他们自己的生活用品。日本家长认为："孩子的背包里都是孩子自己的东西，应该由他们自己来背。"这对于养成孩子自理、自立、自主的意识和能力是非常有好处的。日本家长教育孩子的名言是："除了阳光和空气是大自然赐予的，其他一切都要通过劳动获得。"许多日本学生在课余时间都要在校外参加劳动挣钱。家长认为在物质条件过分优越的环境中长大的孩子大多缺乏毅力。因此，他们还注重有意识地锻炼孩子的吃苦能力。

（三）重视创新教育

日本家庭教育重视对孩子创新人格的培养，重视培养孩子的好奇心和冒险精神，鼓励孩子提出各种各样的问题，鼓励孩子有独立的想法、看法。家长经常带孩子到科技馆去参观，鼓励孩子到社区图书馆去看书，借阅图书，玩各种创造性游戏，发展孩子的想象力，重视对孩子动手能力的培养，给孩子买来组装玩具，鼓励孩子从不同的角度组装各种各样的模型，培养孩子的动手能力和创造性。

任务拓展

先进家庭教育理念

国际上的先进家庭教育理念不断演进，以下是一些流行的先进家庭教育理念。

1. 积极育儿

强调在尊重、爱和理解的基础上育儿；采用积极的沟通和纪律方法，而不是惩罚或严厉的管教；关注孩子的情感需求，鼓励自主性和创造性。

2. 民主式育儿

家长与孩子之间实行民主式的沟通和决策过程；孩子在家庭决策中有一定的发言权，这可促进他们的责任感和独立思考能力。

3. 全脑育儿

这是基于神经科学的育儿方法，关注孩子大脑的全面发展；通过具体策略帮助孩子整合大脑的不同部分，促进情感和理性的平衡。

4. 附着式育儿

强调父母与婴儿之间早期的密切联系对孩子长期发展的重要性；通过身体接触、共同睡眠、响应式哺乳等方式建立安全依恋。

5. 游戏式学习

认为游戏是孩子学习和探索世界的自然方式；鼓励通过游戏活动来发展孩子的社交技能、创造力和解决问题的能力。

6. 情感智力培养

重视情感智力的培养，帮助孩子认识和管理自己的情感，理解他人的情感；提升孩子的同情心、冲突解决能力和人际交往能力。

这些理念在国际家庭教育领域广受推崇，它们共同强调家庭教育的目标是培养孩子的全面能力，包括认知、情感、社交和道德等各个方面，而不仅仅是学业成绩。通过实践这些理念，家长可以更好地支持孩子的健康成长和个人发展。

任务评价

一、单项选择题

1. 英国家庭教育把（　　）当作课堂。
   A. 餐桌　　　　　　　　　　B. 教育学
   C. 早期教育　　　　　　　　D. 0～3岁婴幼儿教育
2. 德国家庭教育的重点在于（　　）。
   A. 让孩子与大人争辩　　　　B. 共同参与
   C. 相机而教　　　　　　　　D. 潜移默化
3. 日本家庭教育的重点在于（　　）。
   A. 让孩子独立自主　B. 动手能力　C. 创新能力　　D. 体力

二、多项选择题

1. 美国家庭教育重视（　　）。
   A. 独立自主　　B. 民主平等　　C. 经济独立　　D. 独立平等
2. 犹太民族的家庭教育重视智慧教育，包括（　　）。
   A. 教育孩子做一个知识渊博、有智慧的人
   B. 教育孩子要爱书、敬书
   C. 教育孩子爱读书，认真读书
   D. 教育孩子用自己的智慧赚取钱财

现代家政导论

任务三 认知我国家庭教育发展

任务引言

任务情境："天下之本在家。"第十三届全国人大常委会第三十一次会议通过了新制定的《中华人民共和国家庭教育促进法》，新法于 2022 年 1 月 1 日起施行。《家庭教育促进法》旨在贯彻落实习近平总书记关于注重家庭教育的重要论述，通过制度设计采取一系列措施，将家庭教育由过去的传统"家事"，上升为新时代的重要"国事"。同时，坚决贯彻落实中央关于"双减"的文件精神，真正实现学校教育和家庭教育的有机融合，让家庭教育与学校教育共同担当起为党育人、为国育才的时代使命。

任务导入：我国家庭教育的发展历程是怎样的？

任务目标

知识目标

1. 知晓我国家庭教育的发展历程；
2. 了解我国家庭教育存在的问题。

能力目标

1. 能够运用合适的方法解决家庭教育问题；
2. 能够针对儿童在不同发展阶段的特点开展家庭教育。

素质目标

1. 具有重视家庭教育的意识；
2. 养成主动关注、宣讲家庭教育知识的习惯。

任务知识

一、我国家庭教育的发展历程

（一）传统家庭教育时期（古代至清朝末期）

中国自古就极其重视家庭教育。古语云："子孙贤则家道昌盛，子孙不贤则家道消败。"

这强调了子孙贤德与否影响着家族的兴衰，子孙的德行培养，在很大程度上在于教育的好坏，而教育的首要责任人为父母。中国的家庭教育不仅有着几千年的德育历史，还积累了丰富的德育经验，形成了许多优良的家庭德育传统。

家庭教育由胎儿在母体里接受胎教开始。最早载于史册的胎教典型是文王的母亲任，她怀文王时，"目不视恶色，耳不听淫声，口不出敖言，而生文王。"圣王胎教之法，书之玉版，藏诸金匮，代代相传。胎教之后，由乎蒙养，蒙以养正，并逐步形成了《三字经》《百家姓》《千字文》《千家诗》《弟子规》等脍炙人口的家庭教育启蒙教材。有着齐家治国平天下情怀的士大夫们，多以家训家书等方式教导子孙，并留下了《颜子家训》《朱子家训》《曾国藩家书》《家书十六通》等家教典范，传承发扬了中华民族勤劳俭朴、仁民爱物、廉洁清正的品德，形成了及早施教、爱子以德、言传身教、因材施教、宽严有度的教育原则与方法，为后代留下了宝贵的精神财富。如《颜氏家训》系统地论述了家庭教育的作用、原则、方法和内容，是我国家庭教育发展史上第一部古代的家庭教育学读本。

在这个时期，家庭教育主要以儒家思想为基础，重视孝道、忠诚、礼仪等传统道德观念的传承。父母是子女的第一任老师，教育目标注重品德、礼节和为人处世的准则。

（二）近现代家庭教育改革时期（清朝末期至20世纪中期）

这一时期，西方现代教育思想和教育制度开始传入中国。近现代的教育改革运动，如戊戌变法、新文化运动等，使中国家庭教育逐步与传统文化教育发生碰撞和交融。父母逐渐接受西方教育理念，强调科学知识、思维能力和实践技能的培养。除传统的家训、家诫、家书等途径之外，各地在家庭教育方面也著书立说，成立相应的机构，进行公开的讨论与实验，如严复、梁启超、朱庆澜、陈鹤琴、潘光旦等。

我国近代教育史上第一部关于家庭教育的专著——《家庭教育》一书，由朱庆澜先生亲自执笔完成。书中系统地阐述了他关于家庭教育原则、作用以及方法等相关理论。首先，他肯定了家庭教育在人成长中的重要作用。其次，在谈到家庭教育的方法时，他认为父母应该重视孩子的品德教育，给孩子"做个样子"，注意"家庭气氛的教育"，教育应符合儿童的成长程度，反对对孩子的体罚，而是要善于劝导孩子等。近代教育史上另一位著名的教育家陈鹤琴，在家庭教育理论研究和实践上也取得了卓越的成绩。陈鹤琴先生认为，家庭教育在一个人的人生历程中起着奠基性的作用，对一个国家的兴旺发达更是具有重要的意义。他曾说："它的功用，正如培植苗木，实在关系于儿童终生的事业与幸福。推而广之，关系于国家社会。"我国悠久的家庭教育优良传统、救亡图存下民族民主意识的觉醒与欧美教育思想的传播，使近代家庭教育出现了两大变革：

一是打破以家长为中心的教育理念，主张家长尊重儿童独立的人格与意志。一面对传统的以家长意志为中心的教育模式进行抨击，如陈鹤琴写道："我们中国的旧家庭对于子女是很严厉的，古有'君要臣死臣不得不死，父要子亡子不得不亡'之说，所以父权日重，而小孩子的意志日益浅薄，自由幸福也从此没有了。"另一面高扬新的儿童教育观。蔡元培主张"尚自然、展个性"的教育原则，陈鹤琴主张要尊重儿童的独立性，凡小孩子自己能够做的事情，父母千万不要替他代做。人是自己的主人，父母应给予儿童更多的支持和关爱，积极地发挥儿童自己的潜能。父母要协助孩子更清楚地认识自我，要给孩子更多的尊重和接纳，培养孩子的自信和自尊，让孩子学会自己做决定。

现代家政导论

二是近代知识分子对家庭教育的"救亡"任务抱有极大的自觉性，打破传统家庭教育的局限，主张家庭教育面向未来、国家和社会。1906年严复在《蒙养镜序》中认为："一个国家、一个民族的盛衰强弱，关键在于国民的素质，国民素质的高低，取决于幼时的家庭教育。"一些学者呼吁："要晓得家庭非为过去而存在，实为将来而存在。我的子女，非为我而生于此世，为彼自身生活的向上而生，具有彼等自身应该负担的责任。所以做父母的，应该把眼光注于将来，尽量使子女得健全的发展，绝不要加入丝毫自我的目的在内。""过去中国父母教育子女的目的就是扬名显亲、光大门楣。换句话说，是以个人主义和家族主义作为出发点的。他们并没有想到教育子女要他成为对社会有用的分子，国家良好的公民。"

（三）社会主义建设初期

社会主义建设初期，中国家庭教育受到社会主义意识形态的影响。教育强调社会主义核心价值观的传承，包括爱国主义、社会主义道德、劳动教育。家长开始注重培养孩子的社会责任感、集体观念和奉献精神。

1949年中华人民共和国成立以来，随着经济社会的发展，医疗水平不断提高，婚姻和家庭结构有了巨大的变化，家庭教育无论在观念理论上、政策上还是在实践上，都有了不同于传统以及近代家庭教育的特点，那就是逐步改变了不同阶层间巨大的教育鸿沟。

1950年6月1日，为庆祝中华人民共和国成立后第一个国际儿童节，毛泽东、刘少奇、周恩来、朱德、宋庆龄为儿童节题词，《人民教育》刊发社论，对家庭教育的现实与任务进行了表达："旧社会对待儿童的观点、方法和习惯，现在在一定的范围内还占支配的势力，打骂儿童的习惯在全国大多数家庭中还普遍存在……不能再将这类习惯看作只是个人的私事，社会应对这些旧习惯随时加以批评、指责，同时对于父母进行必要与可能的教育。改造家庭教育应列为我们教育上注意的项目了。"这期间，马卡连科、苏霍姆林斯基等苏联教育家的思想得到了传播，如：家庭中要把爱的种子播种到孩子的心灵中，引导孩子爱父母、爱家庭、爱他人、爱祖国；保护儿童纯洁的心灵；教会孩子思考，父母应当引导孩子去观察大自然和周围世界，发现其中各种事物和现象之间的因果关系，使孩子头脑中长出思考的翅膀；家庭中要进行劳动教育，首先要培养孩子热爱劳动的情感，尊重劳动，认识劳动者是幸福的创造者；其次要使孩子掌握多种劳动技能，培养良好的劳动习惯。

（四）改革开放时期

改革开放以后，中国的家庭教育迎来了新的发展时期。家庭教育开始强调多元化的教育模式，注重个性发展和创新。随着社会的现代化和城市化进程的加快，家庭教育方式也变得多样化，家长更加关注孩子的全面发展，注重素质教育。

改革开放以来，在工业化、城市化、信息化进程和计划生育政策的推进实施下，我国的家庭教育面临着深刻的挑战与机遇。家庭规模逐渐缩小，核心家庭逐步得到巩固和扩大，家庭类型也越来越呈现出多样化趋势：单亲家庭、留守家庭、两地分居、跨国婚姻等逐步增多，这些都蕴含着家庭教育巨大的需求。在科教兴国大背景下，随着家庭教育需求的不断增长和各界人士的辛勤工作，家庭教育逐步得到重视。

1995年通过的《中华人民共和国教育法》提出学校、教师可以对学生家长提供家庭教育指导。

1996年，全国妇联、教育部联合颁布第一个家庭教育五年计划。

2007年，教育部制定的《全国家庭教育工作"十一五"规划》，对家庭教育工作的目标、内容、检测评估、保障机制等均做了具体规划。

2010年2月，全国妇联和教育部联合颁布了《全国家庭教育指导大纲》，家庭教育受到了更高的重视，中国家庭教育开始进行真正的自觉建构。2012年发布的全面指导科学家庭教育的《全国家庭教育指导大纲》，对我国学前教育的发展意义重大。

（五）现代家庭教育时期（21世纪至今）

当今中国的家庭教育更加注重个性发展、独立思考和创新能力的培养。父母逐渐认识到在培养孩子的过程中应该尊重孩子的个性和兴趣，注重全面发展，强调教育的科学性、现代性和人本性。除了学业，家长开始注重培养孩子的社会适应能力和心理健康。

2019年的《全国家庭教育指导大纲》再一次修订了4大核心。第一个核心：家庭教育在教孩子如何做人；第二个核心：家庭教育是家长和儿童共同成长的过程；第三个核心：尊重儿童成长规律，是家庭教育的前提；第四个核心：尊重和保护儿童权利是家庭教育的基础。强调家长要认识到陪伴对于儿童成长的重要性，学会建立良好的亲子关系，不用电子产品替代父母陪伴儿童，处理好多子女家庭的亲子关系、子女间的关系，让每个儿童都能得到健康发展。

国家政府部门及相关机构的参与和重视在很大程度上促进了家庭教育事业的发展。2022年开始实施的《中华人民共和国家庭教育促进法》（图4-2），是我国首次就家庭教育进行专门立法，并指出："未成年人的父母或者其他监护人实施家庭教育，应当关注未成年人的生理、心理、智力发展状况，尊重其参与相关家庭事务和发表意见的权利，合理运用方式方法。"

图4-2 《中华人民共和国家庭教育促进法》宣传图

二、我国现代家庭教育的问题

我国现代家庭教育面临的主要问题集中体现在家庭教育观念、方法以及家庭与社会环境的互动方面。具体问题如下：

（一）学业压力过大

普遍存在的"应试教育"压力使得许多家长过分关注孩子的学业成绩，有时甚至以牺牲孩子的兴趣和全面发展为代价。

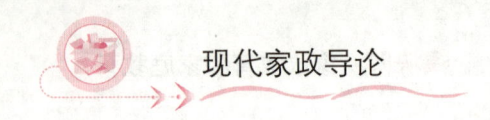

（二）家庭教育资源不均衡

不同家庭背景（如经济、教育水平）导致家庭教育资源和质量的差异显著，这可能加剧社会不平等。

（三）过度保护和溺爱

部分家长采取过度保护或溺爱的育儿方式，这可能影响孩子独立性的培养和适应社会的能力。

（四）缺乏有效沟通和情感交流

家长和孩子之间缺少有效的沟通和深入的情感交流，可能导致代沟、亲子关系紧张等问题。

（五）忽视情感和社交教育

相比学业成绩，家庭教育中往往忽视对孩子情感管理、社交技能和心理健康的培养。

（六）对有特殊教育需求儿童的关注不足

对于有特殊教育需求的孩子，家庭教育中缺乏相应的支持和专业引导。

（七）数字技术的双刃剑

虽然互联网和数字设备为家庭教育提供了便利，但过度依赖或不当使用可能导致孩子沉迷网络、缺乏体育活动等问题。

（八）家长的教育水平和意识限制

一些家长由于自身教育水平有限或缺乏家庭教育意识，难以为孩子提供适当的教育指导和支持。

为了解决这些问题，需要家庭、学校和社会共同努力，提高家长的教育意识和能力，营造有利于孩子全面发展的环境。同时，推广科学的家庭教育理念和方法，鼓励家庭实施更加平衡和全面的育儿策略。

三、我国儿童家庭教育的内容

儿童的发展既有连续性又有阶段性，我国儿童的家庭教育指导服务应依据儿童在不同发展阶段的特点开展。

（一）0~3岁儿童的家庭教育指导

1. 提倡母乳喂养

指导乳母加强乳房保健，在产后尽早用正确的方法哺乳；在睡眠、情绪和健康等方面保持良好状态，科学饮食，增加营养；在母乳不充分的阶段采取科学的混合喂养，适时添加辅食。

2. 鼓励父母主动学习儿童日常养育和照料的科学知识与方法

引导家长让儿童多看、多听、多运动、多触摸，带领儿童开展适当的运动、游戏，增强儿童体质。指导家长按时为儿童预防接种，培养儿童健康的卫生习惯，注意科学的饮食调配；配合医疗部门完成相关疾病筛查，做好儿童生长发育监测，学会观察儿童，及时发现儿童成长中的异常表现，及早进行干预；学会了解儿童常见病的发病征兆及应对方法，掌握病后护理常识；了解儿童成长的特点和表现，学会倾听、分辨和理解儿童的多种表达方式。

3. 制定生活规则

指导家长了解儿童成长规律及特点，并据此制定日常生活规则，按照规则指导儿童的行为；采用鼓励、表扬等正面教育为主的方法，培养儿童健康的生活方式。

4. 丰富儿童感知经验

指导家长创设儿童充分活动的空间与条件，充分利用日常生活环境中的真实物品和现象，让儿童在爬行、观察、听闻、触摸等活动过程中获得各种感知经验，促进感官发展。

5. 关注儿童需求

指导家长为儿童提供抓握、把玩、涂鸦、拆卸等活动的机会、工具和材料，用多种形式发展儿童的小肌肉精细动作和大肌肉活动能力；分享儿童的快乐，满足儿童好奇、好玩的认知需要，激发儿童的想象力和好奇心。

6. 提供言语示范

指导家长为儿童创设宽松愉快的语言交往环境，通过表情、肢体、语言等多种方式与儿童交流；提高自身语言表达素养，为儿童提供良好的言语示范；为儿童的语言学习提供丰富的机会，运用多种方法鼓励儿童表达；积极回应儿童，鼓励儿童之间的模仿和交流。

7. 提高安全意识

提高家长有效看护的意识和技能，指导家长消除居室和周边环境中的危险性因素，防止儿童发生意外伤害。

8. 加强亲子陪伴

指导家长认识到陪伴对于儿童成长的重要性，学会建立良好的亲子依恋关系，不用电子产品代替家长陪伴儿童，多与儿童一起进行亲子阅读；学习亲子沟通的技巧，与儿童建立开放的沟通模式；关注、尊重、理解儿童的情绪，合理对待儿童的过度情绪化行为，有针对性地实施适合儿童个性的教养策略，培育儿童的良好情绪；处理好多子女家庭的亲子关系、子女间的关系，让每个儿童都得到健康发展。

9. 重视发挥家庭各成员角色的作用

指导家长积极发挥父亲在家庭教育中的作用；了解父辈祖辈联合教养的正面价值，适度发挥祖辈参与的作用；引导祖辈树立正确的教养理念。

10. 做好入园准备

指导家长认识儿童社会性发展的重要性，珍视幼儿园教育的价值。入园前，指导家长有意识地培养儿童一定的生活自理能力及对简单规则的理解能力；入园后，指导家长与幼儿园教师积极沟通，共同帮助儿童适应入托环境，平稳度过入园分离焦虑期。

（二）3~6岁儿童的家庭教育指导

1. 积极带领儿童感知家乡与祖国的美好

指导家长通过和儿童一起外出游玩、观看影视文化作品等多种形式，了解有关家乡、祖国各地的风景名胜、著名建筑、独特物产等；适时向儿童介绍国旗、国歌、国徽的含义，带领儿童观看升国旗、奏国歌等仪式，培育儿童对家乡和祖国的朴素情感。

2. 引导儿童关心、尊重他人，学会交往

指导家长培养儿童尊重长辈、关心同伴的美德；关注儿童日常交往行为，对儿童的交往态度、行为及时提供帮助和辅导；结合实际情境，帮助儿童理解他人的情绪，了解他人的需要，作出适当的回应；引导儿童学会接纳差异，关注他人的感受；培养儿童多方面的兴趣、爱好和特长，增强儿童与人交往的自信心；经常带儿童接触不同的人际环境，为儿童创造交往机会，帮助儿童学会与同伴相处。

3. 培养儿童的规则意识，增强社会适应性

指导家长结合儿童生活实际，为儿童制定日常生活规范、游戏规范、交往规范，遵守家庭基本礼仪；要求儿童完成力所能及的任务，培养责任感和认真负责的态度；有意识地带儿童走出家庭，接触丰富的社会环境，提高社会适应性；在儿童遇到困难时以鼓励、疏导的方式给予必要的帮助与支持。

4. 加强儿童营养保健和体育锻炼

指导家长积极带领儿童开展体育活动；根据儿童的个人特点，寻找科学合理又能被儿童接受的膳食方式；科学搭配儿童饮食，做到营养均衡、比例适当、饮食定量、调配得当；科学管理儿童的体重，学习关于儿童营养的科学知识；与儿童一起制定合理的家庭生活作息制度，培养儿童良好的生活和卫生习惯；定期带儿童做健康检查。

5. 丰富儿童感性经验

指导家长重视生活的教育价值，为儿童创设丰富的教育环境，带领儿童关心周围事物及现象，多开展接触大自然的户外活动，参观科技馆、博物馆、美术馆等，开阔儿童的眼界，丰富儿童的感性经验；尊重和保护儿童的好奇心和学习兴趣，支持和满足儿童通过直接感知、实际操作和亲身体验获取经验的需要，避免开展超出儿童认知能力的超前教育和强化训练。

6. 提高安全意识

指导家长尽可能消除居室和周边环境中的危险性因素；结合儿童的生活和学习，在共同参与的过程中对儿童实施安全教育；重视儿童的体能素质，提高其自我保护能力，减少儿童伤害。

7. 培养儿童的生活自理能力和劳动意识

指导家长鼓励儿童做力所能及的事，学习和掌握基本的生活自理方法，参与简单的家务劳动，在生活点滴中启发儿童的劳动意识，保护儿童的劳动兴趣。

8. 科学做好入学准备

指导家长重视儿童幼儿园与小学过渡期的衔接适应，充分尊重和保护儿童的好奇心和学习兴趣，帮助儿童形成良好的任务意识、规则意识、时间观念，学会控制情绪，能正确表达自己的主张，逐步培育儿童通过沟通解决同伴问题的意识和能力；坚决抵制和摒弃让儿童提前学习小学课程和教育内容的错误倾向。

（三）6～12岁儿童的家庭教育指导

1. 培养儿童朴素的爱国情感

指导家长重视优秀传统文化的价值，了解家乡特色习俗和中华民族的共同习俗，过好中国传统节日和现代公共节日；开展家国情怀教育，多给儿童讲述仁人志士的故事、中华民族传统美德、国家发展的成就等；指导儿童写好中国字，说好中国话；初步了解优秀传统文化的内涵，培养儿童作为中华民族一员的归属感和自豪感。

2. 提升儿童的道德修养

指导家长提升自身道德修养，处处为儿童做表率，结合身边的道德榜样和通俗易懂的道德故事，培养儿童良好的道德行为习惯；创设健康向上的家庭氛围；与学校、社会形成合力，净化家庭和社会文化环境；从大处着眼，从小事入手，及时抓住日常生活事件教育儿童孝敬长辈、尊敬老师，学会感恩、帮助他人，诚实为人、诚信做事。

3. 培养儿童珍惜生命、尊重自然的意识

指导家长将生命教育纳入生活实践中，带领儿童认识自然界的生命现象，帮助儿童建立热爱生命、珍惜生命、呵护生命的意识；抓住日常生活事件，增长儿童居家出行的自我保护意识及基本的自救知识与技能；引导儿童树立尊重自然、顺应自然、保护自然的发展理念，养成勤俭节约、低碳环保的生活习惯。

4. 培养儿童良好的学习习惯

指导家长注重儿童学习兴趣的培养，保护和开发儿童的好奇心，鼓励儿童的探索行为；引导儿童形成按时独立完成任务、及时总结、不懂善问的习惯，成为学习的主人；正确对待儿童的学习成绩，设置合理期望，不盲目攀比；用全面和发展的眼光看待、评价儿童，增强儿童学习的信心。

5. 培养儿童健康的生活习惯

指导家长科学安排儿童的饮食，引导儿童养成健康的饮食习惯；培养儿童关注个人卫生和环境卫生，养成良好的卫生习惯；培养儿童良好的作息习惯，保证儿童睡眠充足，每日睡足10小时；为儿童提供良好的学习环境，注意用眼卫生并定期检查视力；养成科学用耳习惯，控制耳机等娱乐性噪声接触，定期检查听力；引导并督促儿童坚持开展体育锻炼，培养一两项能够终身受益的体育爱好；配合卫生部门定期做好儿童健康监测。

6. 培养儿童的劳动习惯

指导家长正确认识劳动对儿童成长的价值；坚持从细微处入手，提高儿童的生活自理能力，养成生活自理的习惯；给儿童创造劳动的机会，教授儿童一定的劳动技能，培养劳动热

145

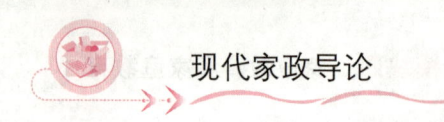

情,树立劳动创造价值的观念;根据儿童的年龄特征、性别差异、身体状况等特点,安排适度的劳动内容、时间和强度,做好劳动保护;让儿童了解家庭收支状况,适度参与家庭财务预算,视家庭经济状况和儿童的年龄给予适量的零用钱,引导儿童合理支配零用钱,形成正确的消费意识。

7. 积极参与家校社协同教育

指导家长主动与学校沟通联系,了解儿童在学校的学习、生活情况,与学校共同完成相应的教育活动,提高儿童的学习效果;参与学校的家长委员会、家长学校、家长会活动以及亲子活动等,自觉接受家庭教育指导;积极参与学校管理,主动根据需要联系社会资源,与学校共创良好的育人环境。

(四)特殊家庭、特殊儿童家庭教育指导

1. 特殊家庭的家庭教育指导

1) 离异和重组家庭的家庭教育指导

引导家长正确认识和处理婚姻存续与教养职责之间的关系,对儿童的教养责任不因夫妻离异而撤销,父母不能以离异为理由拒绝履行家庭教育的职责。指导家长学会调节和控制情绪,不在儿童面前流露对离异配偶的不满,避免将自身婚姻失败与情感压力迁怒于儿童;不简单粗暴或者无原则地迁就、溺爱儿童;强化非监护方的父母角色与责任,增强履职意识与能力,定期让非监护方与儿童见面,强化儿童心目中父(母)亲的形象和情感;调动亲戚、朋友中的性别资源给儿童适当的影响,帮助其性别角色充分发展。指导重组家庭的夫妇多关心、帮助和亲近儿童,减轻儿童的心理压力,帮助儿童正视现实;对双方子女一视同仁;加强家庭成员间的沟通,创设平和、融洽的家庭氛围。

2) 农村留守儿童的家庭教育指导

指导农村留守儿童家长增强父母是家庭教育和儿童监护责任主体的意识,依法依规履行家长义务,承担起对农村留守儿童监护和抚养教育的责任,确保农村留守儿童得到妥善监护照料、亲情关爱和家庭温暖。让家长了解陪伴对于儿童成长的价值,劝导家长尽量有一方在家照顾儿童,有条件的家长尤其是0~3岁儿童的母亲要把儿童带在身边,尽可能保证儿童早期身心呵护、母乳喂养的正常进行。指导农村留守儿童家长或被委托监护人重视儿童教育,多与儿童交流沟通,对儿童的道德发展和精神需求给予充分关注。

3) 流动人口家庭的家庭教育指导

鼓励家长勇敢面对陌生环境和生活困难,为儿童创造良好的生活环境;处理好家庭成员之间的关系,为儿童创设宽松的心理环境;多与儿童交流,帮助儿童适应新的环境,了解儿童对于新环境的适应情况;与学校加强联系,共同为儿童创造良好的学习环境。

4) 服刑人员家庭的家庭教育指导

指导监护人多关爱儿童;善于发现儿童的优点,用教育力量和爱心培养儿童的自尊心;信任儿童,并引导儿童调整心态,保证心理健康;定期带儿童探望服刑的父(母),满足儿童思念之情;与学校积极联系,共同为儿童成长创造良好的环境。

2. 特殊儿童的家庭教育指导

1）智力障碍儿童的家庭教育指导

指导家长树立医教结合的观念，引导儿童听从医生指导，拟定个别化医疗和教育训练计划；通过积极的早期干预措施改善障碍状况，并培养儿童的社会适应能力；引导家长坚定信心、以身作则，重视儿童的日常生活规范训练，并循序渐进、持之以恒。

2）听力障碍儿童的家庭教育指导

指导家长积极寻求早期干预，主动参与儿童语训，在专业人士协助下制定培养方案，充分利用游戏的价值，重视同伴交往的作用，发展儿童听力技能和语言交往技能，不断改善儿童的社会交往环境，逐步提高儿童的社会适应能力；加强对儿童的认知训练、理解力训练、运动训练和情绪训练。

3）视觉障碍儿童的家庭教育指导

指导家长及早干预，根据不同残障程度发展儿童的听觉和触觉，以耳代目、以手代目，提升缺陷补偿。对于低视力儿童，指导家长鼓励儿童运用余视力学习和活动，提高有效视觉功能。对于全盲儿童，指导家长训练其定向行走能力，增加其与外界接触的机会，增强其交往能力。

4）肢体残障儿童的家庭教育指导

指导家长早期积极借助医学技术加强干预和矫正，使其降低残障程度，提高活动机能；营造良好的家庭氛围，用乐观向上的心态感染儿童；鼓励儿童正视现实、积极面对困难；教育儿童通过自己的努力，积极寻求解决问题的方法，以获取信心。

5）精神心理障碍儿童的家庭教育指导

引导家长营造良好的家庭氛围，给予儿童足够的关爱；加强与儿童的沟通与交流，避免儿童遭受不良生活的刺激；支持、尊重和鼓励儿童，多向儿童表达积极情感；多给儿童创造与伙伴交往的机会，培养儿童的集体意识，减少其心理不良因素；积极寻求专业帮助，通过早期干预改善疾病状况，提升儿童的社会适应能力和生活自理能力，促进疾病康复。

任务拓展

家庭教育行业发展趋势

1. 积极应用"互联网+"服务模式，满足家长碎片化学习需求

积极应用"互联网+"服务模式，提供个性化、创新性、多元化、差异化的产品，帮助家长自由灵活地利用碎片化时间提升家庭教育知识，已成为主要的发展趋势。

2. 下沉市场成重要增量市场，通过线上平台提供标准化服务

随着新世代父母的入场，家庭教育越来越受重视，行业各大机构开始挖掘并下沉三四线城市（市场），利用创客匠人等在线教育工具，打造自己的在线教育平台，为更多区域的父母提供标准化、精细化的教学服务。

3. "公域+私域"融合运营，带来企业新增长

相关数据表明，在用户作出购买决策的过程中，有67%的人是通过微信公众号、视频号、小程序、朋友圈等渠道了解信息。而在左右一个人决策的要素中，被口碑（熟人、网上用户反馈）打动的人占比最多。因此，搭建线上平台，借助营销工具进行公域引流拓客，突破用户范围限制；再经过私域精细化运营，完成终极转化。这样"公域+私域"的融合运营，是未来家庭教育机构拓客提效、良性循环的黄金增长法则。

4. 市场空间大，存在较大蓝海

家庭教育行业覆盖群体较大，市场空间与产值足够大，存在较大蓝海，只要提升服务模式及解决方案等，很快会迎来再一次的跃升。相较于其他发展成熟的细分赛道，家庭教育赛道目前还处于发展期，在政策和巨大需求的拉动下，未来发展前景向好。当下虽存在供需不平衡矛盾，但处于蓝海的市场更能容纳更多的企业进入，在增长方面仍有着巨大的想象空间，企业在技术研发和模式创新上的速度，将决定企业的竞争壁垒与市场占有率。早日拓展"互联网+"业务，有助于企业在市场上占有更多资源，并发展得更好走得更远。

任务评价

一、单项选择题

1. （　　）系统地论述了家庭教育的作用、原则、方法和内容，是我国家庭教育发展史上第一部古代的家庭教育学读本。

A.《颜氏家训》　　　　　　　　　B.《三字经》
C.《百家姓》　　　　　　　　　　D.《千字文》

2. 1950年6月1日，为庆祝中华人民共和国成立后（　　）国际儿童节，毛泽东、刘少奇、周恩来、朱德、宋庆龄为儿童节题词。

A. 第一个　　　　　　　　　　　B. 第二个
C. 第三个　　　　　　　　　　　D. 第四个

3. 中国现代社会家庭教育的特点有（　　）。

A. 家庭教育与社会需求相适应
B. 家庭教育与学校教育不配合
C. 家庭教育不受教育科学的指导
D. 家庭教育不是全社会共同关心的事业

4. 我国现代家庭教育存在的问题有（　　）。

A. 过度保护　　　　　　　　　　B. 适当宠爱
C. 民主自由　　　　　　　　　　D. 公平独立

5. 2019 年颁布的《全国家庭教育指导大纲》中，家庭教育的核心理念有（　　）。
A. 家庭教育在教孩子如何做人
B. 家庭教育不是家长和儿童共同成长的过程
C. 尊重儿童成长规律是家庭教育的内容
D. 尊重和保护儿童权利是家庭教育的前提

二、简答题

1. 回顾原生家庭，思考家庭教育对你的具体影响。
2. 请概述 3~6 岁儿童的家庭教育指导内容。

模块五　家政服务业

模块导航

模块五　家政服务业

项目一　认知家政服务业

　　任务一　认知家政服务业

　　任务二　认知家政服务业的分类

项目二　认知家政服务业发展

　　任务一　认知国外家政服务业的发展

　　任务二　认知我国家政服务业的发展

课程导学

朝阳产业　爱心工程

家政服务业关系千家万户，既是朝阳产业，也是爱心工程，大有可为。家政服务业对提高人民生活品质、扩大就业等具有重要作用。近年来，家政服务业市场需求日益旺盛、行业细分日益深化、与新技术新模式的结合日益紧密，正在发展成为社会各界广泛关注、事关"调结构、稳增长、促就业、优民生"的新兴业态。党和国家高度重视家政服务业发展，《"十四五"规划和2035年远景目标纲要》提出"持续推动家政服务业提质扩容，与智慧社区、养老托育等融合发展"。中共中央、国务院印发的《扩大内需战略规划纲要（2022—2035年）》再次强调，推动家政服务提质扩容，推动新时代家政服务业向专业化、规模化、网络化、规范化发展；推动家政服务业与养老服务、社区照料服务和病患陪护服务等各类业态统筹，加强服务模式创新，不断融入新业态、新方式、新内容，积极发展管家、理财专家、心理陪护、健康管理等新兴家政服务。未来，家政服务业将朝着规模化、职业化、网络化和智能化方向发展。

项目一　认知家政服务业

【项目概述】

　　现代家政服务与管理专业主要面向的职业是家政服务业。家政服务业作为新兴产业，对促进就业、精准脱贫、保障民生具有重要作用。深入学习贯彻党的二十大精神，促进家政服务业提质扩容，扩大居家养老和育幼等服务供给，是着力解决好人民群众急难愁盼问题的重要举措，是发展现代服务业、提高人民生活品质的重要内容。家政服务业多样化快速发展，为人民群众提供了高质量、个性化和安全便捷的服务享受。年迈的双亲可以得到温馨照料和陪护，婴幼儿可以得到细心看护和教育，繁杂的家务可以得到专业料理和服务，家政服务已成为服务百姓日常生活不可或缺的重要行业。

　　本项目主要介绍家政服务业的概念、意义和分类，引导学生建立初步的家政服务业认知，提高对行业的理性认识，建立专业认同，培养职业意识并播种职业理想。

【项目目标】

知识目标	1. 熟知家政服务业的定义； 2. 知晓发展家政服务业的社会意义； 3. 知晓家政服务业的阶段服务类型特征与服务内容
能力目标	1. 能说出家政服务业的内涵； 2. 能列举出发展家政服务业的社会意义； 3. 能对生活中的家政服务按家政服务业内容分类归类
素养目标	1. 具有从事家政服务业的职业认同； 2. 具有服务家庭的职业意识

【项目导航】

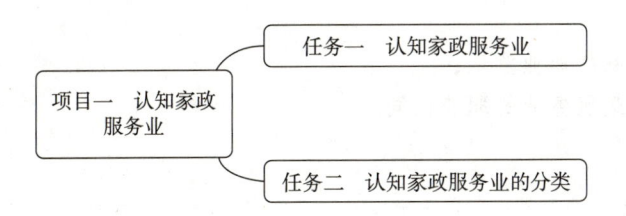

项目一　认知家政服务业
- 任务一　认知家政服务业
- 任务二　认知家政服务业的分类

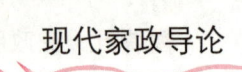

任务一 认知家政服务业

任务引言

任务情境：2000年8月，劳动与社会保障部（现人力资源和社会保障部）颁布了《家政服务员国家职业技能标准》，家政服务走上了职业发展道路。当时提出要把家政服务作为扩大就业的新领域，把家政服务作为国家的正式职业来对待。家政服务业像其他所有职业一样，被视为社会分工中的一个行业。2019年，国务院办公厅印发《关于促进家政服务业提质扩容的意见》，我国家政服务业快速发展。通过本任务的学习，学生要掌握家政服务业的定义、经济地位与社会意义。

任务导入：什么是家政服务业？家政服务业的社会意义是什么？家政服务业的从业者都做些什么工作？

任务目标

知识目标

1. 熟知家政服务业的定义；
2. 知晓发展家政服务业的社会意义。

能力目标

1. 能说出家政服务业的内涵；
2. 能列举出发展家政服务业的社会意义。

素质目标

1. 具有服务家庭的职业意识；
2. 具有从事家政服务业的职业认同。

任务知识

家政服务业从广义上可以视为一个产业，从狭义上可以视为一个行业。广义上的家政服务业，即家政产业；狭义上的家政服务业，又可以称为家庭服务业。

一、家政服务业的定义

要确认家政服务业的内涵,首先需要了解产业和行业的基本含义。

(一)产业与行业

产业和行业都是经济学术语,是在对社会经济活动进行分类时,依据不同的标准而产生的特征与规模不同的社会经济活动部门。

以社会分工为基础,按照社会经济发展的历史进程,率先出现了农牧经济类型,即第一产业——农业;之后出现了工厂化生产的经济类型,即第二产业——工业;在全世界主要国家都进入工业化之后,开始出现既不属于农业,也不属于工业的第三产业,即广义的服务业。

因此,所谓产业,经济学家苏东水在其《产业经济学》中的定义为:"产业是介于宏观经济与微观经济之间的中观经济,产业是社会分工和生产力不断发展的产物,其内涵随着社会生产力水平的不断提高而不断充实,外延也不断扩展,并且产业应该具有多层次性,即产业是具有某种同类属性的企业经济活动的集合。"

在这个定义中提到的产业越发具有多层次性,即产业是具有某种同类属性的企业经济活动的集合。体现在现实社会经济活动中,除了三大产业之外,我们还会见到诸如汽车产业、服装产业、电力产业、金融产业等,同时它们又被称为汽车业、服装业、电力业、金融业,就像第一产业农业,即农业产业,第二产业工业,即工业产业,而第三产业,也可以称为服务产业。

行业指一组提供同类相互密切替代商品或服务的公司,是指从事国民经济中同性质的生产、服务或其他经济活动的经营单位或者个体的组织结构体系。

所以,产业包含行业,行业的最大范畴与产业相重合,当产业和行业的内涵范围一致的时候,这两个概念可以互换,当产业内涵大、行业内涵小的时候,在同一经济社会部门,一个产业会包含一个或多个行业。

(二)家政产业与家政服务行业

1. 家政产业与家政服务行业的定义

具体到家政服务,就其最大内涵而言,可以是家政服务产业,为了便于区分,称之为家政产业,产业之下包含家政服务行业。

家政产业,遵循产业的内涵与分类,是按照用途关联分类法划分出来的产业。家政产业,是指为支持家庭事务进行的经济社会生产或服务活动集合或相关单位、组织与个人的组织结构体系。这个产业直接满足的是家庭事务的需求,而不是家庭的需求。从经济学来看,社会生产的所有消费品都是提供给家庭的。家庭需求包含家庭事务方面的需求,虽然两者界限并不清晰,但随着家庭事务在社会大分工中越来越多地成为社会分工的一部分,家庭事务需求也就越来越显著地成为家政产业的发展依据,进一步清楚地划清了家政产业的边界。

家政服务业,即家政服务行业,也称家庭服务业。2019年国务院办公厅印发的《关于促进家政服务业提质扩容的意见》(以下简称《意见》)其中表述为:"家政服务业是指以家

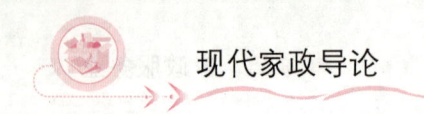

庭为服务对象，由专业人员进入家庭成员住所提供或以固定场所集中提供对孕产妇、婴幼儿、老人、病人、残疾人等的照护以及保洁、烹饪等有偿服务，满足家庭生活照料需求的服务行业。"

《意见》对家政服务业的从业内容进行了定性，家政服务业是指将部分家庭事务社会化、职业化、市场化，属于民生范畴。

《意见》还明确指出，家政服务业由社会专业机构、社区机构、非营利组织、家政服务公司和专业家政服务人员来承担，帮助家庭与社会互动，构建家庭规范，提高家庭生活质量，以此促进整个社会的发展。

2. 家政服务业与家政产业的关系

1）家政服务业处于家政产业中心地位

家政服务产业经过改革开放后40多年的发展，已经成为我国产业的重要组成部分，拥有近四分之一规模以上企业，这种惹人瞩目的发展，自然是家政产业的支柱。另外，家政产业内部，家政服务业、家政服务业之外的其他行业、其他企业，相互之间的联系比较松散，没能围绕家庭生活事务形成横向的协助合作，也没能形成纵向的产品与服务的紧密联系。这更凸显了当前阶段家政服务业在家政产业中的中心与支柱地位。

2）家政服务业与其他行业联合构筑家政产业

家政服务业在家政产业中的中心地位，当前乃至未来可能都是无法撼动的。即使如此，家政服务业的自身发展仍存在诸如需要现代化转型、需要科学内涵的提升等问题。这些问题的解决，不仅需要从内部的提升寻找解决方案，更应该从外部协作寻求出路。例如，在家政服务业的服务效率、服务质量、服务技术含量提高方面，单纯从人的角度找问题，能提高的程度是有限的，但如果充分利用现代科技的发展成果，把能够在工业生产上成为人力延伸、从劳动中解放人、提高劳动力效率的现代科技，应用到服务家庭时的工具设备中，产生的效果一定超出仅局限于人的潜力挖掘，这样就会使家政服务业朝着信息化、智能化方向发展。

二、家政服务业的意义

（一）家政服务业诞生的意义

家政服务业的产生，如果以家庭雇佣失业者从事短期或临时的家务劳动，以替代减少的终身制奴仆算起，始于17世纪封建制度瓦解的欧洲，但真正的平等雇佣关系的家政服务业一定是在资本主义社会建立后才出现的。

资本主义社会以工厂化生产方式适应生产力发展水平的要求，在与之相适应的雇佣劳动形式之下，社会上出现了一群流动的、以从事相同的服务为特征而聚集起来的劳动者，或提供这种服务的单位、组织系统，即服务类行业。封建社会所有从事服务的人，主体是佃农，平时务农，但在地主节庆、婚丧等重大活动或农闲时作为权势依附者，到地主家里充作仆人。如果是没有自由的农奴或奴隶，就更谈不上是职业了，只是主人安排做什么就做什么。因此家政服务业的产生，可以说是人人平等的、自由劳动的社会关系成为主体的产物。

从家庭角度看，家政服务业的普及是社会分工逐渐扩大，波及家庭生活内部，家庭内部事务开始进入社会分工，家务社会化，形成了广泛的、大规模的家庭对家政服务的需求。从这个意义上来说，家政服务业是社会发展到后工业阶段，社会分工复杂细化，第三产业出现，服务作为社会化分工的阶段性发展产物的表现之一。家政服务是将部分家庭事务社会化、职业化，由社会专业机构、社区机构、非营利组织、家政服务公司和专业家政服务人员来承担的一种社会经济活动。这种经济活动聚集起来就构成了家政服务业，具体来说，就是以家庭及其成员为服务对象，以满足家庭内部与外部相关联的社区等营造家庭生活最优条件为目标，提供各种服务业务支持的企业、组织和从业者集合。

（二）家政服务业的经济社会意义

1. 家政服务业是第三产业的组成部分

家政服务业又称为家庭服务业，是现代服务业的重要组成部分。现代服务业的发展水平，被经济学界认为是衡量一个国家或地区经济社会现代化程度的重要标志。现代服务业是以现代科学技术特别是信息网络技术为主要支撑，建立在新的商业模式、服务方式和管理方法基础上的服务产业。

家政服务业是现代服务业的一部分，涉及现代服务业中的居民服务、公共服务和以家庭为范围的个人消费的部分内容。现代服务业几乎等同于第三产业，因此，家政服务业也是第三产业的组成部分，并且是关系到家庭生活质量提高、家庭幸福和个人人生完善发展的民生性、全民性经济活动。

随着中国市场经济的不断发展，产业结构必然向着现代化调整。第一、第二产业的比重相对降低，第三产业即现代服务业的比重上升是发展趋势。家政服务业的发展，正反映了这种经济结构发展的趋势变化，也顺应了广大家庭对服务消费的现实需求。

2. 家政服务业是新兴产业

2019年6月，国务院办公厅印发了《关于促进家政服务业提质扩容的意见》，将家政服务业定义为新兴产业，同时对家政服务业发展提出了10个方面36条具体政策，推动家政服务业高质量发展。随着政策的推行，作为经济新动能的家政服务业成为焦点，迎来政策红利期。

其实家政服务业的潜力在《意见》出台前早已显露。随着我国改革开放不断深化，国民经济实力不断增长，居家养老、康复护理、育婴育幼、烹饪保洁、家电清洗等家庭生活服务需求呈现高速度增长态势，家政服务市场日益扩大。2021年，家政服务市场规模达到10 149亿元，虽然规模已经达到了较高水平，但未来仍有持续增长的空间。

近年来，随着社会经济不断发展，家务、育儿、养老等家庭内部事务的社会化程度日益加深，社会上已经普遍形成了通过寻求社会化家务服务来提升家庭生活质量，降低个人家务负担的家庭生活观念。家政服务市场需求日益增长、行业细分日益深化、与新技术新模式的结合日益紧密，引发了社会各界高度关注和广泛热议。家政服务业已成为事关"调结构、稳增长、促就业、优民生"的新兴业态。

在家政服务业的主体方面，新兴家政企业在家政服务业初具规模的背景下相继涌现，各地都出现了有一定地方乃至全国影响力的企业品牌，例如：北京的华夏中青家政、济南的阳光大姐、厦门的好慷家政、杭州的三替家政等。服务范围日益扩大，内部分工更加精细，服务内容区分升级。家政服务消费习惯业已形成，一种把家政服务作为赠礼的新消费时尚出现在大众视野中。一些商家把家政服务当作"谢礼"，回馈客户；老板把家政服务作为"关怀

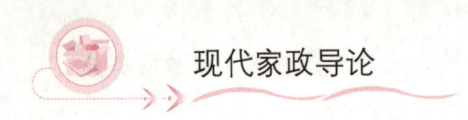

礼"，犒劳员工；儿女将家政服务作为"孝心礼"，送给父母。

3. 家政服务业是家国双赢行业

家政服务业作为社会经济活动，一方面，它为广大家庭提供了育婴、育儿、养老、护理、保洁、物流配送、家庭管理等方面全方位的服务体系，从民生层面、家庭生活事务辅助方面，部分地满足了家庭对美好生活的向往；另一方面，它是国家解决社会适龄人口就业问题的重要渠道之一。据艾媒咨询数据显示，2021年我国家政服务业从业人员总量已达3 760万。

三、现代家政服务业的发展方向

现代家政服务业从属于现代服务业，在党的二十大作出中国进入全面推进中国式现代化的发展新阶段的战略决策背景下，该行业更需顺应中国现代化的时代发展要求，进一步从新技术、新业态和新服务方式方面，全面发力、系统革新，创造新的家庭服务需求，引导家庭服务消费方向，为社会提供高附加值、高层次、高知识内涵的家政服务。

（一）科学化、规范化与标准化

（1）现代家政服务已不再是简单的传统意义上的保姆和佣人，而是一项复杂的、综合的、高技能的服务工作，所以对家政服务师的培训已成为家政服务的一个基本要求，也是家政服务师提高服务质量、服务技能的必走之路。系统的培训组织机构与制度，也是实现现代家政服务业科学化、规范化与标准化的前提。

（2）家政服务企业的经营模式、管理方式和服务业态，都需要在科学的指导下提质、升级。

（3）家政服务业所需的科学知识与支持、人才培养的供给，相关的科研机构、高校等在科学知识的更新、学科专业的建设、人才培养等方面，也要及时跟上时代的步伐，充分满足现代家政服务业的发展需求。

（二）与其他行业的现代化联合与融合

家政服务与其他行业的联合，是现代家政服务业发展的方向，也是家庭生活的客观需求反映。家庭生活的需求，随着社会的发展进步，一定是从内容的广度与深度上不断扩展的，社会化的程度也一定是不断加深的，社会分工承担家庭事务社会化的程度同时也将持续细化，家政服务业单独承载家庭生活事务需求的局限也会逐渐显现，最终必将顺应家庭生活的需求，构建家政服务与其他行业融合、全面、高水平的家政产业。

（三）信息化与智能化

信息化给社会民众的生活样貌和传统生产都带来了巨大的便利，大幅提高了效率、降低了成本。但家政服务业从服务形式、服务流程管理和对客交流沟通上，还没能实现信息化，在智能化方面更有差距。随着人工智能的发展，未来出现一些能够独立完成日常、常规环境下的简单家务的智能家务机器人也是现代家政服务业可预见的未来。

（四）社区、社群的共享与互助

现代家政服务业不是面对少数人的奢侈服务、特殊服务和顶级服务。从现代家政服务业的体系建设来说，上述三类服务一定会有，但只会是现代家政服务业的一小部分，相对于庞大的全社会需求，可以说是极小的一部分。为了实现现代家政服务业满足中国人民对美好家庭生活的向往，现代家政服务业未来一定会与社区、社群组织机构相结合，提供普惠、经济、便民的民生型服务，建设社区、社群平台基础上的居民互助指导、共享助力式家庭服务，发展成为惠及全民的低利润、全覆盖的公共性服务。

任务拓展

家政服务信用平台

2019年6月，商务部办公厅等8部门印发《关于加快家政服务业信用体系建设有序推动家政服务企业复工营业的通知》，提出正式启用家政服务信用信息平台。

商务部会同相关部门开发建设了家政服务信用信息应用系统，推出了"家政信用查"消费者端和服务员端两个手机应用程序APP，归集各地家政服务企业和家政服务员的信用信息，并在全国范围内实现共享。其中，家政服务员信息属于个人信息，需家政服务员授权才能归集和查询。

家政服务员信用记录内容主要包括姓名、性别、年龄等个人身份信息，犯罪背景核查结果即五年内是否涉及盗窃、虐待、故意伤害、放火等案件，是否为重症精神病人等，以及从业经历、培训情况等信息，还正在逐步加入健康、保险等信息。

消费者如需查询上门服务的家政服务员信用信息，可请家政服务员出示其手机中"家政信用查"APP中的信用查询证书，使用手机APP扫描信用查询证书中的二维码，经家政服务员刷脸授权后查看信用记录。家政服务企业信用记录主要包括工商注册信息、行政奖励和处罚信息，以及纳入"信用中国"网站的守信联合激励和失信联合惩戒对象名单信息。消费者、家政服务员和社会公众均可通过"家政信用查"手机APP免费查询家政服务企业信用信息。

消费者在查询家政服务员的信用信息时，需家政服务员本人通过人脸识别进行授权，这可防止家政服务员的信息被盗查。企业在家政服务员授权的情况下方可在"家政信用查"平台查询家政服务员的信用记录。授权的有效期是30天，如果家政服务员在30天后未再次授权，其信用记录将停止更新，信用查询证书将失效。家政服务企业经家政服务员授权后，可方便地获取家政服务员的身份真伪、犯罪背景、从业、培训以及健康和保险等信用信息，有利于家政服务企业管理员工。家政服务员也可以通过查询家政服务企业的信用记录，选择信用良好的家政服务企业就业。

（节选自：中国网《家政服务信用平台启用　消费者可追溯家政服务人员信息》）

任务评价

一、单项选择题

1. 下列有关家政服务业的说法正确的是（　　）。
   A. 家政服务业是一个产业　　B. 家政服务业是一个行业
   C. 家政服务业自古就有　　　D. 家政服务业开始于资本主义社会
   E. 家政服务业是地区社会发展水平的指标
2. 家政服务业属于（　　）。
   A. 第一产业　　　B. 第二产业　　　C. 第三产业
   D. 现代农业　　　E. 现代工业
3. 家政服务业从业者的身份是（　　）。
   A. 保姆　　　　　B. 仆人　　　　　C. 奴仆
   D. 农奴　　　　　E. 雇员
4. 家政服务业的内容不包括（　　）。
   A. 居家养老　　　B. 康复诊疗　　　C. 育婴育幼
   D. 烹饪保洁　　　E. 家电清洗
5. 说家政服务业是家国双赢的行业，主要是因为家政服务业能（　　）。
   A. 大量吸纳就业　　B. 提升家庭生活质量
   C. 照顾老人　　　　D. 洗衣做饭
   E. 照看孩子

二、简答题

1. 家政服务业的定义是什么？
2. 发展家政服务业有哪些社会意义？

任务二　认知家政服务业的分类

任务引言

任务情境：好慷在家是一家专业的家政服务预订平台，成立于 2010 年，提供家政保洁、家电清洗、保姆、月嫂等服务。好慷在家的核心业务为家政服务，通过线下阿姨培训站+无线互联网的方式整合服务资源，能为线下服务输出标准的产品体系、培训体系、管理体系。好慷在家以"员工制管理＋标准化服务"为经营特色，业务范围包含居家保洁、做饭保姆、深度清洁、日式收纳四个板块。在提升用户体验方面，客户可在好慷在家 APP 上三步完成自助下单，大幅简化了传统家政服务的交易流程。据好慷在家官网数据显示，截至目前，好慷在家已在全国 32 个一、二线城市开设了直营分公司，全职员工数万人，服务于 650 万个家庭用户。

任务导入：家政服务业由家政服务企业组织提供，不同的家政服务企业给大众提供的服务内容，既有自己的特点，又有许多相同点。那么，这些家政服务具体都有哪些类型？各个类型都有什么特点？

任务目标

知识目标

1. 知晓我国家政服务业的阶段服务类型特征；
2. 知晓家政服务业的内容、分类。

能力目标

1. 能从家政服务业的阶段类型特征理解行业现状；
2. 能对生活中的家政服务进行家政服务业内容归类。

素质目标

1. 具有服务家庭的职业意识；
2. 具有从事家政服务工作的职业认同。

任务知识

我国家政服务业的成长进步，乃至取得如今巨大的市场规模，都离不开社会改革、经济结构的变化和现代服务业的确立与发展，家政服务业林林总总的服务类型更是社会变革、经济发展带来的民众生活需求的反映。

首先人们从时间上对家政服务业的类型进行区分，这就是家政服务业的发展阶段，也是家政服务业的阶段类型。

一、家政服务业的阶段类型

按照不同时间阶段，家政服务业的类型特征也体现出明显的差别。

（一）自发从业阶段

自发从业阶段，即 20 世纪 80—90 年代，是我国家政服务业的萌芽期。这一阶段，现代家政服务业刚刚起步，民众在生活中请保姆、找钟点工等现象开始逐步出现，逐渐形成社会

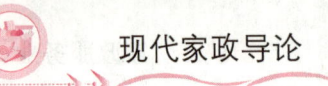

经济现象。这一阶段,我国家政服务业发展水平低、缺乏政策支持、行业规模小;人们对家政服务业认识不充分,普遍将家政服务从业者等同于保姆和佣人;家政服务行业从业者多是自发进入,缺少行业组织,缺乏岗前培训,就业人员素质和服务质量参差不齐。

(二) 消费细分阶段

消费细分阶段,即20世纪90年代—21世纪初,是我国家政服务业的探索期。这一阶段的重要事件,是1994年中国家庭服务业协会成立,标志着家政服务从业人员正式纳入职业序列。这一阶段,我国家政服务业尚未形成规模,但在一定程度上已经能够承担广大家庭对家政服务的需求。随着大众的家政服务消费越来越多,家政服务业的供给内容日益多样,服务由单一粗放型向专业多样型转变,开始出现知识技能型服务,例如育婴、月子照护等。

(三) 服务分层阶段

服务分层阶段,即21世纪初—2019年。2007年,国务院办公厅发布《关于加快发展服务业的若干意见》,明确将发展家政服务业纳入国民经济总体规划。自此,我国家政服务业整体框架逐渐形成,主要包括家务服务、母婴照护、老人照护和病患陪护等几大类支柱服务。家政服务业市场规模在2012年至2018年间,实现了从1 600亿元到5 540亿元的跃升。家政服务业的内容开始出现层次化立体发展,不仅在主要支柱服务,例如家务服务中,家政员出现初、中、高级别,而且在各类家政服务业的服务内容中,出现了大众层次、专业层次和专家层次的区分,例如家务服务属于大众层次服务,育婴和月子照护属于专业层次服务,管家服务属于专家层次服务。在这一阶段,出现了一些家政服务业的新内容,例如陪伴服务,陪伴老人外出、就医、购物等;家庭教育指导,解决家庭教育中亲子关系紧张、孩子成长习惯不良等家庭教育问题;家庭理财,为家庭提供专业理财指导等其他服务。

(四) 提质扩容阶段

提质扩容阶段,即2019年至今。2019年,国务院办公厅印发《关于促进家政服务业提质扩容的意见》。同年,商务部、国家发改委联合印发《关于建立家政服务业信用体系的指导意见》。这些政策为我国家政服务业规模化、规范化发展奠定了坚实基础,指明了清晰方向。从此家政服务业向着知识化、技术化、规范化和专业化方向发展。

二、家政服务业的层次类型

(一) 简单劳务型

家政服务业的简单劳务型层次,是指主要依靠简单体力劳动和基本经验,或经过简单的培训,具备常用基本知识的企业或个人业务活动。例如:小时工保洁、儿童陪伴照料等。

(二) 知识技能型

家政服务业的知识技能型层次,是指具备一定的专门知识和技能,经过较为规范的专业培训,并积累较长时间的实践经验形成的资深企业或个人业务活动。例如:月嫂、育婴师等。

（三）专家智慧型

家政服务业的专家智慧型层次，是指具备较为高深的专业知识和丰富的从业经验，对某一领域具有全面深入的积淀，能够向家庭提供具有独创性、系统性、高知识含量、高技术水准的解决方案与实践的企业或个人业务活动。例如：家庭医生、催乳师、健康管理师、整理收纳师等。

（四）统筹管理型

家政服务业的统筹管理型层次，是指具备较为全面的专业知识、管理能力和丰富的从业经验，对某一个家庭或某几个家庭提供统筹管理服务，能够向被服务家庭提供具有全面的、系统的、可操作性的整体管理及日常生活解决方案，按照方案进行日常服务管理，并为被服务家庭对接引入恰当的社会服务资源的企业或个人业务活动。这类家政服务从业人员一般称为家庭管家、私人管家、统筹管家、共享管家等。

三、家政服务业的内容

家政服务业的具体内容，随着社会发展变化，是一个动态变化的集合。就当前社会生活发展状态而言，家政服务业的内容主要分为下面6种：

（一）家政服务

家政服务是围绕家庭日常生活的一般需求展开的服务。这类服务一般包括住家家政服务、小时家政服务、日常保洁、产妇照顾、新生儿照顾、宠物代养、家庭管家等。

（二）社区服务

社区服务是目前服务型政府在城市治理最基层，从公共服务角度满足家庭需求的一系列活动。这些活动的性质，有公益性的，有企业经营性的，一般包括社区福利服务、社区便民服务、社区物资回收服务、社区信息化服务、社区物业管理服务、社区文娱服务等。

（三）家外病患陪护

家外病患陪护指向性比较强，是指在医疗等机构中的机构照护之外，代替病患家人实施的辅助机构照护，助力病患痊愈的业务活动。一般包括医院陪护、其他家外场所的陪护等。

（四）养老助残服务

养老助残服务是指以社区为服务区域，就近为社区内的老年人、身体残缺、机能障碍的居民提供生活扶助、保健、康复、心理疏导等特殊需求服务。从广义上讲，此类服务应当归属于前面的社区服务。然而，这类服务的专业程度要比一般社区服务高很多，而且针对老年群体、不同的残障人士，相对小众，有较强的专门服务性，所以单独列为一类。一般包括社区养老服务、社区助残服务等。

（五）家庭外派劳务服务

家庭外派劳务服务一般是指家政服务之外的，家庭非经常性需要的、单独或集中式的技术或劳务服务。一般包括搬家服务、庆典服务、接送服务、家居装饰、新居开荒等。

（六）家庭专门服务

家庭专门服务是指家政服务在社会发展水平进一步提升，家庭收入进一步提高，民众生活达到富裕程度后，产生的对家庭生活需求专业化、专家化满足而形成的高知识、高技术的较高端服务类型。一般包括月嫂服务、育婴师服务、家庭教育、家庭医疗、家庭心理疏导、整理收纳师等。

四、家庭私人管家服务

随着经济的快速发展，中国高净值人群家庭的数量不断增加。这些家庭面临着许多问题，例如如何管理家庭资产、如何安排家庭日常生活等。这就引入了一个新的职业——家庭私人管家。家庭私人管家，也称管家服务，既是家政服务业的一项古老、传统的服务项目，也是一项专业化、时代化的高端家政新服务。家庭私人管家服务是统筹管理型服务，融汇了知识技能型和专家智慧型家政服务的层次类型特征，包含了家政服务、病患陪护、养老助残、劳务服务和家庭专门服务等几乎全部家政服务业内容的广度，并需要对家政服务团队承担管理职责，以及为被服务家庭对接引入恰当的社会服务资源。

管家最早起源于法国中世纪。"管家"一词最早来自法语，原意是拿着酒瓶子的人，原指服务于宫廷或贵族宴会当中的侍酒官，引申为酒窖管理者。中世纪的时候，只有王室或者世袭贵族、有爵位的名门才有资格雇佣管家。管家作为最高级别的家政管理人员和庞大服务团队的领导者，为雇主的生活提供高水平的管理与服务。由于英国宫廷更讲究礼仪、细节，并将管家的职业理念和职责范围按照宫廷的礼仪进行了严格的规范，于是成就了英式私人管家，使其成为全球高端服务业的象征。随着全球化发展，很快英式私人管家风靡世界，在美国与德国有了新的面孔。私人管家不局限于管理家政，而是扩展到了帮助雇主管理财务甚至打理公司业务。例如，最为人熟知的管家就是罗伯特·温内克斯（Robert Wennekes），曾服务过5位美国总统，尼克松、卡特、里根、布什与克林顿，不仅如此，他还担任过约旦王室的首席大管家。

家庭私人管家职业在全球经过700年充分竞争和发展，已形成以英国管家协会服务集团为头部机构的行业。该机构是家庭私人管家行业的标准制定者和证书管理者，传承近400年历史。于2005年正式进入中国大陆，受到了中国家庭服务业协会、英国商业贸易部等权威机构的支持。

中国的家庭私人管家行业更加源远流长，据钱穆在史学著作《中国历代政治得失》中考据，先秦时代的宰相就是皇家的大管家，后来才发展为官职名称。在中国封建社会中，无论皇家还是民间，管家都发展成为成熟的职业。

家庭私人管家服务市场需求日益加大，专业管家供不应求。一名专业的家庭私人管家要熟知管家工作流程、管理学、服装搭配、礼仪、餐桌摆台、营养搭配、西餐、红酒储存、插花、茶艺、整理收纳、英语、资产管理、儿童心理学、安全急救等专业知识。

一般来说，家庭私人管家不是在孤军奋战，他们的手下都会有一支非常完美的精英团队，而其中的成员包括高级的保姆、高级的厨师、高级的园艺工人还有高级的保健师，等等。家庭私人管家要把任务完美地分配下去并且完美地指挥。家庭私人管家严格按照一定的规则和标准来统领所有的人、监督和验收工作，使雇主吩咐的需要做的日常事务能够合理有效地开展。如果家庭私人管家没有非常高的素质和丰富的生活知识，难以胜任这个职务，所以说这个职业的从事者都是经过比较严格的培训的，工资自然也会比较高。一般来说，家庭私人管家需要从全能型服务师、保育师、家政服务师等某一个职业开始积累工作经验，条件优秀的，也可以从管家助理、生活管家、教育型管家开始做起，然后慢慢进阶成为职业家庭私人管家。

任务拓展

家政服务行业的发展趋势

1. 由政府牵头建立第三方互联网平台，整合信息资源

由政府牵头，通过与公安局、卫健委、人社厅、市场监管局等各部门合作，整合家政领域各方数据，如健康体检信息、人口户籍信息、公安犯罪信息、严重失信名单信息等，构建集政府、企业、消费者、劳动者于一体的第三方家政服务平台。第三方家政服务平台由政府相关部门运营，企业入驻第三方家政服务平台，消费者和劳动者通过第三方家政服务平台进行匹配。

2. "一老一幼"将成为家政服务行业关键的增量市场

我国老年人口数量多，人口老龄化速度快。截至2021年年底，全国60岁及以上老年人口达2.67亿，占总人口的18.9%。据测算，预计2035年左右，60岁及以上老年人口将突破4亿，进入重度老龄化阶段。据政府有关部门统计，现阶段我国3岁以下婴幼儿数量约4 000万，超过三成婴幼儿家庭有托育需求，但托育服务机构入托率仅为5.5%左右。完善"一老一幼"服务是保障和改善民生的重要内容，事关千家万户。近年来，党和国家高度重视，不断健全养老和育儿的相关政策。随着人口老龄化趋势加快和三孩生育政策实施，"一老一幼"将成为家政服务行业关键的增量市场。

3. 用户需求日渐精细化，服务种类多元化

随着社会经济的发展，家政服务业市场细分日益深化、分工更加明确，家政服务范围不断扩大，覆盖范围也从低技术含量的家居清洁等工种向高附加值的家庭教育等工种拓展。例如，2021年1月国家人社部正式对外公示整理收纳师作为我国家政服务业细分新工种，花卉养护师、家庭早教师、房屋维护师、除螨师等新型岗位不断涌现。未来人们对高品质服务和高生活质量的追求必将日益增强，家政企业应深化家政

服务业与医疗、教育等行业的融合发展，深化内容创新，拓展服务外延，延伸服务触角，延长产业链条，满足用户的多样化需求。

（资料来源：零工经济研究中心）

任务评价

一、单项选择题

1. 下列对家政服务业的自发从业阶段，描述不正确的是（　　）。
   A. 即20世纪80—90年代　　　　B. 主要服务内容是保姆和钟点工
   C. 人们对家政服务业认识不充分　D. 家政服务从业者是有组织从业的
   E. 家政服务从业者岗前培训不足

2. 家政服务业开始出现知识技能型服务的阶段是（　　）。
   A. 自发从业阶段　　　　B. 消费细分阶段
   C. 服务分层阶段　　　　D. 提质扩容阶段
   E. 高水平发展阶段

3. （　　）年，国务院办公厅印发《关于促进家政服务业提质扩容的意见》。
   A. 2016　　　B. 2017　　　C. 2018
   D. 2019　　　E. 2020

4. 管家服务作为家政服务业的一种金字塔尖上的服务项目，属于（　　）。
   A. 简单劳务型　　B. 知识技能型　　C. 专家智慧型
   D. 社区服务类　　E. 个人助理型

5. 管家服务起源于（　　）。
   A. 德国　　　B. 英国　　　C. 法国
   D. 意大利　　E. 西班牙

二、简答题

1. 简述家政服务业未来的发展趋势。
2. 家政服务业的层次类型有哪些？

模块五　家政服务业

项目二　认知家政服务业发展

【项目概述】

　　由于中国社会的家庭小型化、人口老龄化进程加快，家庭中养老育小压力日益增加，家政服务需求同步提升。母婴服务、养老服务、家庭服务等需求日渐增大，国家陆续出台家政服务业提质扩容、家政扶贫、家政服务信用体系建设等方面系列政策，共同造就了家政服务业和家政服务市场规模的迅速增长。家政服务业逐步智能化、专业化，我国家政服务业拥有巨大的市场潜力，未来有望迎来高质量发展阶段。

　　本项目任务一主要介绍国外家政服务业发展历程、现状，以便学生借鉴国外家政服务业发展经验，开拓国际视野，树立高品质家政服务意识。任务二主要介绍我国家政服务业发展历程、现状及趋势，增强学生对家政服务业的认识，促进学生形成家政服务职业意识和职业理想。

【项目目标】

知识目标	1. 熟知亚洲主要国家的家政服务业发展历程； 2. 熟知欧洲主要国家的家政服务业发展历程； 3. 熟知美国家政服务业发展历程
能力目标	1. 能说出亚洲主要国家家政服务业发展的异同； 2. 能说出欧洲主要国家家政服务业发展的异同； 3. 能说出美国家政服务业发展的特点
素养目标	1. 具有家政服务业发展的国际意识； 2. 具有家政服务业发展的国际视野

【项目导航】

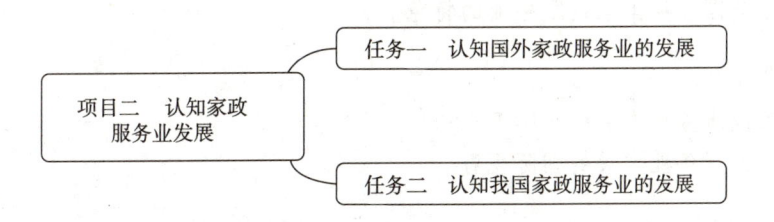

项目二　认知家政服务业发展
├── 任务一　认知国外家政服务业的发展
└── 任务二　认知我国家政服务业的发展

任务一 认知国外家政服务业的发展

任务引言

任务情境：在国外，家政服务业与人们的生活息息相关。美国家政服务业结构呈金字塔状分布，通过全媒体的形式，为有需求的家庭提供解决方案，为家政服务企业提供支持。在日本，家政服务业被称为"家事代行"，日本的家政服务业以钟点工为主，注重对从业人员的职业培养和细节规范，根据客户的需求提供有针对性的高质量服务。"菲佣"是菲律宾的名片，被誉为"世界上最专业的保姆"，其劳务输出总量在亚洲名列前茅，其家政服务业是最重要的行业之一。"英式管家"是英国家政服务业的代表，以黑色燕尾服、锃亮的皮鞋与雪白的手套形象著称于世。这些国外家政服务业的发展都值得我们学习和借鉴。

任务导入：外国代表性的家政服务业有哪些？各国家政服务业发展的主要特点是什么？有哪些内容值得我们学习借鉴？

任务目标

知识目标

1. 知晓日本、菲律宾、韩国家政服务业发展的概况；
2. 知晓美国、英国家政服务业的发展历程。

能力目标

1. 能说出菲律宾家政服务业的特色；
2. 能区分美国、英国家政服务业的特色。

素质目标

1. 具有家政服务业发展的国际意识；
2. 具有家政服务业发展的国际视野。

任务知识

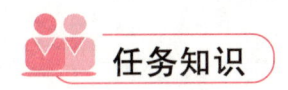

一、日本家政服务业

（一）发展背景

日本家政服务是近二十年来兴起的一门行业。历史上，日本的育儿养老责任多由家庭女性承担，日本社会将女性的角色定位为全职家庭主妇，"男性全天工作养家，女性全职（或承担大部分）做家务"的家庭形态在日本广泛存在。随着社会的发展，尤其是近年来日本经济增长缓慢，日本女性开始走向社会参加各种工作，而烦琐的家政工作需要有人代理。于是，日本家政服务业应运而生。

日本的家政服务业也被称为"家事代行"。代行范围涉及公私业务，既包括一般的家政服务，还包括儿童婴儿看护、高龄者服务、酒店和办公楼清扫等。在日本，家政服务工作属于正式工种，未经过专业培训，不可从事家政服务工作。据了解，在日本，除了一些知名的家政大学和家政学校可以提供优秀的专业家政服务人才外，毫无经验的人员从事家政服务，需要经过至少3个月的专业级别培训，并获得相应的资格证书才可以上岗。培训内容除包括清洁等各项技能外，还包括职业心态、交流技巧等软技能。日本家政服务业以钟点工为主，注重对从业人员的职业培训和细节规范，根据客户的需求提供有针对性的高质量服务。另外，由于日本劳动力短缺，体力劳动和脑力劳动的薪酬差别不大，家政服务人员的报酬一般较高。日本比较重视家政服务业的发展，规范家政服务业的发展秩序，家政服务人员受到社会尊重，家政服务业在日本被视为体面的工作。

（二）发展现状

日本现代家政服务业是在老龄化加剧的时代背景下发展起来的。20世纪90年代，随着家政服务需求的迅猛增长，日本的家政服务业进入加速发展期。近十年来日本家政服务市场需求显著增加，尤其是来自中产家庭的需求。随着日本家政服务业的规范化、标准化、职业化发展，用户个性化需求也越来越多，家政服务市场分工也越来越细。注重细节规范，按需提供高端家政服务及个性化私人定制服务成为日本家政市场发展的特色。日本的家政服务得到政府的重视和社会的广泛认可，其行业内部也制定了较为严格规范的培训标准。日本通过法律对家政服务业进行规范和保护。只有得到厚生劳动省承认的民间家政服务介绍所才可以从事中介工作，私自从事中介工作属于违法行为。

由于日本劳动力短缺，尤其是年轻劳动力缺乏，很多家政公司面临人手严重不足的问题。一些家政公司将解决家政用工难的基点瞄准了机器人。近年来包括软银在内的日本巨头企业推出新一代家用服务机器人，这些智能机器人不仅可以做修理、清洗工作，而且能完成监护、救援等任务。未来，日本家政服务业将引进越来越多的智能机器人，向智能化发展。

二、菲律宾家政服务业

（一）发展背景

菲律宾服务业主要分为外包服务业、旅游业和家政服务业三大类。菲律宾家政服务业是菲律宾服务业中最亮眼的一部分，菲佣是其享誉全球的家政服务业名片，这支队伍以其专业的技术和良好的职业道德素养为全球194个国家提供专业的家政服务，堪称家政服务业的典范。

受美国多年的殖民统治，菲律宾的工业基础薄弱，经济落后。20世纪60年代，马科斯执政时期积极发展中小型工业，致力于民族经济发展。这一时期，国民经济得到快速发展。20世纪70年代末，马科斯执政后期腐败严重，菲律宾面临经济下滑和政局动荡的双重困境。为改善民生，缓解政治压力，菲律宾政府开启国门，准许和鼓励本国人赴海外打工，鼓励以"菲佣"为主体的劳务出口，并为他们提供良好的政策和服务。自那时起，OFW（Overseas Filipino Workers，海外菲律宾劳工）逐渐成为海外劳务市场一支主力军，这就是早期的菲律宾海外家政务工。

进入21世纪以来，菲律宾政局走向稳定，努力发展本国经济。菲律宾服务业发展迅速，服务业约占全国GDP的50%。家政服务业作为菲律宾服务业的一个分支，受到国家高度重视。菲律宾作为世界上著名的劳务输出大国，其家政服务业发展定位就是面向国际，主要面向世界发达国家和富裕地区提供服务。根据海外菲律宾人委员会的统计显示，截至2012年年底，海外菲律宾人共有1 048.96万，分布在全球218个国家和地区，海外劳工大都就业于服务行业。菲律宾海外劳工总人数约占全国人口的1/10，每年海外劳工向国内汇款金额约为菲律宾当年GDP的1/10。这些海外劳工的汇款是菲律宾政府重要而稳定的收入，是菲律宾的经济支柱之一。

从职业构成角度分析，菲律宾海外劳工的职业群体主要包括"专业人士、医疗及各类技术人员""制造业人员"和"服务人员"三类，其中服务人员占比最大。服务人员主要包括家政服务员、杂工、清洁工、管家、医护人员、泥瓦匠等，其中大部分职业属于家政服务业。在海外工作的菲律宾劳工中女性多于男性，其中2/3的女性从事的是家政工作。菲佣是菲律宾海外女性劳工从事的主要职业。菲佣的市场主要集中在中东一些富裕的国家和香港地区，并在这些市场上占据绝对优势。菲佣十大输出目的国家和地区依次是中国香港、科威特、阿联酋、卡塔尔、新加坡、沙特阿拉伯、意大利、巴林、马来西亚和阿曼。

（二）发展现状

菲律宾的家政服务人员被誉为"世界上最专业的保姆"，菲佣成为全球典型家政服务品牌。由于菲佣在国际家政服务行业中的卓越表现，每年能为菲律宾带来大量的外汇收入，有力地促进了菲律宾经济发展。20世纪80年代，菲律宾将劳务输出上升为国家发展战略，为了配合政府向海外派遣劳工的需要，菲律宾已经形成一条由劳务中介公司、技能培训学校及认证中心等构成的完整产业链。通过与海外家政市场的激烈竞争，菲佣群体的素质不断增强，树立了专业而周到的服务标签。作为世界知名"品牌"，聘请菲佣被看作高雅、有地位的象征。

模块五　家政服务业

在菲律宾，家政服务人员主要是拥有较高素质的菲律宾妇女，她们不仅要接受完整的义务制教育，而且需要在专门的家政班培训两年，除了技能培训外，还要接受相应的语言培训。以菲佣为例，她们要懂烹饪、会插花、能护理老人，还要会教小孩说英语，这样高素质的家政服务大军，占据了东南亚、中国、欧美国家家政服务市场的绝大部分劳务份额。截至2019年年底，根据香港入境事务处的统计数据，香港注册外籍家庭佣工近40万人，其中大部分是菲佣，约22万人。粗略计算，平均每12户香港家庭就有一户雇用了菲佣。

菲律宾家政服务业的兴旺与菲律宾政府的高度重视和相对完善的政策措施支持是分不开的。菲律宾政府从宏观层面给予指导与支持，建立起家政服务业的劳务市场规则，包括市场进出规则、竞争规则、交易规则和仲裁规则等，通过法律法规、政策制度等方式规范家政服务人员、企业、客户的三方利益。

世界各国对菲佣的需求日益增长，为了继续保持家政服务业的品牌效应，在占据传统市场的同时，菲律宾政府鼓励菲佣向高端家政服务领域突破，进一步提升服务质量。为提高菲佣竞争力，菲律宾政府从2006年起推出培训超级菲佣计划，训练内容增加了急救及应对突发事件的技能等。

21世纪以来，菲律宾政府开始推动家政服务业多种业态发展，采取一系列措施，探索家政服务业发展的新模式，优化家政服务业发展结构。近年来，菲律宾政府大力发展国内养老产业，利用其优良的旅游环境资源，吸引越来越多的外国人来菲律宾养老。这些举措对强化菲律宾家政服务产业集群竞争优势、缓解就业压力、促进业态协同发展等方面都发挥了重要作用。

三、韩国家政服务业

（一）发展背景

韩国自1953年至1996年经济迅猛发展，创造了举世闻名的"汉江奇迹"。韩国由世界上最贫穷落后的国家之一，一跃成为中上等发达国家、"亚洲四小龙"之一。至20世纪80年代末，韩国经济已较为发达，政府放开工资管制，个人工资开始大幅增长，中产阶级开始有经济实力提升生活质量，消费支出也随之增加，家政行业开始发展。韩国社会对家庭教育、生活教育、家庭观念和传统文化的重视程度逐渐提高，家政服务和家政产品随之兴起。例如，在20世纪80年代中期之前，托儿所和儿童日托所比较罕见，随着生活水平的提高，这些服务开始普遍被大众接受。与此同时，很多家务和家用产品开始市场化，比如食品制剂中使用的各种调味汁，由之前的家庭制作开始进入商业化生产。这意味着满足人们日常需求的家政服务和家政产品开始发展，服务分工更加细化，服务内容延伸到民众日常生活的方方面面，呈现出多业态、多样化的快速发展趋势。

（二）发展现状

随着产业化和民主化的发展，韩国的家庭结构和家庭关系发生较大变化，家庭形态由传统向现代转变，由此导致家政服务的范围开始扩大，由聚焦服务家庭转向家庭需求社会化，相应的家政服务机构越来越多，女性视角的家政服务及培训受到政府的关注及广大女性的欢迎。

随着 20 世纪六七十年代产业化、城市化的飞速发展及人口控制政策的确立，韩国大家族式的传统文化逐渐消失，家庭小型化、人口老龄化开始突显，"空巢老人"不断增多，家庭成员从事日常家务的压力越来越大，家政服务的需求不断上升，尤其是老年人护理、婴幼儿照顾、为双职工家庭解决家务、学生作业辅导等专业化家政服务的需求上升。为满足这类需求，家政服务业中的社会化机构如育婴所、托管班、养老公司、月子会所、专业早教公司、母婴护理公司等大量涌现，服务范围涉及日常保洁、家务服务、家电维修、水电维修、房屋装修、家教培训、购物消费、订餐送餐等 20 多个领域，200 多个服务项目。家政服务业的社会化程度日益加深，韩国统计厅发布的"2023 年家庭动向"资料显示，韩国 2023 年的消费支出创新低，但在家庭用品、家政服务、居住和水电燃料等方面的支出增加，这表明韩国家政服务的需求在不断上升。

随着生活水平的提升，广大韩国民众开始追求高品质的生活，家政服务由应急需求转为日常需求，进一步提升为科学需求。比如，提供家庭的科学饮食，指导合理搭配营养；为孕产妇、新生儿及患病老人提供专业的科学护理等，家政服务走向专业化。

四、美国家政服务业

（一）发展背景

美国家政服务业从启蒙到成熟经历了四个时期：萌芽期、停滞倒退期、恢复发展期、稳步发展期。受欧洲家仆文化的影响，美国建国初期的移民者有雇佣女佣或女仆来协助家务劳动的习惯，美国家政服务业开始萌芽。17 世纪中叶，在美国蓄奴制度下，黑人妇女无偿为白人提供家庭服务，她们除在种植园进行农业劳动外，还要在奴隶主家庭中和自己的营房内承担洗衣、熨烫、做饭、哺育白人小孩等任务，以及纺织、染布等家庭手工业劳动。在这一时期，尤其是在南部种植园区，美国家政服务业从早期相对独立的自由契约变为黑人妇女被剥夺人身自由的奴隶劳动，家政服务业发展停滞乃至倒退。1863 年奴隶制废除，黑人得到解放。黑人妇女成为从事家政服务业的主力军。黑人妇女主要担当白人家庭的厨娘、女仆、接生婆、保育员和洗衣工。第二次工业革命迅速传播到美国并向纵深发展，市场对劳动力的需求日趋迫切，美国本土劳动力供不应求。19 世纪末 20 世纪初，到美国的移民数量达到历史最高峰。移民来美国后主要从事农业、门卫、家政服务等工作，这类工作无须较高技能，但薪酬较低，从事家政服务业的主要是女性移民，黑人女性比例最高。从事家政服务业的有色人种，成为雇佣劳动者，美国家政服务业又开始恢复发展。

20 世纪下半叶，随着妇女受教育机会的增加，越来越多的职业妇女走出家庭参加工作。职业妇女外出就业后，对家庭成员的照料和家务料理成为亟待解决的问题。20 世纪 70 年代以后，随着美国学龄儿童的母亲参加社会工作的比率越来越高，婴幼儿保教需求越来越普遍，从而催生了大量的保育员岗位需求，日托机构也迅速增加，成为广大职业女性照顾婴幼儿的首选选择。与此类似，越来越多的双职工家庭还需要购买家务料理、老年人护理、病残护理等服务以满足家庭需要，从而使家政服务业分类越来越细。

社会福利、科技发明和用工成本也是影响美国家政服务业发展的重要因素。各种节省家务劳动的新发明、新设备以及费用相对低廉的家政服务机构开始增加，如洗衣房等。20 世纪下半叶，美国最低工资标准不断增长，家政服务用工成本不断增长导致家政服务价格随之增高。在多种因素的影响下，美国家政服务业呈现稳步发展态势，家政服务类型根据市场多样化需求不断细分，对从业人员的要求也不断提高，家政服务业开始步入正规化、职业化的发展轨道。

（二）发展现状

由于美国地广人稀，美国家政服务业虽然市场空间较大，但空间需求较为分散，所以美国家政服务业处于传统家政企业朝互联网家政企业转型的过程，整体形态呈金字塔结构（图5-1）。

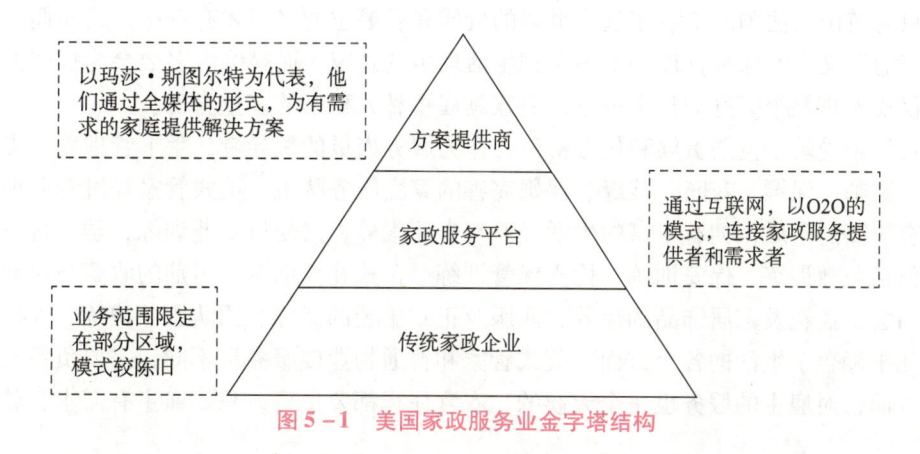

图5-1 美国家政服务业金字塔结构

（金字塔结构自上而下为：方案提供商、家政服务平台、传统家政企业。方案提供商：以玛莎·斯图尔特为代表，他们通过全媒体的形式，为有需求的家庭提供解决方案；家政服务平台：通过互联网，以O2O的模式，连接家政服务提供者和需求者；传统家政企业：业务范围限定在部分区域，模式较陈旧。）

目前美国家政服务业市场格局总体仍以传统家政企业为主，但就增长率而言，转型的互联网家政企业份额正在快速增长，与此同时，传统家政企业份额正在下降。随着互联网的发展和手机等移动智能设备的普及，家政服务的信息化和规范化也逐渐成为用户的普遍需求，线上线下的融合模式是未来家政企业的趋势，家政企业管理者需要顺应时代发展及市场需求来推动企业转型升级。不少家政企业都采取了互联网经营和线下家庭内部服务相结合的模式。随着互联网服务进一步发展，美国的家政企业总体呈现出实体经营和线上经营相结合的格局。

由于家政服务从业人员的素质普遍不高，从业人员培训的难度和需求往往大于其他行业。因此，很多国家和地区特别重视家政服务业的培训。目前，美国家政服务从业人员不仅要接受完整的义务教育，还必须接受专门的家政服务培训。美国面向家政服务业的教育培训已形成系统、成熟、规范的课程设置和管理体系。在美国，家政学发展形成的前期基础、支持家政教育的相关政策，为整个家政服务业的发展奠定了坚实的根基，助推行业发展。在美国联邦及地方政府的政策、经费及管理的支持下，美国家政服务业迅速发展，已打造出一批批高素质、专业化的家政服务从业人员，这些家政服务从业人员无论从社会地位还是经济收入方面，都得了社会的广泛认可。

五、英国家政服务业

（一）发展背景

英国家政服务业雏形始于15世纪中期，到19世纪初，全国有1/3的家庭拥有家仆，在伦敦，这一比例高达60%。家仆流行的原因，一方面，是因为妇女渴望从繁重的家事中解脱出来，体验更为优雅精致的生活；另一方面，上流社会有追随封建贵族显示社会地位和财富的欲望，家仆的配备则是衡量地位与财富的重要指标。经历封建社会到资本主义社会的变革，家仆群体转变为家政服务从业人员。

英国家政服务业举世闻名的当属英式管家。英式管家之所以全球闻名，源于其丰厚的历史底蕴。英式管家起源于法国，由于在英国完善了服务理念，各方面的传统也烙有明显的英国印记，因此被冠以"英式"二字，之后传到美国、德国等地。英式管家在欧洲大约有700年的历史，已经成为家政服务领域的经典名词。作为世界家政服务领域的最高级别，英式管家最早只有英国和法国的王室家庭或世袭的贵族和有爵位的名门才有资格正式雇佣。英式管家不是普通意义上的那种打理一个小家庭生活琐事的管家，而是绝大多数会为那些大家族服务，不仅要安排整个家庭的日常事务，更兼具雇主私人秘书的多重身份。

英式管家受聘于世袭贵族和亿万富翁，作为服务人员的领导者，手下管理着一支包括家庭教师、厨师、保镖、花匠、裁缝、保姆完善的家庭服务队伍。英式管家经过专业训练或世袭，具有极高的素质，拥有丰富的生活经验与专业素养，接受过专业训练，学习科目可达数十项，包括急救训练、保安训练、枪支保管训练、正式礼仪训练、雪茄的收藏与保养、酒的鉴别和品尝、插花及家居饰品的保养、西服及正式服装的保养、团队服务演练、人事组织架构等，几乎涵盖了生活的各个方面。英式管家和普通物业或服务员不同，需要负责家庭生活的各个方面，对雇主的服务也是全天候的，衣食住行都要负责，只要雇主有需求，就要随叫随到。

从过去到现在，英式管家在豪门中扮演的角色是相当多元化的，举凡购物、管理家庭财务、准备餐点、送孩子上学、洗熨衣物、招待客人、准备晚宴等，都由管家交代员工执行，直至监督验工。

（二）发展现状

维多利亚时期是英式管家的巅峰时期。一百多年前，几乎每个英国中上层家庭都有一个英式管家。"二战"之后，随着英国服务业的衰退，英式管家的需求量急剧下降。然而，他们并没有退出历史舞台。进入21世纪后，英式管家与其他高端服务业一同得以复兴。

随着时代的发展，管家演变成为精英阶层家庭的重要成员，是重要采购事项的参谋、生活采购的相关决策者和实施者。如今英式管家的概念已被注入了全新的理念，他们通常身兼数职，像房屋管理人、私人助理、贴身仆人、厨师、保镖，等等；其他职责还包括制定人员工作时间表、员工职责范围、设备设施定期维修时间表，安排各种派对，做一些简单的家政，协助雇主预订酒店住宿、餐厅、剧院等，掌握红酒和烈酒等酒类知识，监管葡萄酒和烈酒储存处；当雇主出行时，帮助雇主整理所需要的出行用品等，协助管理房屋及人员安全；聘请或解雇员工，培训员工。英式管家还需要管理家庭账务和制作家庭预算，在美国和德国，他们甚至可以帮助雇主管理财务或打理公司的业务。

在中国，随着英式管家行业的头部机构英国管家协会服务集团在2005年正式进入中国大陆，并与更加源远流长的中国管家行业迅速融合，家庭私人管家进入高档社区和有高品质生活需求的高净值家庭，已成为中国家政服务业必不可少的版块，其服务技术和方法得以发扬光大，为更多中国家庭提供服务。

任务拓展

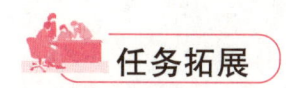

家庭保姆机器人：巴士男孩

丰田研究院（Toyota Research Institute，TRI）成功研发出最新一代家庭保姆机器人：巴士男孩（Busboy），可执行85%的复杂人类级任务。通过云机器人技术和深度学习的结合，可以让机器人的学习能力呈指数级增长。它不仅能干擦地板擦家具的脏活累活，还能从冰箱为你取回需要的饮品等。机器人自身通过传感器会不断感知周围环境，预测安全路径，然后根据这种理解来制定行走或运行路线。

在丰田的发布会上，巴士男孩展示了他的能力，比如能够从一个高亮反光桌面上拿起玻璃杯放到洗碗池里，从高度反光的大理石台面上准确地拿起玻璃杯，还能擦干净桌子和地板等。

这款丰田巴士男孩运用了更加高级的 AI 和机器学习技术，能够感知场景的3D几何形状，同时能检测物体和表面，这种组合使研究人员能够使用大量的合成数据来训练该系统。所以这是一款还需要不断"培训"和升级的机器人。对于机器人来说，能够识别和拿起一个透明玻璃杯或者区分一个茶杯和它的影子，是一项比拉小提琴或者打篮球更复杂的工作。

任务评价

一、单项选择题

1. 在日本，家政服务业被称为（   ）。
   A. 家事代行　　　B. 家事代办　　　C. 家事代理
   D. 家事服务　　　E. 家务代理

2. 日本家政服务业对从业者的要求是（   ）。
   A. 不设门槛　　　B. 必须是家政专业
   C. 必须经过培训　D. 必须是女性
   E. 必须取得相关证书

3. 韩国家政服务业发展的背景是（   ）。
   A. "二战"结束　　B. 朝鲜战争结束　C. 汉城奥运会
   D. 汉江奇迹　　　E. "二战"爆发

4. 菲律宾的家政服务对外输出，在亚洲的最大输入地是（   ）。
   A. 中国大陆　　　B. 日本　　　　　C. 中国台湾
   D. 中国香港　　　E. 韩国

5. 英国的家政服务业，脱胎于英国历史上的（   ）。
   A. 家仆　　　　　B. 管家　　　　　C. 内臣

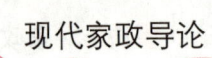

D. 骑士　　　　　　E. 绅士

二、简答题

1. 请简单比较分析日本、韩国、菲律宾三国家政服务业的异同。
2. 简述英式管家作为英国特色家政服务的发展轨迹。

任务二　认知我国家政服务业的发展

任务引言

任务情境： 我国家政服务业是随着经济社会的快速发展以及人民生活水平的不断提高而形成的一个朝阳产业，并随着改革开放40多年的快速发展而逐步发展壮大。40多年间，数以千万计的家政劳动者从农村向城市进发，成为服务城市家庭美好生活的蓬勃力量。据调查数据显示，2021年我国家政服务业规模已增至10 149亿元，进入万亿级市场行列，从业人数也增加到现在的3 000多万，且仍然面临2 000多万的需求缺口。在家政服务业进入快速增长的同时，这个行业也长期处于"小散乱"的状态，市场供需不平衡、行业发展不规范、经营管理模式落后、服务人员综合素质低、服务标准缺乏、用户满意度不高等痛点又制约着相关企业的发展。

任务导入： 我国家政服务业经历了怎样的发展历程？我国家政服务业发展呈现出哪些特征？我国家政服务业未来的发展趋势是怎样的？

任务目标

知识目标

1. 知晓我国家政服务业发展概况；
2. 知晓我国家政服务业未来发展方向。

能力目标

1. 能说出我国家政服务业发展的总体特征；
2. 能描述我国家政服务业发展的整体趋势。

素质目标

1. 具有家政服务业发展的前瞻意识；
2. 具有从事家政服务业的创新能力。

任务知识

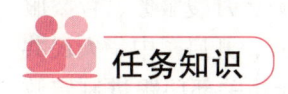

一、我国家政服务业发展历程

1949年之前的中国基本处于封建半封建的社会状态，家庭事务的社会化程度很低，家庭事务的从业人员不是自由的劳动者，基本上是人身买卖关系或人身依附关系的家仆。总之，中华人民共和国成立前，我国没有家政服务业的存在。中华人民共和国成立后，进行了一系列的社会主义改造，建立了社会主义国家制度，与之相匹配，建立了公有制经济制度，取消了一切资本主义经济和私人经济。直到十一届三中全会决定改革开放，逐步建立以公有制为主体，多种所有制经济共同发展的社会主义市场经济制度后，在经济制度改革之下，20世纪80年代中期以后，家政服务业才开始萌芽。随着社会经济的发展，人们的消费观念转变，生活节奏加快，家庭小型化、人口老龄化、服务社会化、技术专业化，以及人们对家庭生活质量追求越来越高，家庭事务社会化和职业化的速度越来越快，从事相关研究、培训、经营、管理、服务等的部门和机构如雨后春笋般出现，以家庭为主要服务对象并以家庭事务处理和管理为职业的家政从业队伍日益壮大。

家政服务业作为第三产业的一个新兴行业，是伴随着社会经济的发展、社会分工的细化及人们物质文化需求的日益丰富而产生的。到20世纪60年代后，家政服务业在发达国家得到了长足发展。相对而言，我国的家政服务业起步较晚，它是随着我国社会主义市场经济体制的确立、经济和社会的快速发展、人民生活水平的不断提高而产生的一个朝阳产业。

我国的家政服务业虽然起步晚，但发展迅速，市场正逐步完善。我国家政服务业的发展先后经历了四个阶段：

（一）改革开放前的家政服务业历史积淀阶段

家政服务（佣人）伴随着家庭的产生而出现，在我国也有很长的历史。在我国漫长的封建社会中，封建贵族大家庭中形成了一套特有的、以亲情为纽带的家政服务体系。佣人为贵族的家庭提供家政服务，贵族家庭为佣人提供生活保障，双方关系主要通过一种建立在封建等级制度基础上的"亲情"来体现和维系，是一种人身依附关系。当时的家政服务只局限在家庭内部，而不是社会化的服务，故不能称之为一个行业。这种状况一直延续到1949年。中华人民共和国成立后，随着社会主义改造的完成，生产资料公有制占绝对优势的新的经济基础建立，社会主义经济体制、政治体制、教育科学文化体制基本形成。这时，亿万农民和其他个体劳动者已经变成社会主义的集体劳动者，导致家政服务在我国一度消失。

（二）家政服务业萌芽阶段（20世纪80—90年代）

改革开放政策解封了市场，大城市首先对家庭需求作出反应。以北京为例，20世纪80年代初成立的家政服务公司有十多家，其中1983年成立的北京市三八服务中心，是全国第

一个家政服务机构。当时开展的项目有家政服务、养老服务、病患服务、月嫂服务、育婴服务、计时服务、医院陪护服务、单位用工服务。它的组织形式为中介式，开启了中华人民共和国最早的家政服务组织运作。在中介式家政服务企业出现后，政府相关部门跟进制定政策，为其确立法律规范，家政服务业逐渐走上合规发展的轨道。

（三）家政服务业规模发展阶段（21世纪前10年）

进入21世纪，2000年我国人均收入940美元，处于全球排名中等偏下，但经过20年的改革开放，部分人已经先富起来了，国家整体经济水平有了跨越式的提升。在经济发展的带动下，家政服务业初具规模，业态内涵有所丰富。除了传统的家政服务公司，还出现了搬家公司、养老公寓、幼儿早教中心、儿童托管中心、产后恢复会所等。随着人们收入提高，家庭对生活水平和生活质量的要求也水涨船高，家政服务业的规模明显扩大，家政服务业的形式变得立体多样，业务内容更加丰富，业务层级更加细分，家政服务员的职业化程度也大幅提高。2000年8月，原劳动与社会保障部颁布了《家政服务员国家职业技能标准》，引领家政服务行业进入了职业化规范化发展的轨道。在这一时期，已经从家政服务员的队伍中细分出知识性、技术性更强、更专业化的月嫂、育婴师等专门岗位。家政服务业专业化的从业群体初步形成，岗前培训、职业资格鉴定成为常态。

（四）家政服务业内涵发展阶段（2010年至今）

2010年9月，我国有家政服务业培训基地1 594个，累计为280多万名妇女提供技能培训。全国有家政服务企业和网点50多万家，从业人员1 500多万人，大致有20多个门类200多种服务项目，涉及家务劳动、家庭护理、维修服务、物业管理等，基本包含了家庭生活的方方面面。同年，时任国务院总理温家宝在国务院常务会议上专门提出了发展家政服务业的政策意见，不仅对于家政服务业在经济发展中的重要作用给予肯定，还从产业政策、市场秩序、技能培训、财税政策上制定了发展家政服务业的具体措施。2017年，商务部发布的《中国家政服务行业发展报告》的数据显示，截至2016年，全国家政服务企业66万家，规模以上企业14万家，占全国行业企业总数的21.3%。全国家政服务从业人数2 542万，全行业企业营业收入3 498亿元。家政服务业不断发展壮大，新的问题也随之呈现，企业规模化程度不高，行业信息技术、连锁经营等现代化程度有待加强。面对这种情况，2019年，国务院办公厅发布《关于促进家政服务业提质扩容的意见》，针对行业壮大、提升迫切需要解决的人才问题，"采取综合措施，提高家政从业人员素质"，针对企业现代化管理，"着力发展员工制"，并提出强化财税支持、完善公共服务政策等一系列政策措施。未来家政服务业必将向着现代化、高效化、规范化、标准化发展，成为我国现代服务业的重要组成部分。

二、我国家政服务业发展现状

（一）我国家政服务业发展总体情况

我国家政服务业起源于20世纪80年代，兴起于90年代。进入21世纪以来，随着人民生活水平的提高、家庭小型化的转变以及国有企业改革和农民进城务工的兴起，家政服务业快速发展，行业规模逐渐扩大，服务领域不断拓展，服务质量不断提升。

20多年来，我国家政服务业从无到有，从小到大，成为新兴的朝阳产业，为促进我国第三产业发展、扩大内需、改善民生、促进就业，尤其是促进弱势群体就业发挥了重要作用。据中国产业调研网发布的《中国家政服务市场调查研究与发展前景预测报告（2021—2027年）》显示，巨大的市场需求促进了家政服务的产生与发展，随着经济的发展和社会的进步，人们在生活水平提高的同时，社会服务的需求也不断加大。在我国大中城市里，越来越多的家庭要求社会提供形式多样、质量满意的家政服务。此外，农村巨大的市场也不可忽视，留守老人、留守儿童的家庭同样需要家政服务，从而提高赡养、抚养品质。

在家政服务市场的需求非常旺盛的同时，需求的层次也产生了明显的变化，职业化、高技能、高素质的家政服务人才为广大用户所期待，但现实却是家政服务业供给大大滞后于市场的需求，大多数家政服务商提供的服务本身缺乏层次。家政服务市场中更高端人群需要的管家式的家政服务员更受欢迎，高端家政服务人才的综合素质要求更高，通常需要身份保密、忠诚度高、有长期的工作经验、能力强，甚至要求会开车、言行得体及有一定英文水平、学历高等，这样的综合性家政服务人才是家政服务市场未来的稀缺资源。

2015—2021年我国家政服务业吸纳就业人数稳步增长，其中约90%的人员来自农村地区。2021年我国家政服务人员数量为3 760万人，同比增长7.3%（图5-2）。但目前家政服务业人员缺口仍然较大，存在供不应求状态。

图5-2　2015—2021年中国家政服务业从业人员数量及其增长率

近年来，我国家政服务业市场规模逐年稳定增长，从2015年的2 776亿元已提升至2021年的10 149亿元，突破万亿元大关（图5-3）。在政策推动行业规范化发展、居民消费水平提高、养老托育服务需求日益旺盛等因素的共同推动下，家政服务业拥有广阔的市场前景，2023年市场规模达到11 641亿元，预计到2027年，中国家政服务业市场规模有望突破13 855亿元。

图 5-3　2015—2027 年中国家政服务业市场规模及其增长率

(来源：https://mp.weixin.qq.com/s/sPwODKXZN5zvsS-hH6Q0yg)

（二）我国家政服务业发展的总体特征

1. 家政服务业社会效益明显

2012—2019 年中国家政服务业市场总体实现营收规模从 1 323 亿元增长至约 7 203 亿元，年均增长率高达 19% 左右。而从家政服务业对国民经济的贡献度来看，2012—2019 年，贡献度从 0.25% 上升至 0.73%，提升将近 3 倍。综合来看，我国家政服务业整体规模虽然不大，但近年来始终保持高速的增长态势，在国民经济中的占比也在不断提高，贡献度有较大增长，市场地位也逐年提高。

2. 不同群体均有需求

随着人们对生活质量的追求，母婴服务、养老服务、家庭服务等需求日渐增多。2020 年，我国家政服务业从需求人群年龄结构来看，不同群体均有需求。"90 后"订单占比达到 45%。"90 后"正处于职业发展的黄金年龄，且受到"宅文化"和"品质生活"理念的影响，与"70 后""80 后"相比，"90 后"更在意时间成本、购买体验等无形价值，对家政服务的依赖性更强，相比"90 后"，"80 后"对家政服务从业者的要求最高，对形象气质、文化水平都提出了更高要求。此外，17% 的"70 后"认为家政服务在生活中必不可少。

3. 就业贡献逐年上升

巨大的市场需求带动我国家政服务业从业人数不断上升。2019 年我国家政服务业从业人数为 3 271 万人，同比增长 6.5%，对我国就业贡献逐年上升。2020 年，我国家政服务业从业人数已经增长至 3 504 万人。可见，家政服务业市场的发展给我国的社会就业带来了很大助益。

4. 高端家政服务人员紧缺

从家政服务业细分产品结构来看，简单劳务型市场规模为 5 150 亿元，知识技能型市场规模为 2 776 亿元，专家管理型市场规模仅为 49 亿元。同前两项家政服务类别对比，我国高端家政服务发展明显不足。我国家政服务业经过多年发展，目前正在向年轻化、高端化的方向迈进，市场潜力巨大，会吸引不少高素质人才加入。未来，预计我国家政服务业高端化、多元化、专业化等方向发展潜力较大，高端就业前景广阔。

三、我国家政服务业的发展前景

随着经济社会发展和人民生活水平提高，家政服务业迅速发展成改善民生、提高人民生活质量的重要行业之一。家政服务业的市场前景广阔，发展潜力巨大。未来，我国家政服务业发展将朝着产业规模化、服务多样化、经营网络化和服务智能化方向发展。

（一）产业规模化

随着家政服务业市场的竞争愈发激烈，部分大型家政服务企业持续扩张，许多中小企业开始抱团取暖、联合发展，家政服务头部企业竞争格局已经形成，产业开始从"小弱散乱"走向规模化、品牌化、专业化。中国社会的家庭小型化、人口老龄化和生育政策的推行，创造了大量家政服务的潜在需求。家政服务业既是朝阳产业，也是民生产业，对于吸纳就业、促进乡村振兴具有重大推动力。家政服务业近年来始终保持高速的增长状态，在国民经济中的占比也在不断提高，可以预见，未来家政服务业市场营收规模将持续扩大。

（二）服务多样化

中国家政服务业市场细分日益深化，对于技能水平要求高的家政服务细分工种，用户付费意愿较高。随着社会经济的发展，中国家政服务业分工更加明确，家政服务的范畴也在逐步扩大，覆盖范围也从低技术含量的家居清洁等工种向高附加值的家庭教育等工种拓展。未来人们对高品质生活的期望必然日益增强，家政服务企业应深化家政服务业与医疗、教育等行业的融合发展，建立细分领域的服务优势和行业规范，做长做细相关产业链，满足顾客的多样化需求。

（三）经营网络化

家政服务业数字化转型正在快速推进，用户需求线上化趋势极为明显，相关企业应借助互联网家政服务平台、本地生活平台等线上渠道获客，实现数字化转型。此外，在数字化的赋能之下，未来家政服务业将借助技术手段，实现人才选用、人才培育、人员管理的智能化与可持续化。

数字化、网络化是家政服务业发展的新方向。2018 年，我国家政服务业用户线上渗透率还不及 50%，2020 年这一数字已经超过 70%，互联网家政服务平台月活跃用户规模接近 3 000 万家，线上需求已经成为家政服务业重要的需求来源，数字化正在重新定义家政服务业的竞争要素，线上线下融合发展将进一步深化。

（四）服务智能化

近年来，在家政服务业供给紧缺和人工成本不断提高的背景下，作为人工智能重要应用载体的家政服务机器人渐渐开始市场化、产业化，并悄悄地走进家政服务工作中。随着人工智能技术的升级，机器人智能化、拟人化水平的提高，人工智能将与家政服务业更加深度融合，帮助更多家庭实现品质生活。

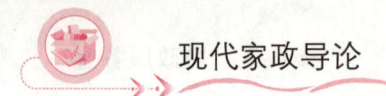

目前，与家政服务领域相关的 APP 兴起。例如，家政服务企业管理 APP "斑马家政加"就乘着"互联网+"的潮流，把互联网技术与家政服务相结合，为企业提供员工管理、客户签约等在线服务，助力家政服务业智能化发展。

任务拓展

人工智能与家政服务业

作为国内领先的互联网家政服务平台，到家集团（以下简称到家）在智能化发展方面已抢先落子布局，探索人工智能技术在家政服务业的应用和落地，为提升服务质量和体验寻找新的解决方案。在家政服务职业培训领域，到家集团正在逐步实现在线培训，在互联网协同效应下，培训效率更高，且成本更低。

据了解，作为服务供给侧，58 到家利用互联网的组织能力和 AI 技术，将订单与人工高效协同，使劳动者与用户有机互动，使智能互联逐渐覆盖从售前到售后的服务全链条。目前，58 到家已经实现了 AI 客服在线平台智能调度、实时保险、人脸识别服务管理、方案提升等科技赋能手段。

在一个完整的订单周期中，AI 智能客服进行在线实时应答，用户可在线查看劳动者简历并进行线上视频面试；之后对劳动者及用户进行智能分析，将用户需求分层，智能调度劳动者上户，实现需求精准实时匹配。在劳动者上户服务环节中，人脸识别技术可保障阿姨体检和上户服务的真实有效性，云管家对服务过程进行把控和评估，量化服务行为，以便为用户提供更加专业和细致的服务。通过一系列 AI 智能手段，58 到家不断改善用户服务体验，成功将客户投诉率降低至 2.6%，远远低于行业平均水平。

任务评价

一、选择题

1. 我国家政服务业萌芽于（　　）。
   A. 20 世纪 80 年代　　　B. 19 世纪 80 年代
   C. 20 世纪 70 年代　　　D. 19 世纪 70 年代
   E. 20 世纪 60 年代

2. 我国家政服务业的发展是我国改革开放以来（　　）飞跃式发展的结果和体现。
   A. 建设　　B. 财富　　C. 生活水平
   D. 经济　　E. 科技

3. 我国家政服务业按（　　）可分为三个层次。
   A. 目标　　B. 内容　　C. 层次
   D. 需要　　E. 特征

4. 我国家政服务业大致有（　　）个门类，200多种服务项目。
A. 30　　　　　　B. 25　　　　　　C. 20
D. 15　　　　　　E. 35

5. 以下（　　）服务属于高端的专家管理型服务。
A. 保洁　　　　　B. 维修　　　　　C. 家教
D. 家庭理财　　　E. 月嫂

二、简答题

1. 简答我国家政服务业的发展阶段。
2. 我国家政服务业按内容划分为几个层次？

模块六　家政职业道德及法规

模块导航

模块六　家政职业道德及法规
  项目一　认知家政职业道德
    任务一　认知道德与职业道德
    任务二　认知家政服务员职业道德
  项目二　认知家政服务相关法规
    任务一　认知家政服务相关法律
    任务二　认知家政服务相关规定

课程导学

家政服务业信用体系

党中央、国务院高度重视家政服务诚信体系建设。2019年6月，国务院办公厅印发《关于促进家政服务业提质扩容的意见》，明确要求建立健全家政服务领域信用体系。随后，商务部、国家发展改革委印发了《关于建立家政服务业信用体系的指导意见》，要求各地加快推进家政服务业信用体系建设。

当前，我国家政服务业信用缺失问题较为突出。部分家政服务员隐瞒真实信息，不按合同约定提供服务，偷盗雇主钱财、伤害老幼病残等案件时有发生。部分家政服务企业以不正当竞争、哄抬价格、虚假宣传等手段误导消费者。这些现象严重损害人民群众生命财产安全，严重扰乱家政服务市场秩序，给家政服务业的健康发展带来不利影响。因此，迫切需要建立一套完整真实的家政服务员和家政服务企业信用体系，让消费者能知情、服务可查询。

贯彻落实党的二十大关于推进诚信建设的精神，应加快推进家政服务业信用体系建设，规范家政服务业发展，促进家政服务业提质扩容，满足人民群众日益增长的美好生活需要，着力提升人民群众的获得感、幸福感、安全感，营造诚实守信的家政服务业发展环境。

项目一 认知家政职业道德

【项目概述】

道德是一种社会规范，是一种行为准则，旨在指导人们如何正确地行事，可以激励人们在社会中作出正确的决定。职业道德是人们在职业活动中应当遵循的道德，而家政服务业的职业道德，在引导家政服务、约束家政服务员行为方面起着重要的规范作用，对家政服务业健康发展起到十分重要的作用。

本项目主要介绍道德的内涵、内容和功能，职业道德的定义、特征和基本内容，让学生知道家政职业道德的特点、家政服务员职业守则以及家政服务员如何形成良好的职业道德。

【项目目标】

知识目标	1. 熟知道德的内涵、内容和功能； 2. 熟知职业道德的定义、特征和基本内容； 3. 熟知家政服务员职业道德规范的特点； 4. 熟知家政服务员职业守则
能力目标	1. 能说明不同职业应具备的职业道德； 2. 能遵守并践行家政服务员职业守则
素养目标	1. 树立职业道德规范意识； 2. 具备良好的家政服务员职业道德

【项目导航】

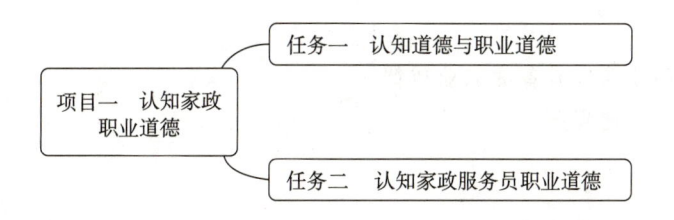

```
                        ┌─ 任务一  认知道德与职业道德
项目一  认知家政职业道德 ─┤
                        └─ 任务二  认知家政服务员职业道德
```

任务一 认知道德与职业道德

任务引言

任务情境：最近在网络上流传着一个视频：某地出现了保姆当众唾骂老人的事件。视频上保姆将坐着轮椅的老人放在一旁，自己去逗狗，不仅对老人不闻不问，还在老人对其提出要求时恶语相向，态度极其恶劣。网友看后不禁感叹，这个保姆连最基本的尊敬老人都做不到，更别说保姆的职业道德了。

道德是人们共同生活及其行为的准则和规范；职业道德是道德的一部分，是人们在职业活动中应当遵循的道德，是一般社会道德在职业活动中的体现。良好的职业道德修养是职业人取得职业成功的重要前提，它决定了一个人职业生涯的发展程度。本任务是要让学生认识道德的内涵、内容和功能，认识职业道德的定义、特征和基本内容，树立良好的职业道德。

任务导入：你知道道德与职业道德的关系吗？在职场中，应该具备哪些职业道德呢？

任务目标

知识目标

1. 知晓道德的内涵、内容和功能；
2. 知晓职业道德的定义、特征和基本内容。

能力目标

1. 能说明不同职业应具备的职业道德；
2. 能遵守职业道德规范。

素质目标

1. 树立职业道德规范意识；
2. 具有爱岗敬业、诚实守信等基本职业道德。

任务知识

一、道德

（一）道德的内涵

"道德"一词，在汉语中可追溯到先秦思想家老子所著的《道德经》一书。书中有云："道生之，德畜之，物形之，势成之，是以万物莫不尊道而贵德。"其中"道"是指自然运行与人世共通的真理，而"德"是指人世的德性、品行、王道。儒家文化语境中的道德是"道"和"德"的合成词。

马克思主义认为，道德是一种社会意识形态，它是人们共同生活及其行为的准则和规范；是人类生活所特有的，以善恶为标准，依靠宣传教育、社会舆论、传统习俗和内心信念来调整人与人、人与社会以及人与自然之间相互关系的行为规范的总和。

马克思主义关于道德的论述，包含了三层含义：

1. 道德的性质、内容，是由社会经济基础决定的

道德的性质、内容，是由社会经济基础决定的，有什么样的经济基础，就有什么样的道德体系。

2. 道德是以善与恶、好与坏、偏私与公正等作为标准来调整人们之间行为的

一方面，道德作为行为准则，影响着人们的价值取向和行为模式，指引人们应该怎样选择自己的行为，怎样调整自己与他人、社会的关系，具有什么样的人格，走什么样的人生道路。

另一方面，作为评价标准，道德也是人们对行为选择、关系调整作出善恶判断的评价。

3. 道德是一种特殊规范

道德是一种特殊规范，它不是由专门的机构来制定和强制实施的，而是依靠社会舆论和人们的信念、传统、习惯和教育的力量来调节的。根据马克思主义理论，道德属于社会上层建筑，是一种特殊的社会现象。

综上所述，道德是一种社会意识形态，是调整人与人之间、个人与社会之间关系的行为规范的总和。以真诚与虚伪、善与恶、正义与非正义、公正与偏私等观念来衡量和评价人们的思想、行动。通过各种形式的教育和社会舆论力量，使人们逐渐形成一定的信念、习惯、传统而发生作用。

（二）道德的内容

按照社会生活领域的不同，道德可以分为社会公德、职业道德、家庭美德和个人品德。社会公德是家庭美德、职业道德、个人品德的基础，家庭美德、职业道德、个人品德又是社会公德在家庭领域、工作领域和个人生活领域的具体表现。

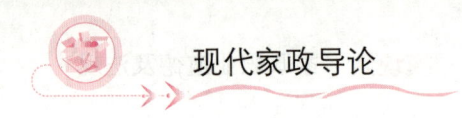

（三）道德的功能

道德的功能集中表现为处理个人与他人、个人与社会之间关系的行为规范及实现自我完善的一种重要精神力量。道德的功能主要表现在以下五个方面：

1. 认识功能

道德是引导人们追求至善至美的良师，它教导人们在认识自己的过程中，产生对家庭、对他人、对社会、对国家应负的责任和应尽的义务，教导人们正确地认识社会道德的规律和原则，从而正确地选择自己的生活道路和规范自己的行为。

2. 调节功能

道德是社会矛盾的调节器，一个人生活在社会中，就会不可避免地发生各种矛盾，这就需要通过社会舆论、风俗习惯、内心信念等特有形式，以一定的善恶标准去调节人们的行为，使人与人之间、人与社会之间的关系臻于完善与和谐。

3. 教育功能

道德是催人奋进的引路人，它培养人们良好的道德意识、道德品质和道德行为，树立正确的义务、荣誉、正义和幸福等观念，使受教育者成为道德纯洁、理想高尚的人。

4. 评价功能

道德是公正的法官，道德评价是一种巨大的社会力量和人们内在的意志力量。道德是人评价社会现象，把握现实世界的一种方式。通过道德评价，可以造成社会舆论，形成社会风气，树立道德榜样，塑造理想人格，从而促使人们形成正确的人生观、价值观、世界观。

5. 平衡功能

道德是一个平衡器，道德不仅平衡人与人之间的关系，而且还平衡人与社会、人与自然之间的关系。它要求人们端正对自然的态度，调节自身的行为。

二、职业道德

（一）职业道德的定义

《辞海》中关于职业道德是这样定义的："职业道德是从业人员在职业活动中应当遵循的道德，是一般社会道德在职业活动中的体现。"

职业道德的概念有广义和狭义之分。从广义角度来看，职业道德是指存在于某一行业中约定俗成的行为标准，所有从业人员均须予以遵守。从狭义角度来看，职业道德是指从事一定职业的人在职业生活中应当遵循的具有职业特征的道德要求和行为准则。在不同的职业行业中，从业人员在日常活动中会形成具有本行业特点的职业关系。其内容比较丰富，其中包括了职业主体与职业服务对象之间的关系、职业团体之间的关系、同一职业团体内部人与人之间的关系，以及职业劳动者、职业团体与国家之间的关系。

综上所述，职业道德是同人们的职业活动紧密联系的符合职业特点所要求的道德准则、道德情操与道德品质的总和。每个从业人员，不论从事哪种职业，在职业活动中都要遵守相应的职业道德。如教师要遵守为人师表的职业道德，医生要遵守救死扶伤的职业道德，法官要遵守公正廉明的职业道德，商人要遵守诚信公平的职业道德等。职业道德不仅是从业人员在职业活动中的行为标准和要求，更是本行业对社会所承担的道德责任和义务。职业道德是社会道德在职业生活中的具体化。

（二）职业道德的特征

1. 特定性

职业道德是一般社会道德在职业活动中的具体化，与一般社会道德的关系是特殊与一般、个性与共性的关系。职业道德的规范内容与相应职业实践活动紧密相关，是对从事特定职业实践活动的人提出的特定的职业道德要求。因此，它只约束在该职业领域从事职业活动的从业人员，对其他人不具有约束力。

2. 继承性

职业道德与一般社会道德一样，具有历史的继承性。职业道德规范是在人们的社会实践活动中形成的，被人们普遍认可的职业道德规范会随着时代的发展传承下来，因而具有较强的历史继承性。

3. 规范性

职业道德相比于一般社会道德以及其他领域的道德，更具有规范性。职业道德规范，通常规定了违反规范的处罚措施，具备了近似于法律的规范结构。违反职业道德规范，除了要受到社会舆论谴责等道德性的约束之外，往往还要受到规范本身所明确规定的惩罚措施的制裁。职业道德对该职业的从业人员所提出的行为准则、道德要求、道德责任、道德规范都具有鲜明的职业特征，体现了职业的基本要求、职责和价值。

4. 可操作性

职业道德具有很强的针对性和可操作性，可以形成条文。例如行业公约、工作守则、行为须知、操作流程等规章制度。形式也是多样的，既有反映职业道德具体内容的规章制度和规范等正式形式，也有口号、标语等非正式形式。

（三）职业道德的基本内容

职业道德主要包括职业素养、职业责任、职业操守、职业标准等方面的基本内容。

1. 职业素养

职业素养是从业人员在具体职业领域所必须具备的基本素养和技能，如专业知识、沟通能力、团队合作、创新能力、领导能力等。具有良好的职业素养是从业人员的必备基础，能够提高其工作效率和工作质量，同时也能够提升他们在职场中的竞争力和职业发展空间。

2. 职业责任

从业人员应该对自己从事的职业有所了解，清楚自己的职业使命和职责，为此应该不断学习和提升自己的专业知识和技能，并遵守行业规范和职业准则，做到以责任心为先，以客户利益为重，确保自己的工作能够得到客户的信任和支持。

3. 职业操守

从业人员在职业道德方面的行为准则也非常重要，要保持一定的职业操守，遵守职业道德规范，不做损害职业形象的行为，例如不向客户收取不合理的费用，不泄露客户隐私，不公开商业机密等。

4. 职业标准

从业人员应该遵守行业标准和职业道德规范，如建筑师、工程师、医生等行业都有自己的专业标准和道德准则，从业人员的行为应该符合这些标准，不断提高工作质量和效率，并为维护职业形象作出贡献。

总之，职业道德是从业人员工作中不可或缺的重要内容，是保证职场秩序和职业形象的基本要求，从业人员应该注重自己的职业道德修养，提高自身素养和能力，成为一名合格的职业人士。

任务拓展

新时代公民道德建设

为了适应新时代新要求，坚持目标导向和问题导向相统一，进一步加大工作力度，把握规律、积极创新，持之以恒、久久为功，推动全民道德素质和社会文明程度达到一个新高度。中共中央国务院2019年印发了《新时代公民道德建设实施纲要》（以下简称《纲要》）。

《纲要》提出新时期公民道德建设实施的总体要求，要以习近平新时代中国特色社会主义思想为指导，紧紧围绕进行伟大斗争、建设伟大工程、推进伟大事业、实现伟大梦想，着眼构筑中国精神、中国价值、中国力量，促进全体人民在理想信念、价值理念、道德观念上紧密团结在一起，在全民族牢固树立中国特色社会主义共同理想，在全社会大力弘扬社会主义核心价值观，积极倡导富强民主文明和谐、自由平等公正法治、爱国敬业诚信友善，全面推进社会公德、职业道德、家庭美德、个人品德建设，持续强化教育引导、实践养成、制度保障，不断提升公民道德素质，促进人的全面发展，培养和造就担当民族复兴大任的时代新人。

《纲要》指出，要把社会公德、职业道德、家庭美德、个人品德建设作为着力点。推动践行以文明礼貌、助人为乐、爱护公物、保护环境、遵纪守法为主要内容的社会公德，鼓励人们在社会上做一个好公民；推动践行以爱岗敬业、诚实守信、办事公道、热情服务、奉献社会为主要内容的职业道德，鼓励人们在工作中做一个好建设者；推动践行以尊老爱幼、男女平等、夫妻和睦、勤俭持家、邻里互助为主要内容的家庭美德，鼓励人们在家庭里做一个好成员；推动践行以爱国奉献、明礼遵规、勤劳善良、宽厚正直、自强自律为主要内容的个人品德，鼓励人们在日常生活中养成好品行。

任务评价

一、单项选择题

1. 道德是靠（　　）和个人内心信念等力量来发挥和维持其社会作用的。
   A. 政策导向　　　B. 法律法规　　　C. 社会舆论　　　D. 规章制度
2. 职业道德是指社会对从事一定职业的人的（　　）。
   A. 职业标准　　　B. 职业规范　　　C. 行为标准　　　D. 法律规范
3. 道德作为一种特殊的社会意识形式，是社会经济关系的反映。社会经济关系的性质决定着各种道德体系的性质，社会经济关系所表现出来的利益决定着各种道德的基本原则和主要规范。这句话说明（　　）。
   A. 道德的本质是由经济基础决定的　　　B. 道德的本质是由物质基础决定的
   C. 道德的本质是由精神面貌决定的　　　D. 道德的本质是由生产实践决定的

二、多项选择题

1. 按照不同的社会生活领域，道德可以分为（　　）。
   A. 社会公德　　　B. 职业道德　　　C. 家庭美德　　　D. 个人品德
2. 职业道德的特征有（　　）。
   A. 特定性　　　B. 继承性　　　C. 规范性　　　D. 可操作性
3. 职业道德的基本内容主要包括（　　）。
   A. 职业素养　　　B. 职业责任　　　C. 职业操守　　　D. 职业标准
4. 道德的功能包括（　　）。
   A. 认识功能　　　B. 调节功能　　　C. 教育功能
   D. 评价功能　　　E. 平衡功能

三、简答题

1. 请谈一谈你对职业道德特征的理解。
2. 不同的行业有不同的职业道德，举例说明。

任务二　认知家政服务员职业道德

任务引言

任务情境：中专毕业后，王丽曾在一家企业从事朝九晚五的行政工作，但年过30岁之后，她结合自身特点，重新对自己进行了职业规划。经过慎重考虑和市场调研，

现代家政导论

王丽决定从事家政服务业。她系统学习了相关技能和理论，专门进行礼仪修养方面的培训，打扮端庄、言谈得体、举止适宜，任何时候都面带微笑，温言细语。通过几年的打拼，经历了初入行的不被接纳，终于做到优质、专业、敬业的金牌月嫂。她坦言自己成功的秘诀就是提升自己的修养，任何时候都给人一种积极向上、生机勃勃、诚实守信、业务专精的印象，让客户对她的信任度大大增加，工作也就一帆风顺。

百行德为首，做事先做人。良好的职业道德是做好工作的基础，家政服务业的职业道德是通过每一位家政服务人员的职业道德修养表现出来的，家政服务员除了要具备做好工作的基本技能外，还要具备较高的职业道德。加强家政服务员职业道德修养是树立家政服务业良好形象的要求，是家政服务业品质的体现，是维护家政服务业在社会中的信誉水平，促进家政服务业健康发展必不可少的条件。本任务要让学生知道家政服务员职业道德的特点、家政服务员职业守则以及家政服务员如何形成良好的家政职业道德。

任务导入：你知道家政服务员应该具备哪些职业道德吗？

任务目标

知识目标

1. 熟知家政服务员职业道德的特点；
2. 熟知家政服务员职业守则。

能力目标

1. 能说出家政服务员的职业道德；
2. 能遵守并践行家政服务员职业守则。

素质目标

1. 树立家政服务职业道德规范意识；
2. 具有良好的家政服务职业道德。

任务知识

家政服务员是国家认定的一种职业，是根据家庭需要为家庭服务的人员。作为家政服务员，不仅要有一定的技术技能，满足家庭生活的需求，还必须有较高的道德修养和职业道德。《家政服务员国家职业技能标准》中对家政服务员基本要求的第一项就是职业道德。职业道德是家政服务员在家政服务过程中必须遵守的道德规范和行为准则的总要求。从某种意义上说，一个家政服务员合格与否，首先要看其是否具备相应的道德修养和职业道德。

一、家政服务员职业道德的特点

（一）职业性

家政服务员作为一个正式职业，必然受到特定职业道德规范的约束。家政服务员职业道德除了具有职业道德的普遍特征外，还具有自己的行业特性，它是指从事家政服务相关职业的人，在家政实践过程中，处理自身与家庭、雇主、同事等社会关系时，应该遵循的基本行为规范和准则，以及在职业活动中所作出的价值好恶的判断及行为的抉择，其中与雇主的关系是家政服务员职业道德的核心内容。

（二）立体性

首先，家政服务员职业道德兼顾到家政服务员与家政职业的关系、家政服务员与雇主的关系、家政服务员与其他家政服务员集体的关系、家政服务员与家政企业的关系四个方面的基本关系，不同关系有不同的行为准则；其次，家政服务员职业道德规范包括职业道德意识和职业道德行为两个层次的内容，职业道德意识是家政服务员规范自身职业道德行为的一个基础，只有具有高度的认知并内化为自己的职业道德精神，才能将良好的职业道德习惯渗透在日常的职业道德行为中。家政服务员职业道德是四个关系、两个层次的相互融合的立体化职业道德体系。

（三）规范性

一方面，家政服务员职业道德对从业人员的职业态度、职业责任、服务标准、操作流程、职业纪律等都有明确的规定，如果违反，会受到一定的处罚和经济制裁；另一方面，家政服务员职业道德约束家政服务员的行为和工作，促进行业发展，调节从业人员和服务对象之间的关系。

二、家政服务员职业守则

根据国家和社会对职业道德的要求，结合家政服务业的特点，2019年中华人民共和国人力资源和社会保障部制定了《家政服务员国家职业技能标准》，该标准对家政服务从业人员职业活动内容进行规范细致的描述，其中对家政服务员职业守则提出了以下具体要求：

（一）遵纪守法，诚实守信

1. 遵纪守法是社会主义国家公民应有的责任与义务，也是家政服务员职业的前提

道德和法律都是调解人与人之间关系的手段。在我国，道德和法律虽然是两种不同的社会规范，但它们在本质上是一致的，都是为社会主义事业服务的，它们之间相互作用、相互渗透、相辅相成，有着紧密的联系。遵纪守法是从事任何职业的劳动者都必须具备的基本道德规范。

俗话说："没有规矩，不成方圆。"各行各业都要讲究规则和规矩，家政服务业亦是如此。家政服务业管理必须制度化、规范化、程序化，对任何违规、违法的现象都要严肃处理，相关规则和法律必须落实到家政服务业的日常工作中，只有这样才能保障家政服务业有序运行。进入家政的家政服务员应该自觉学习法律知识，提高法律意识，增强法制观念，知法守法，模范执行国家规定的各种规章制度。家政服务员无论在何种情况下，都要牢牢记住遵纪守法是公民的责任与义务。

2. 诚实守信是家政服务员的基本美德

诚实守信是中华民族的传统美德和道德规范。对家政服务企业而言，诚实守信是企业立业之本；对家政服务员而言，诚实守信是立身之本，更是处世之道。家政服务员不仅需要掌握家政服务的知识与技能，更需要诚信的品质和高尚的道德，以诚立身，讲究信用。

2019年6月，商务部、国家发展改革委印发《关于建立家政服务业信用体系的指导意见》，要求建立健全家政服务业信用体系，营造诚实守信的家政服务业发展环境。2019年8月，国家发展改革委印发《关于开展家政服务领域信用建设专项行动的通知》，要求构建以信用为基础的新型家政服务业管理体系，以推进家政服务企业、家政服务员及消费者信用记录为重点，以建立健全家政服务业信用工作机制为保障，坚持守信激励与失信惩戒并举、行业自律与政府监管并重，增强全社会的诚信意识和信用水平，促进家政服务业高质量发展。

家政服务员的工作是与不同家庭打交道的工作。家庭成员性格不同，需求也不同。因此在完成雇主交给的任务时，一定要按照事前约定，根据雇主需求按时保质完成任务，时刻不忘诚实守信。只有成为服务家庭的可靠、可信的人，才能赢得家政服务品质的口碑。

（二）爱岗敬业，主动服务

1. 爱岗敬业是社会主义职业道德的核心，也是家政服务的基础

爱岗敬业是爱岗与敬业的总称，指的是忠于职守的事业精神，这是职业道德的基础。爱岗就是热爱自己的工作岗位，热爱本职工作，安心于本职岗位，稳定、持久地在其中耕耘，恪尽职守地做好本职工作。敬业就是要充分认识本职工作在社会经济活动中的地位和作用，认识本职工作的社会意义和道德价值，具有职业的荣誉感和自豪感，在职业活动中具有高度的劳动热情和创造性，以强烈的事业心、责任感从事工作，用恭敬严肃的态度对待工作。爱岗和敬业，互为前提，相互支持，相辅相成。爱岗是敬业的基石，敬业是爱岗的升华。

爱岗敬业要求家政服务员干一行，爱一行，深耕一行，在工作岗位上不断增长知识和才干，努力成为本行业的技术能手和专家。爱岗敬业是用人单位和服务对象衡量家政服务员的重要标准，只有热爱自己所从事的工作，才能将工作做好做出色。在激烈的市场竞争中，家政服务员的爱岗敬业态度决定了其职业发展的前景，也影响着家政服务企业的未来。

2. 主动服务，展现家政职业素养，提升家政职业形象

家政服务员是以家庭为服务对象的，主要从事料理家务、照护家庭成员、管理家庭事务等工作内容。在进入家庭成员住所或固定场所集中提供以上服务时，应展现主动服务的家政职业素养。

（1）家政服务员要主动出示有关证件和职业资格证明，例如《上海市家政服务条例》中就明确要求家政服务员上门服务时主动出示家政服务相关证明；

（2）针对不同家庭的个性化需求，家政服务员应主动、细致地调整家政服务的内容和

方案;

(3) 家政服务员应主动完成服务家庭中与服务内容相关的工作。家政服务员和服务家庭的关系是"你有所需，我有所助"平等互助的工作关系，家庭是因为无法解决家庭生活的某些问题才聘请家政服务企业的家政服务人员的，因此家政服务员在尊重用户、忠诚本分的基础上，根据《家政服务员国家职业技能标准》，要求认真、细致地完成工作，不能全部依赖雇主来安排，尤其不能被动地等着雇主交代一件工作才干一件工作。

（三）尊老爱幼，谦恭礼让

1. 尊老爱幼是社会主义社会公德，也是家政服务的重要内容

尊老爱幼是中华民族的传统美德，也是全社会的共同责任。对家政服务员来说，尊老爱幼更是需要身体力行的必备品质。

近年来，随着社会老龄化的加剧，三胎政策的放开，国家聚焦"一老一小"领域扩大养老、托育服务有效供给，大力发展养老、托幼托育、家政服务产业，为家庭建设赋能增效。家政服务员涉及的服务领域很广，包括家庭育儿、婴幼儿照护、老年照护、母婴护理等，家政服务员工作内容之一就是进入家庭，照护家庭中的老人和小孩，这就需要他们付出更多的耐心和爱心，践行尊老爱幼的优良传统和职业道德，用心关爱服务家庭中的"一老一小"。

2. 谦恭礼让是优质家政服务的体现

谦恭礼让同尊老爱幼一样，也是中华民族的传统美德。谦恭礼让就是在人际交往中遵守礼仪，尊重别人，懂得谦让。在每位能提供优质服务的家政服务员身上，都时时刻刻散发着谦恭礼让的魅力。

家政服务员这一职业与其他职业有很大的不同，服务的对象是家庭，工作的内容是家庭生活服务，工作的场景一般是直接进入家庭内部服务。家政服务职业的性质就要求每一位家政服务员在工作的过程中要时刻秉承谦恭礼让的服务理念，文明用语、礼貌待人，说话掌握分寸，正确地对待服务家庭中的每一个人，无论年龄大小、地位高低，都要一视同仁，进退有度。

（四）崇尚公德，不涉家私

1. 维护并履行社会公德是家政服务员必备的道德规范

社会公德是所有社会成员在公共生活领域中都应遵循的基本道德规范。《中华人民共和国宪法》明确规定："国家提倡爱祖国、爱人民、爱劳动、爱科学、爱社会主义的公德。"五爱精神和以为人民服务为核心的集体主义道德原则是我国社会主义社会公德的基本内容，家政服务员要自觉地遵守和维护社会公德。

2. 不涉家私是家政服务员必备的品质

个人和家庭都有隐私权，不容侵犯。家政服务员进入雇主家庭以后，一定要尊重家庭和家庭成员的个人隐私权，不应该知道的事，要做到不闻不问；禁止出于好奇随意乱翻雇主家的东西；禁止将雇主家的东西据为己有。遇到雇主家庭发生内部矛盾时，一般情况下不要参与，更不能偏袒一方或说三道四，需要劝解时只能点到为止。除此之外，保护好客户隐私是

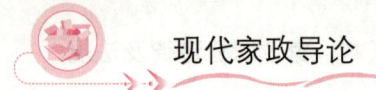

每一位家政服务员必须遵循的职业道德规范，家政服务员不得泄露和传播雇主家庭隐私和个人信息。

三、家政服务员职业道德的形成

家政服务员职业道德的形成并不是简单出自某个行政机构或领导的意愿和要求，而是在长期的家政服务中总结出来的实践经验。家政服务员职业道德的形成是一个由意识到行为的过程，即从职业道德认知、职业道德情感、职业道德意志、职业道德信念到职业道德行为习惯的转变。

（一）职业道德认知是家政服务员职业道德形成的起点

家政服务员一定要认真学习职业道德，树立正确的价值观，深刻理解家政服务中的规范和要求，提高遵守道德规范和要求的自觉性。

（二）家政服务员要强化家政服务意识

家政服务员要强化家政服务意识，从思想上建立家政服务职业情感，对自身职业的重要性和专业性有清晰的认知，理解家政服务事业，热爱家政服务职业。

（三）家政服务员职业道德的形成还要与家政服务实践相结合

家政服务员职业道德的形成还要与家政服务实践相结合，家政服务员要不断学习家政服务知识，提高服务技能，在职业活动中进行道德行为的实践。例如在日常的家政服务中，家政服务员要耐心地对待每一位服务对象，在面对一些更高要求的服务时，家政服务员要一如既往地富有爱心、责任心、耐心、细心，在家政服务中积极主动地去协调和交流。

任务拓展

国外家政服务职业道德

国外的家政服务行业是一个受到高度重视的领域，要求从业者遵守严格的职业道德和行为准则。以下是国外家政服务行业普遍要求的一些职业道德准则：

1. 尊重和保护客户的隐私

家政服务人员必须绝对尊重客户的隐私权。他们不能擅自泄露客户的个人信息或家庭机密，无论是口头还是书面信息。

2. 诚实和透明

诚实是家政服务行业的基石。从业者应提供准确的信息，如工作经验、资质和背景，以建立客户的信任。任何与客户之间的协议和费用都应明确并透明。

3. 尊重多样性和文化差异

国外的家政服务市场通常涵盖多元文化，从业者必须尊重和理解不同文化和价值观之间的差异，适应客户的需求和期望，而不是试图改变客户的生活方式或信仰。

4. 专业和高效

家政服务人员应保持高度的专业水准，包括在工作中的仪容仪表和言行举止，按时履行工作职责，高效地完成任务。

5. 安全意识

从业者应时刻保持安全意识，确保家庭环境对客户家庭及其成员的健康和安全没有威胁。这包括遵守有关家庭安全和卫生的法规。

6. 善意和耐心

与客户家庭成员的互动应充满善意和耐心。从业者应倾听客户的需求，理解他们的期望，并在解决问题时保持冷静和礼貌。

7. 职业发展和学习

家政服务人员应不断提升自己的职业技能和知识，以适应不断变化的市场需求。他们可以参加课程培训和研讨会，以提高自己的专业水平。

8. 诚信和责任

诚信是家政服务行业的核心价值之一。从业者应始终遵守承诺，按照客户的要求履行工作职责，对自己的行为负责。

9. 处理冲突和投诉

如果出现问题或客户不满意，家政服务人员应积极解决问题，倾听客户的投诉，并寻求和解的方式来解决纠纷。

国外的家政服务行业在提供高质量服务的同时，强调职业道德的遵守。这些职业道德要求有助于从业者建立与客户之间的信任，同时有助于确保行业的可持续发展。因此，家政服务人员必须始终遵循这些职业道德准则，以确保他们的工作受到尊重和认可。

任务评价

一、单项选择题

1. 俗话说："干一行，爱一行。"这是要求家政服务员在职业生涯中要（　　）。
   A. 爱岗敬业　　　　B. 遵纪守法　　　　C. 有责任感
   D. 有服务意识　　　E. 认真负责

2. 家政服务员职业道德的核心内容是（　　）。
   A. 处理自身与家庭的关系时应该遵循的基本行为规范和准则

B. 处理自身与雇主的关系时应该遵循的基本行为规范和准则

C. 处理自身与同事的关系时应该遵循的基本行为规范和准则

D. 处理自身与领导的关系时应该遵循的基本行为规范和准则

3. "一份工作有趣与否，取决于个人的看法。对于家政服务工作，可以做好，也可以做坏，可以高高兴兴和骄傲地做，也可以愁眉苦脸和厌恶地做，这完全取决于个人的心态。一个人带着一份阳光的心态去看待自己所从事的工作，就能发掘出工作的意义和乐趣。"这属于家政服务员职业道德规范中的（　　）。

　　A. 主动服务　　　B. 爱岗敬业　　　C. 遵纪守法　　　D. 谦恭礼让

4. 小张是一名家政服务员，她在雇主家工作了一段时间后，觉得工资太少，工作比较辛苦，就随意找个理由提出了辞职。小张违背了家政服务员职业道德规范中的（　　）。

　　A. 遵纪守法　　　B. 爱岗敬业　　　C. 诚实守信　　　D. 谦恭礼让

5. "没有规矩，不成方圆。"这是家政服务员职业道德规范中的（　　）。

　　A. 遵纪守法　　　B. 爱岗敬业

　　C. 诚实守信　　　D. 谦恭礼让

6. "言必信，行必果。"这是家政服务员职业道德规范中的（　　）。

　　A. 遵纪守法　　　B. 爱岗敬业　　　C. 诚实守信　　　D. 谦恭礼让

7. 对于敬老爱幼、诚实守信、不涉家私，下列理解错误的是（　　）。

　　A. 敬老爱幼是社会主义社会公德

　　B. 诚实守信是做好家政服务工作的前提

　　C. 不涉家私是家政服务员必备的品质

　　D. 敬老爱幼是家政服务员可遵守可不遵守的原则

8. （　　）是一切公民从事任何职业的劳动都必须具备的基本道德规范。

　　A. 不涉家私　　　B. 按时上班　　　C. 勤俭节约　　　D. 遵纪守法

二、多项选择题

1. 家政服务员职业道德的特点有（　　）。

　　A. 职业性　　　B. 立体性　　　C. 规范性　　　D. 相互性

2. 家政服务员的立体化职业道德体系包含的关系有（　　）。

　　A. 家政服务员与家政服务职业的关系

　　B. 家政服务员与雇主的关系

　　C. 家政服务员与其他家政服务员集体的关系

　　D. 家政服务员与家政服务企业的关系

三、简答题

1. 家政服务员的职业守则有哪些？
2. 怎样培养家政服务员的职业道德？

项目二　认知家政服务相关法规

【项目概述】

俗话说："没有规矩，不成方圆。"在全面依法治国的大背景下，家政服务的有序健康发展，需要不断制度化、规范化、标准化。遵纪守法是一个家政服务员必备的素质。家政服务员掌握与家政服务相关的法律法规知识，为家政服务提供法治保障，既有利于维护自身的权利，也有利于维护服务对象的合法权利。

本项目主要介绍家政服务相关法律法规知识，让学生认识与家政服务职业标准相关的法律规定，能够运用相关法律法规知识维护自身和服务对象的合法权益。

【项目目标】

知识目标	1. 熟知家政服务相关法律法规知识； 2. 熟知家政服务相关人员的职业标准
能力目标	1. 能够运用相关法律法规知识维护自身权益； 2. 能够运用相关法律法规知识保障服务对象的合法权益； 3. 能够将相关法律法规知识迁移到将来的职业活动中
素养目标	1. 培养初步的法律意识； 2. 具有法治意识与规范服务的思想，形成依法解决问题的意识

【项目导航】

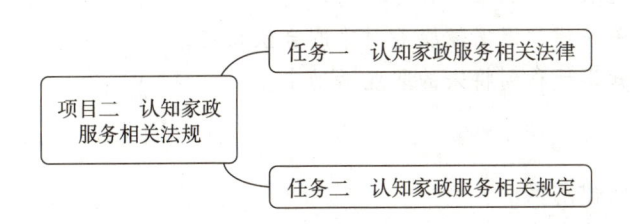

项目二　认知家政服务相关法规
- 任务一　认知家政服务相关法律
- 任务二　认知家政服务相关规定

任务一　认知家政服务相关法律

任务引言

任务情境：现代城市生活节奏快，越来越多的年轻人选择家政服务，提升生活质量，家政服务订单也随之暴增。然而，随着家政服务市场规模的扩大，各方主体之间的矛盾也日益突出。雇主与家政服务企业、雇主与家政服务人员、家政企业与家政服务人员之间时常会发生各种纠纷。那么，如何处理好三方之间的法律问题呢？作为家政服务员，又需要了解哪些法律知识呢？

任务导入：你认为在从事家政服务的过程中，需要了解哪些相关的法律知识呢？

任务目标

知识目标

1. 知晓家政服务相关法律知识；
2. 熟知自然人所享有的相关权利；
3. 知晓家政服务相关人员所享有的权益。

能力目标

1. 能够运用相关法律知识维护自身权益；
2. 能够运用相关法律知识保障服务对象的合法权益；
3. 能够将相关知识迁移到将来的职业活动中。

素质目标

1. 具有初步的法律意识；
2. 形成初步的法律素养。

任务知识

家政服务机构及其服务人员在实施家政服务的过程中应了解《中华人民共和国民法典》以及《中华人民共和国劳动法》《中华人民共和国劳动合同法》《中华人民共和国消费者权益保护法》《中华人民共和国妇女权益保障法》《中华人民共和国老年人权益保障法》《中华人民共和国未成年人保护法》等相关内容。

一、《中华人民共和国民法典》相关内容

《中华人民共和国民法典》(简称《民法典》)(图6-1)共7编、1 260条,各编依次为总则、物权、合同、人格权、婚姻家庭、继承、侵权责任,以及附则。家政服务员应该遵守《中华人民共和国民法典》相关内容,在保护服务对象及自身权利的同时,履行责任。

图6-1 《中华人民共和国民法典》

(一)民事权利

以民事权利的内容为标准,可以将自然人的民事权利分为人身权、财产权。

1. 人身权

自然人享有生命权、身体权、健康权、姓名权、肖像权、名誉权、荣誉权、隐私权、婚姻自主权等权利。

1)人格权

自然人的人身自由、人格尊严受法律保护。人格权是民事主体享有的生命权、身体权、健康权、姓名权、名称权、肖像权、名誉权、荣誉权、隐私权等权利。此外,自然人还享有基于人身自由、人格尊严产生的其他人格权利。人格权不得放弃、转让或者继承。自然人可以将人格标识许可使用,将自己的姓名、肖像等许可他人使用,但是依照法律规定或者根据其性质不得许可的除外。

2)生命权、身体权和健康权

(1)生命权是以自然人的生命安全利益为内容的权利。自然人的生命安全和生命尊严受法律保护。任何组织或者个人不得侵害他人的生命权。

(2)身体权是指自然人保持其身体组织完整并支配其肢体、器官和其他身体组织,行动自由受保护的权利。自然人享有身体权。自然人的身体完整和行动自由受法律保护。任何组织或者个人不得侵害他人的身体权。

(3)健康权是指人体各器官系统良好发育及保持正常功能的状态,包括肉体组织和生理及心理机能三个方面。自然人享有健康权。自然人的身心健康受法律保护。任何组织或者

个人不得侵害他人的健康权。

3）隐私权

自然人享有隐私权。任何组织或者个人不得以刺探、侵扰、泄露、公开等方式侵害他人的隐私权。隐私是自然人的私人生活安宁和不愿为他人知晓的私密空间、私密活动、私密信息。因此，隐私权是自然人享有的对其个人的、与公共利益无关的个人信息、私人活动和私有领域进行支配的一种人格权。

4）个人信息受保护权

自然人的个人信息受法律保护。任何组织或者个人需要获取他人个人信息的，应当依法取得并确保信息安全，不得非法收集、使用、加工、传输他人个人信息，不得非法买卖、提供或者公开他人个人信息。自然人的个人信息受法律保护。个人信息是以电子或者其他方式记录的能够单独或者与其他信息结合识别特定自然人的各种信息，包括自然人的姓名、出生日期、身份证件号码、生物识别信息、住址、电话号码、电子邮箱、健康信息、行踪信息等。个人信息中的私密信息，适用有关隐私权的规定；没有规定的，适用有关个人信息保护的规定。

2. 财产权

财产权包括物权、债权、继承权，也包括知识产权中的财产权利。民事主体的财产权利受法律平等保护。

1）物权

物权是民事主体在法律规定的范围内，直接支配特定的物而享受其利益，并且排除他人干涉的权利。民事主体依法享有物权。物权是权利人依法对特定的物享有直接支配和排他的权利。

2）债权

债权是指在债的关系中权利主体具备的能够要求义务主体为一定行为或不为一定行为的权利，债权和债务一起共同构成债的内容。债权与物权相对应，成为财产权的重要组成部分。民事主体依法享有债权。

3）继承权

略。

4）知识产权

知识产权是指人们就其智力劳动成果所依法享有的专有权利，通常是国家赋予创造者对其智力成果在一定时期内享有的专有权或独占权。民事主体依法就下列客体享有专有的权利：

（1）作品；

（2）发明、实用新型、外观设计；

（3）商标；

（4）地理标志；

（5）商业秘密；

（6）集成电路布图设计；

（7）植物新品种；

（8）法律规定的其他客体。

（二）民事责任

民事责任是民事主体对于自己因违反合同，不履行其他民事义务，或者侵害国家、集体的财产，侵害他人的人身财产、人身权利所造成法律后果，依法应当承担的民事法律责任。民事主体依照法律规定或者按照当事人约定，履行民事义务，承担民事责任。

1. 违约责任

当事人一方不履行合同义务或者履行合同义务不符合约定的，应当承担继续履行、采取补救措施或者赔偿损失等违约责任。

2. 侵权责任

侵权责任分为一般规定、损害赔偿、责任主体的特殊规定、产品责任、机动车交通事故责任、医疗损害责任、环境污染和生态破坏责任、高度危险责任、饲养动物损害责任、建筑物和物件损害责任。

3. 承担民事责任的方式

承担民事责任的方式主要有以下几种：

（1）停止侵害；
（2）排除妨碍；
（3）消除危险；
（4）返还财产；
（5）恢复原状；
（6）修理、重作、更换；
（7）继续履行；
（8）赔偿损失；
（9）支付违约金；
（10）消除影响、恢复名誉；赔礼道歉。

法律规定惩罚性赔偿的，依照其规定。承担民事责任的方式可以单独适用，也可以合并适用。

二、《中华人民共和国劳动法》相关内容

《中华人民共和国劳动法》（以下简称《劳动法》）（图6-2）以劳动者权益保护为宗旨，对用人单位和劳动者规定了各自的权利、义务和责任，单位和个人都应该严格遵守，坚决执行。在家政服务过程中，了解《劳动法》的相关内容，有利于厘清劳动者的相关权利与义务。

《劳动法》是调整劳动关系和与劳动关系密切相关的其他社会关系的法律规范的总称。劳动关系是指劳动者与用人单位依法签订劳动合同所产生的法律关系，劳动关系的一方必须是用人单位，劳动合同签订后劳动者成为具有从属地位的用人单位成员。劳务关系是平等主体的公民之

图6-2 《中华人民共和国劳动法》

间、法人之间、公民与法人之间就提供一次性或特定劳务所产生的法律关系。

劳动关系与劳务关系在法律适用和争议处理方式上有差别。在法律适用方面，劳动合同受劳动法律如《劳动法》《劳动合同法》的调整，劳动合同受民事法律如《民法典》《合同法》的调整。在争议处理方式方面，因劳务合同发生的争议可直接通过法院诉讼解决（如约定了民事仲裁条款，也可申请仲裁），因劳动合同发生的争议必须先通过劳动争议仲裁委员会的仲裁，对裁决不服的，才能到法院起诉。

（一）劳动者的权利

劳动者享有平等就业和选择职业的权利、取得劳动报酬的权利、休息休假的权利、获得劳动安全卫生保护的权利、接受职业技能培训的权利、享受社会保险和福利的权利、提请劳动争议处理的权利以及法律规定的其他劳动权利。例如，劳动者有组织或参加工会的权利、参加民主管理企业的权利、与用人单位进行平等协商的权利、与企业签订集体合同的权利等。

（二）劳动者的义务

劳动者应当完成劳动任务，提高职业技能，执行劳动安全卫生规程，遵守劳动纪律和职业道德。

（三）促进就业

《劳动法》对促进就业的措施、原则以及特定群体的就业作出了规定。

1. 平等就业原则

劳动者就业，不因民族、种族、性别、宗教信仰不同而受歧视。

2.《劳动法》对特定人群的就业规定

（1）妇女享有与男子平等的就业权利。在录用职工时，除国家规定的不适合妇女的工种和岗位外，不得以性别为由拒绝录用妇女或者提高对妇女的录用标准。

（2）不得歧视残疾人、少数民族人员、退出现役的军人的就业。法律法规有特别规定的，从其规定。

（3）禁止用人单位招用未满16周岁的未成年人。

（四）劳动基准制度

劳动基准制度是带有国家干预性质的对于劳动关系调整的强制性规定，是用人单位向劳动者提供劳动条件、工资报酬等必须遵守的最低标准规范，它包括工资标准、工作时间和休息休假时间标准、劳动保护标准。

1. 工资标准

工资分配应当遵循按劳分配原则，实行同工同酬。工资水平在经济发展的基础上应逐步提高。用人单位根据本单位的生产经营特点和经济效益，依法自主确定本单位的工资分配方式和工资水平。用人单位支付劳动者的工资不得低于当地政府规定的最低工资标准。

2. 工作时间和休息休假时间标准

《劳动法》规定每日工作不超过8小时，每周工作不超过44小时，用人单位经与工会、劳动者协商可以延长工作时间，一般每日不得超过 1 小时，有特殊原因的，每日不得超过 3 小时，但每月不得超过 36 小时。一般为每周两天休息日，不能实行国家标准工时制度的企事业组织，可以根据情况统筹安排，保证劳动者每周至少休息一天。用人单位在下列节假日期间应当依法安排劳动者休假：元旦、春节、国际劳动节、国庆节、法律法规规定的其他休假节日。国家实行带薪年休假制度。劳动者连续工作 1 年以上的，享受带薪年休假。女职工生育享受不少于 90 天的产假。

3. 劳动保护标准

（略）

（五）劳动争议的处理

劳动争议是劳动法律关系当事人关于劳动权利和劳动义务的争议。劳动争议的解决方式有协商、调解、仲裁、诉讼等。

1. 协商

劳动争议发生后，当事人可以协商解决。协商不是处理劳动争议的必经程序，当事人不愿协商或协商不成，可以向本单位劳动争议调解委员会申请调解或向劳动仲裁委员会申请仲裁。

2. 调解

用人单位内部可以设立劳动争议调解委员会，负责调解本单位内部发生的劳动争议，调解时奉行当事人双方自愿原则，调解、协商不具有强制执行效力。调解不成，当事人一方可以向劳动争议仲裁委员会申请仲裁。当事人也可以不经过调解程序，直接向劳动争议仲裁委员会申请仲裁，解决劳动争议。

3. 仲裁

县、市、市辖区一级劳动行政管理部门均设立劳动争议仲裁委员会，专门负责解决本行政区域内发生的劳动争议的仲裁与裁决。劳动争议申请仲裁的时效期间为一年。仲裁时效期间从当事人知道或应当知道其权利被侵害之日起计算。劳动争议当事人对仲裁裁决不服的，可以在收到裁决书之日起 15 日内向人民法院提起诉讼。当事人在法定期限内不起诉又不履行仲裁裁决的，另一方当事人可以申请人民法院强制执行。

4. 诉讼

劳动争议发生后必须先经过仲裁程序仲裁，争议双方当事人对仲裁裁决不服的，才可以向人民法院提起诉讼。

三、《中华人民共和国劳动合同法》相关内容

《中华人民共和国劳动合同法》（以下简称《劳动合同法》）（图 6-3）包括总则、劳动合同的订立、劳动合同的履行和变更、劳动合同的解除和终止、特别规定、监督检查、法律责任等内容。

图 6-3 《中华人民共和国劳动合同法》

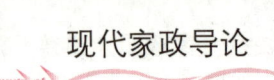

劳动合同是劳动者与用人单位确立劳动关系、明确双方权益与义务的协议。劳动合同制度是我国基本的劳动制度，劳动合同关系是劳动法律关系最主要的形式。在家政服务过程中，了解《劳动合同法》的相关内容，有利于维护自身合法权益。

（一）立法宗旨

完善劳动合同制度，明确劳动合同双方当事人的权利和义务，保护劳动者的合法权益，构建和发展和谐稳定的劳动关系。

（二）适用范围

中华人民共和国境内的企业、个体经济组织、民办非企业单位等组织（以下称用人单位）与劳动者建立劳动关系，订立、履行、变更、解除或者终止劳动合同，适用《劳动合同法》。

（三）劳动合同的订立

1. 劳动关系的建立

用人单位自用工之日起即与劳动者建立劳动关系。用人单位应当建立职工名册备查。劳动合同由用人单位与劳动者协商一致，并经用人单位与劳动者在劳动合同文本上签字或者盖章生效。劳动合同文本由用人单位和劳动者各执一份。用人单位招用劳动者时，应当如实告知劳动者工作内容、工作条件、工作地点、职业危害、安全生产状况、劳动报酬，以及劳动者要求了解的其他情况；用人单位有权了解劳动者与劳动合同直接相关的基本情况，劳动者应当如实说明。用人单位招用劳动者，不得扣押劳动者的居民身份证和其他证件，不得要求劳动者提供担保或者以其他名义向劳动者收取财物。

建立劳动关系，应当订立书面劳动合同。已建立劳动关系，未同时订立书面劳动合同的，应当自用工之日起1个月内订立书面劳动合同。用人单位与劳动者在用工前订立劳动合同的，劳动关系自用工之日起建立。未订立书面劳动合同时劳动报酬不明确的，劳动报酬按照集体合同规定的标准执行，没有集体合同或者集体合同未规定的，实行同工同酬。

2. 劳动合同的内容

劳动合同应当具备以下条款：
(1) 用人单位的名称、住所和法定代表人或者主要负责人；
(2) 劳动者的姓名、住址和居民身份证或者其他有效身份证件号码；
(3) 劳动合同期限；
(4) 工作内容和工作地点；
(5) 工作时间和休息休假；
(6) 劳动报酬；
(7) 社会保险；
(8) 劳动保护、劳动条件和职业危害防护；
(9) 法律法规规定应当纳入劳动合同的其他事项。

除前款规定的必备条款外，用人单位与劳动者可以约定试用期、培训、保守秘密、补充保险和福利待遇等其他事项。

劳动合同期限 3 个月以上不满 1 年的，试用期不得超过 1 个月；劳动合同期限 1 年以上不满 3 年的，试用期不得超过 2 个月；3 年以上固定期限和无固定期限的劳动合同，试用期不得超过 6 个月。

3. 劳动合同的无效

下列劳动合同认定无效或部分无效：

（1）以欺诈、胁迫的手段或者乘人之危，使对方在违背真实意思的情况下订立或者变更的合同；用人单位免除自己的法定责任、排除劳动者的权利；存在违反法律、行政法规的强制性规定。

（2）对劳动合同的无效或者部分无效有争议的，由劳动争议仲裁机构或者人民法院确认。劳动合同部分无效，不影响其他部分效力的，其他部分仍然有效。劳动合同被确认无效，劳动者已付出劳动的，用人单位应当向劳动者支付劳动报酬。劳动报酬的数额，参照本单位相同或者相近岗位劳动者的劳动报酬确定。

（四）劳动合同的履行和变更

用人单位与劳动者应当按照劳动合同的约定，全面履行各自的义务。用人单位变更名称、法定代表人、主要负责人或者投资人等事项，不影响劳动合同的履行。用人单位发生合并或者分立等情况，原劳动合同继续有效。劳动合同由承继其权利和义务的用人单位继续履行，用人单位与劳动者协商一致，可以变更劳动合同约定的内容。变更劳动合同，应当采用书面形式。

（五）劳动合同的解除和终止

劳动合同的解除有协商解除、单方解除。单方解除中又有用人单位单方解除和劳动者单方解除。劳动合同的终止有劳动合同终止的情形、劳动合同逾期终止的情形规定，以及经济补偿的相关规定。

用人单位与劳动者协商一致，可以解除劳动合同。

劳动者单方解除，应提前 30 日以书面形式通知用人单位，可以解除劳动合同。劳动者在试用期内提前 3 日通知用人单位，可以解除劳动合同。劳动者违反规定解除劳动合同，给用人单位造成损失的，应当承担连带赔偿责任。

1. 用人单位有下列情形之一的，劳动者可以解除劳动合同

（1）未按照劳动合同约定提供劳动保护或者劳动条件的；

（2）未及时足额支付劳动报酬的；

（3）未依法为劳动者缴纳社会保险费的；

（4）用人单位的规章制度违反法律法规的规定，损害劳动者权益的；

（5）《劳动合同法》第 26 条第一款规定的情形致使劳动合同无效；

（6）法律、行政法规定劳动者可以解除合同的其他情形。

（7）用人单位以暴力、威胁或者非法限制人身自由的手段强迫劳动者劳动的，或者用人单位违章指挥、强令冒险作业危及劳动者人身安全的，劳动者可以立即解除劳动合同，不需事先告知用人单位。

2. 劳动者有下列情形之一的，用人单位可以解除劳动合同

（1）在试用期间被证明不符合录用条件的；
（2）严重违反用人单位的规章制度的；
（3）严重失职，营私舞弊，给用人单位造成重大损害的；
（4）劳动者同时与其他用人单位建立劳动关系，对完成本单位的工作任务造成严重影响，或者经用人单位提出，拒不改正的；
（5）因《劳动合同法》第26条第1款第1项规定的情形致使劳动合同无效的；
（6）被依法追究刑事责任的。

3. 劳动者有下列情形之一的，用人单位不得解除劳动合同

（1）从事接触职业病危害作业的劳动者未进行离岗前职业健康检查，或者疑似职业病病人在诊断或者医学观察期间的；
（2）在本单位患职业病或者因工负伤并被确认丧失或者部分丧失劳动能力的；
（3）患病或者非因工负伤，在规定的医疗期内的；
（4）女职工在孕期、产期、哺乳期的；
（5）在本单位连续工作满15年，且距法定退休年龄不足5年的；
（6）法律、行政法规规定的其他情形。

4. 有下列情形之一的，劳动合同终止

（1）劳动合同期满的；
（2）劳动者开始依法享受基本养老保险待遇的；
（3）劳动者死亡，或者被人民法院宣告死亡或者宣告失踪的；
（4）用人单位被依法宣告破产的；
（5）用人单位被吊销营业执照、责令关闭、撤销或者用人单位决定提前解散的；
（6）法律、行政法规规定的其他情形。

四、《中华人民共和国消费者权益保护法》相关内容

《中华人民共和国消费者权益保护法》（以下简称《消费者权益保护法》）（图6-4）旨在保护消费者的合法权益，维护社会经济秩序，促进社会主义市场经济健康发展。主要包括总则、消费者的权利、经营者的义务、国家对消费者合法权益的保护、消费者组织、争议的解决、法律责任等内容。在家政服务过程中，了解《消费者权益保护法》的相关内容，有利于更好地提供服务。

（一）适用范围

消费者为生活消费需要而购买、使用商品或者接受服务，其权益受《消费者权益保护法》的保护；《消费者权益保护法》未作规定的，受其他有关法律法规保护。经营

图6-4 《中华人民共和国消费者权益保护法》

者为消费者提供其生产销售的商品或者提供服务应当遵守《消费者权益保护法》。农民购买、使用直接用于农业生产的生产资料，参照《消费者权益保护法》执行。

（二）消费者的权利

消费者的权利是指消费者在消费领域中所具有的权利，是消费者利益在法律上的体现。

1. 安全保障权

安全保障权是指消费者在购买、使用商品或接受服务时，享有人身、财产安全不受侵犯的权利。

2. 知情权

知情权是指消费者在购买、使用商品或者接受服务时，享有知悉其购买、使用的商品或者接受的服务的真实情况的权利。知情权的内容包括：消费者有权根据商品和服务的不同情况，要求经营者提供商品的价格、产地、生产者、用途、性能、规格、等级、主要成分、生产日期、有效期限、检验合格证明、使用方法说明书、售后服务或者服务的内容、费用等情况。

3. 自主选择权

自主选择权是指在购买商品或接受服务时，消费者享有自主选择商品或者服务的权利。其内容为：消费者有权自主选择提供商品或者服务的经营者；自主选择商品品种或者服务方式；自主决定购买或者不购买任何一种商品，接受或者不接受任何一项服务；在选择商品或者接受服务时，有权进行比较、鉴别和挑选。

4. 公平交易权

公平交易权是指消费者购买商品或者接受服务时享有公平交易的权利。在购买商品或者接受服务时，有权获得质量保障、价格合理、计量正确等公平交易的条件；有权拒绝经营者的强制交易行为。

5. 赔偿请求权

赔偿请求权是指消费者因购买、使用商品或者接受服务受到人身、财产损害时，享有依法获得赔偿的权利。

6. 依法结社权

依法结社权是指消费者享有依法成立维护自身合法权益的社会团体的权利。

7. 求知获教权

求知获教权是指消费者享有获得有关消费和消费者权益保护方面的知识的权利。消费者应当努力掌握所需商品或者服务的知识和使用技能，正确使用商品，增强自我保护意识。

8. 受尊重权

受尊重权是指消费者在购买、使用商品和接受服务时，享有人格尊严、民族风俗习惯得到尊重的权利，享有个人信息依法得到保护的权利。

9. 监督批评权

监督批评权是指消费者享有对商品和服务以及保护消费者权益工作进行监督的权利，有

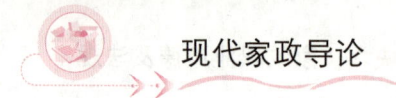

权对经营者进行监督，有权检举、控告侵害消费者权益的行为，有权对国家机关及其工作人员进行监督，有权检举、控告其在保护消费者权益工作中的违法失职行为，有权对保护消费者权益工作提出批评、建议。

（三）经营者的义务

1. 守法义务

守法义务是指经营者向消费者提供商品或者服务，应当依照《消费者权益保护法》和其他有关法律法规的规定履行义务。经营者和消费者有约定的，应当按照约定履行义务，但双方的约定不得违背法律法规的规定。

2. 接受监督义务

接受监督义务是指经营者应当听取消费者对其提供的商品或者服务的意见，接受消费者的监督。

3. 保障消费者安全的义务

保障消费者安全的义务是指经营者应当保证其提供的商品或者服务符合保障人身、财产安全的要求。对可能危及人身、财产安全的商品和服务，应当向消费者作出真实的说明和明确的警示，并说明和标明正确使用商品或者接受服务的方法以及防止危害发生的方法。宾馆、商场、餐馆、银行、机场、车站、港口、影剧院等经营场所的经营者，应当对消费者尽到安全保障义务。

4. 缺陷信息报告、告知义务

缺陷信息报告、告知义务是指经营者发现其提供的商品或者服务存在缺陷，有危及人身、财产安全危险的，应当立即向有关行政部门报告和告知消费者，并采取相应措施。采取召回措施的，经营者应当承担消费者因商品被召回支出的必要费用。

5. 真实信息告知义务

真实信息告知义务是指经营者向消费者提供有关商品或者服务的质量、性能、用途、有效期限等信息，应当真实、全面，不得作虚假或者引人误解的宣传。经营者对消费者就其提供的商品或者服务的质量和使用方法等问题提出的询问，应当作出真实、明确的答复。经营者提供商品或者服务应当明码标价。

6. 真实标识义务

真实标识义务是指经营者应当标明其真实名称和标记的义务。租赁他人柜台或者场地的经营者，应当标明其真实名称和标记。

7. 出具单据义务

出具单据义务是指经营者提供商品或者服务，应当按照国家有关规定或者商业惯例向消费者出具发票等购货凭证或者服务单据的义务；消费者索要发票等购货凭证或者服务单据的，经营者必须出具。

8. 质量保证义务

质量保证义务是指经营者应当保证在正常使用商品或者接受服务的情况下其提供的商品或者服务应当具有的质量、性能、用途和有效期限。经营者以广告、产品说明、实物样品或者其他方式标明商品或者服务的质量状况的,应当保证其提供的商品或者服务的实际质量与标明的质量状况相符。

9. 售后服务义务

售后服务义务是指经营者提供的商品或者服务不符合质量要求的,消费者可以依照国家规定、当事人约定退货,或者要求经营者履行更换、修理等义务。没有国家规定和当事人约定的,消费者可以自收到商品之日起7日内退货;7日后符合法定解除合同条件的,消费者可以及时退货,不符合法定解除合同条件的,可以要求经营者履行更换、修理等义务。依照前款规定进行退货、更换、修理的,经营者应当承担运输等必要费用。

五、《中华人民共和国妇女权益保障法》相关内容

《中华人民共和国妇女权益保障法》(以下简称《妇女权益保障法》)(图6-5)是为了保障妇女的合法权益,促进男女平等,充分发挥妇女在社会主义现代化建设中的作用,根据宪法和我国的实际情况而制定的。法律上的妇女是指所有女性,包括刚刚出生的女婴直到老年女性。在家政服务过程中,服务人员、服务对象有可能都是妇女,了解《妇女权益保障法》的相关内容,有利于更好地保护双方的权益。

图6-5 《中华人民共和国妇女权益保障法》

实行男女平等是国家的基本国策,妇女在政治、经济、文化、社会和家庭生活等各方面享有同男子平等的权利。国家采取必要措施,逐步完善保障妇女权益的各项制度,消除对妇女一切形式的歧视。国家保护妇女依法享有的特殊权益,妇女不仅在政治、文化、教育、劳动、财产、人身、婚姻家庭等各方面有与男子平等的权利,而且在某些方面还享有自己特殊的权益。

(一)妇女享有自己特殊的权益

这些特殊的权益在劳动保障方面主要体现在以下几个方面:

1. 任何单位均应根据妇女的特点，依法保护妇女在工作和劳动时的安全和健康，不得安排不适合妇女从事的工作和劳动

妇女在经期、孕期、产期、哺乳期，即"四期"受特殊保护。任何单位不得因结婚、怀孕、产假、哺乳等情形，降低女职工的工资，辞退女职工，单方解除劳动（聘用）合同或者服务协议。

各级人民政府应当重视和加强妇女权益的保障工作。县级以上人民政府负责妇女儿童工作的机构，负责组织、协调、指导、督促有关部门做好妇女权益的保障工作。县级以上人民政府有关部门在各自的职责范围内做好妇女权益的保障工作。

中华全国妇女联合会和地方各级妇女联合会，依照法律和中华全国妇女联合会章程，代表和维护各族各界妇女的利益，做好维护妇女权益的工作。工会、共青团，应当在各自的工作范围内，做好维护妇女权益的工作。制定法律法规、规章和公共政策，对涉及妇女权益的重大问题，应当听取妇女联合会的意见。妇女和妇女组织有权向各级国家机关提出妇女权益保障方面的意见和建议。

2. 国家保障妇女享有与男子平等的财产权利

妇女在农村土地承包经营、集体经济组织收益分配、土地征收或者征用补偿费使用以及宅基地使用等方面，享有与男子平等的权利。任何组织和个人不得以妇女未婚、结婚、离婚、丧偶等为由，侵害妇女在农村集体经济组织中的各项权益。因结婚男方到女方住所落户的，男方和子女享有与所在地农村集体经济组织成员平等的权益。

3. 国家保障妇女享有与男子平等的人身权利

妇女的人身自由不受侵犯。禁止非法拘禁和以其他非法手段剥夺或者限制妇女的人身自由；禁止非法搜查妇女的身体。

4. 妇女的生命健康权不受侵犯

禁止溺、弃、残害女婴，禁止歧视、虐待生育女婴的妇女和不育的妇女，禁止用迷信、暴力等手段残害妇女，禁止虐待、遗弃病、残妇女和老年妇女。

5. 妇女的名誉权、荣誉权、隐私权、肖像权等人格权受法律保护

禁止用侮辱、诽谤等方式损害妇女的人格尊严；禁止通过大众传播媒介或者其他方式贬低损害妇女人格；未经本人同意，不得以营利为目的，通过广告、商标、展览、橱窗、报纸、期刊、图书、音像制品、电子出版物、网络等形式使用妇女肖像。

（二）妇女合法权益受到侵害的救济方式

（1）要求有关部门处理。
（2）要求司法救济，包括依法向仲裁机构申请仲裁，或者向人民法院起诉。
（3）向妇女组织投诉。

六、《中华人民共和国老年人权益保障法》相关内容

《中华人民共和国老年人权益保障法》（以下简称《老年人权益保障法》）（图6-6）旨在保障老年人合法权益，发展老年人事业，弘扬中华民族敬老、养老、助老的美德。《老年

人权益保障法》所称老年人是指60周岁以上的公民。在为老年人提供家政服务的过程中，了解《老年人权益保障法》的相关内容，有利于更好地服务老年人群体。

图6-6 《中华人民共和国老年人权益保障法》

老年人有从国家和社会获得物质帮助的权利，有享受社会服务、社会优待的权利，有参与社会发展和共享发展成果的权利。禁止歧视、侮辱、虐待或者遗弃老年人。

国家和社会应当采取措施，健全保障老年人权益的各项制度，逐步改善保障老年人生活、健康、安全以及参与社会发展的条件，实现老有所养、老有所医、老有所为、老有所学、老有所乐。

对老年人完整的赡养义务包括经济供养、生活照料和精神慰藉三个方面。经济供养不仅应当确保老年人维持基本生存，而且应当使老年人提升生活质量。生活照料不仅包括日常生活照料，还应包括患病及失能老年人医疗护理、康复等方面的特殊照料。精神慰藉指满足老年人精神、情感、心理方面的需求，它可以独立存在，也可以渗透于经济供养和生活照料中。

老年人的婚姻自由受法律保护。子女或者其他亲属不得干涉老年人离婚、再婚及婚后的生活。赡养人的赡养义务不因老年人的婚姻关系变化而消除。

老年人对个人的财产，依法享有占有、使用、收益和处分的权利，子女或者其他亲属不得干涉，不得以窃取、骗取、强行索取等方式侵犯老年人的财产权益。老年人有依法继承父母、配偶、子女或者其他亲属遗产的权利，有接受赠予的权利。子女或者其他亲属不得侵占、抢夺、转移、隐匿或者损毁应当由老年人继承或者接受赠予的财产。

七、《中华人民共和国未成年人保护法》相关内容

《中华人民共和国未成年人保护法》（简称《未成年人保护法》）（图6-7）规定：未成年人是指未满18周岁的自然人。未成年人由于身体、智力还没有发育成熟，社会阅历少，在社会生活中处于弱势地位。因此我国《未成年人保护法》和其他一些法律对未成年人规

定了特殊的保护措施。在为未成年人提供家政服务过程中，了解《未成年人保护法》的相关内容，有利于更好地服务未成年人群体。

图6-7 《中华人民共和国未成年人保护法》

未成年人的父母或者其他监护人应当学习家庭教育知识，接受家庭教育指导，创造良好、和睦、文明的家庭环境。共同生活的其他成年家庭成员应当协助未成年人的父母或者其他监护人抚养、教育和保护未成年人。

法律规定未成年人享有生存权、发展权、受保护权、参与权等权利，国家根据未成年人身心发展特点给予特殊、优先保护，保障未成年人的合法权益不受侵犯，未成年人享有受教育权，任何组织和个人不得披露未成年人的隐私。禁止对未成年人实施家庭暴力，禁止虐待、遗弃未成年人。

各级人民政府应当发展托育、学前教育事业，办好婴幼儿照护服务机构、幼儿园，支持社会力量依法兴办母婴室、婴幼儿照护服务机构、幼儿园。县级以上地方人民政府及其有关部门应当培养和培训婴幼儿照护服务机构人员、幼儿园的保教人员，提高其职业道德素质和业务能力。

家政服务员应保护未成年人的权益，维护未成年人的身心健康和安全。面对儿童的任性、不礼貌，甚至其他让人不能容忍的缺点和错误，应该耐心引导教育，实在不起作用时，可告知家长，由家长对其进行约束管教。切记不可恐吓、打骂，要维护儿童的身心健康。在带儿童外出游玩时要遵守交通规则，避免儿童受到意外伤害，在公共场所流动人员稠密的地方，不能让儿童脱离自己的视线，坐汽车乘电梯的时候要拉紧或者抱紧儿童，防止意外伤害事故发生，应保护未成年人的肖像权，尊重未成年人的隐私。

任务拓展

家政服务人员的用工形式

近年来，随着社会经济的发展，居民家庭对家政服务业的需求越来越旺盛。家政服务过程中人身或财产损害也时有发生，责任谁来承担？这需要搞清楚家政服务中的法律关系和权责划分，区分家政服务人员的用工形式，家政服务人员的用工形式主要分为两种：一种是雇佣型家政服务，一种是员工型家政服务。

1. 雇佣型家政服务

雇佣型家政服务是指雇主与雇工之间通过亲友或他人介绍、网站联络的方式形成联系并建立家政服务关系，双方确认后即形成正式的雇佣关系，一般不会签订正式的合同。在这类雇佣关系中，根据介绍人的不同，又可以分为自雇型家政服务和中介型家政服务。

1）自雇型家政服务

自雇型家政服务多是经亲朋好友或熟人推荐后，雇主与家政服务人员达成合意，并形成雇佣关系。家庭或者个人与家政服务人员之间的纠纷不属于劳动争议，按照侵权关系或者雇佣关系调整。家政服务人员在提供家政服务过程中致他人受伤，由雇主承担侵权责任，雇主承担侵权责任后，可以向有故意或者重大过失的家政服务人员追偿。家政服务人员因工作受到损害的，根据双方各自的过错承担相应的责任。提供家政服务期间，因第三人的行为造成家政服务人员损害的，家政服务人员有权请求第三人承担侵权责任，也有权请求雇主给予补偿。雇主补偿后，可以向第三人追偿。

2）中介型家政服务

中介型家政服务，法律上也称为居间型家政服务，是指家政服务公司作为一种单纯的中介机构，根据雇主和家政服务人员的需求，为双方安排见面接洽，按一定比例收取中介费，雇主和家政服务人员直接协商确定双方的雇佣关系，由雇主向家政服务人员发放工资。

这类法律关系中涉及三类主体，其中雇主与家政服务人员仍然形成雇佣关系；家政服务机构是居间人，雇主与家政服务人员都是委托人，雇主、家政服务人员与家政服务机构形成居间法律关系。其中，中介型家政服务机构的角色相当于居间人，并不是合同的真正当事人，如果一方不履行合同义务或履行义务不符合要求而出现违约责任时，违约方应向守约方赔偿。如果是因为家政服务机构违反如实报告义务而发生纠纷的，则按照居间合同规则处理。

2. 员工型家政服务

员工型家政服务，也称派遣型家政服务，是指家政服务人员作为家政服务机构的员工从事家政服务工作，家政服务机构与其订立劳动合同、对其进行培训、管理并支付工资。对外家政服务机构直接与客户订立家政服务合同后，指派家政服务人员到客户家里工作，客户向家政服务机构支付服务费用。

在这种家政服务关系中，家政服务机构与家政服务人员形成了正式的劳动关系，家政服务机构是用人单位，家政服务人员作为家政服务机构的员工，双方签订劳动合同，其工作内容、工作时间和工作地点由家政服务机构规定，劳动报酬由家政服务机构支付，受到《劳动法》的保护。

任务评价

一、单项选择题

1. （　　）是自然人享有的对其个人的、与公共利益无关的个人信息、私人活动和私有领域进行支配的一种人格权。

   A. 姓名权　　　　　　　　　　B. 隐私权
   C. 生命权　　　　　　　　　　D. 身体权

2. 我国《劳动法》规定，国家对女职工实行特殊劳动保护。下面的做法不符合这一规定的是（　　）。

   A. 某砖厂女职工董某怀孕期间，厂里安排她简单打扫清洁卫生，不再做搬运工
   B. 某企业为完成全年生产任务，便要求每个职工每天加班1个小时，怀孕达6个月的女职工刘某也不例外
   C. 某公司通知其女职工周某，鉴于她的孩子已满13个月，公司决定恢复她"三班倒"的工作制
   D. 某矿山女职工肖某被安排到井下工作

3. 我国《劳动法》规定：女职工生育享受的产假不少于（　　）。

   A. 15 天　　　　　　　　　　B. 30 天
   C. 60 天　　　　　　　　　　D. 90 天

4. 刘某与某木器厂签订了为期1年的劳动合同，一年后，双方的劳动关系即行终止。刘某与该木器厂签订的合同是（　　）。

   A. 无固定期限劳动合同
   B. 有固定期限劳动合同
   C. 以完成一定工作为期限的劳动合同
   D. 无试用期合同

5. 《中华人民共和国老年人权益保障法》所称老年人是指（　　）周岁以上的公民。

   A. 50　　　　B. 55　　　　C. 60　　　　D. 65

6. 赡养人应当履行对老年人经济上供养、生活上照料和（　　）的义务，照顾老年人的特殊需要。

   A. 心理上辅导　　　　　　　　B. 精神上关心
   C. 政治上关心　　　　　　　　D. 精神上慰藉

7. 《中华人民共和国未成年人保护法》的保护对象是指（　　）。

   A. 未满 12 周岁的公民　　　　B. 未满 14 周岁的公民
   C. 未满 18 周岁的公民　　　　D. 未满 20 周岁的公民

二、简答题

1. 有哪些情形之一劳动合同终止？
2. 简述家政服务中的法律关系和权责划分类型。

任务二 认知家政服务相关规定

任务引言

任务情境：党中央、国务院高度重视家政服务业的规范化进程，各地区也在积极探索家政服务业相关法规，促使家政服务业这一传统行业向时代化、法治化、标准化、体系化发展。不管是作为家政服务专业师生、家政服务人员、家政服务企业还是家政服务消费者，都有必要认识家政服务业相关规定。

任务导入：你知道关于家政服务业有哪些规定吗？

任务目标

知识目标

1. 熟知家政服务业相关规定；
2. 熟知家政服务业职业标准相关规定。

能力目标

1. 能理解并利用家政服务业相关规定，解决家政工作中的问题。
2. 能遵循家政服务业相关规定。

素质目标

1. 具有规范服务意识；
2. 形成规范化家政服务的科学认识。

任务知识

习近平总书记指出家政服务要讲诚信、讲职业化，李克强总理提出要推进家政服务标准化，家政服务标准化是提升家政服务品质的重要保证。为了保持家政服务业的科学可持续发展，最大限度地明确家政服务业相关人员的责任、权利、义务，从国家到地方都出台了相应的管理办法和服务条例。除此之外，国家还针对家政服务业的相关职业制定了相应的职业标准。作为家政服务人员，必须紧跟国家的方针政策和管理规定，准确把握职业标准，才能形成规范化家政服务的科学认识。

一、家政服务业相关规定

（一）国家家政服务业管理相关规定

1. 2019 年前家政服务业相关文件

1）2010 年 9 月，国务院办公厅发布的《关于发展家庭服务业的指导意见》（简称《意见》）

该《意见》明确提出，到 2020 年，惠及城乡居民的家庭服务体系要比较健全，能够基本满足家庭的服务需求，总体发展水平要与全面建设小康社会的要求相适应。

2）2011 年 12 月，商务部发布的《关于"十二五"时期促进家庭服务业发展的指导意见》（简称《意见》）

该《意见》提出"十二五"期间促进家庭服务业发展的指导思想和总体目标，把工作任务细分为六个方面：科学谋划，把握家庭服务业发展规律；加强制度建设，规范家庭服务市场；加快网络中心建设，完善和增强服务功能；培育家庭服务企业，形成一批连锁经营的企业品牌；加强从业人员培训，提高从业人员的服务质量和水平；创新思路，探索建立健全家庭服务体系的新途径。

3）2012 年 12 月，商务部发布的《家庭服务业管理暂行办法》（简称《办法》）

该《办法》规定了在家庭服务业管理办法总则指导下，家庭服务机构的经营规范、家庭服务员的行为规范、消费者的行为规范以及相关部门的监督管理和法律责任。

4）2014 年 12 月，人力资源和社会保障部、国家发展改革委等八单位发布的《关于开展家庭服务业规范化职业化建设的通知》（简称《通知》）

该《通知》提出到 2020 年，努力实现家庭服务业规范化、家庭服务从业人员职业化的总体目标，并提出具体要求：以诚信建设为重点推进家庭服务业规范化建设，以培训工作为重点加强家庭服务业职业化建设。加强家庭服务业规范化、家庭服务从业人员职业化，是保障家庭服务供给、提高家庭服务质量、促进家庭服务行业健康发展的重要基础性工作。

5）2015 年 7 月，国家质量监督检验检疫总局、中国国家标准化管理委员会发布的《家政服务——母婴生活护理服务质量规范》（简称《规范》）

该《规范》规定了母婴生活护理服务的服务机构、人员、服务内容与要求、档案管理、服务质量评价等要求，适用于母婴生活护理服务。依据客户对母婴生活护理服务的不同需求以及母婴生活护理员具备的工作经历、服务技能的不同，将母婴生活护理服务分为一星级、二星级、三星级、四星级、五星级和金牌级共六级，其中一星级为最低等级，金牌级为最高等级。

6）2015 年 11 月，国务院办公厅印发的《关于加快发展生活性服务业 促进消费结构升级的指导意见》（简称《意见》）

该《意见》指出生活性服务业有关主管部门要制定相应领域的职业化发展规划。鼓励高等学校和职业学校增设生活性服务业相关专业，鼓励高等学校和职业院校采取与互联网企业合作等方式探索职业教育和培训服务新方式。鼓励从业人员参加依法设立的职业技能鉴定或专项职业能力考核，对通过初次职业技能鉴定并取得相应等级职业资格证书或专项职业能力证书的，按规定给予一次性职业技能鉴定补贴。鼓励和规范家政服务企业以员工制方式提供管理和服务，实行统一标准、统一培训、统一管理。

7）2016年6月，人力资源和社会保障部、全国妇联发布的《关于印发〈巾帼家政服务专项培训工程实施方案〉的通知》（简称《通知》）

该《通知》要求，将巾帼家政服务专项培训工程作为职业技能培训规划和农民工职业技能提升计划（春潮行动）的重要组成部分，建立各级人力资源社会保障部门和妇联组织的家政服务培训协作机制，力争到2020年使有意愿到家政服务业从业的女性劳动者都能接受一次就业技能培训，家政服务企业在岗的女性家政服务员都能接受一次岗位技能提升培训或高技能人才培训，有意愿或已经在家政服务业创业的女性劳动者都能接受一次创业培训。

8）2016年12月，商务部发布的《居民生活服务业发展"十三五"规划》（简称《规划》）

该《规划》提出，以满足人民群众日益增长的生活服务需求为出发点，重点围绕提高供给能力、优化供给结构、提升供给质量、改善供给环境、规范供给秩序等方面着力推进供给侧结构性改革，促进居民生活服务业集约化、信息化、标准化发展，加快构建多层次、全方位的居民生活服务体系，扩大服务消费，促进消费结构升级。到2020年，初步形成优质安全、便利实惠、城乡协调、绿色环保的城乡居民生活服务体系，更好地适应人民群众大众化、多元化、优质化的消费需求。

9）2017年6月，国家发改委发布的《服务业创新发展大纲（2017—2025年）》（简称《大纲》）

该《大纲》涉及家政服务业方面的内容包括：加快建立供给充分、服务便捷、管理规范、惠及城乡的家政服务体系。引导社会资本投资家政服务业，鼓励有条件的企业品牌化、连锁化发展，支持中小家政服务企业专业化、特色化发展。加强服务规范化和职业化建设，加大对家政服务人员培训的支持力度，制定推广雇主和家政服务人员行为规范，促进权益保护机制创新和行业诚信体系建设。

10）2017年7月，国家发改委、人社部和商务部等17个部门发布的《家政服务提高质量和扩大产能行动计划》（简称《计划》）

该《计划》提出多项关键任务，包括引导国内家政服务企业做大做强，加强家政产业发展的政策支持，完善家政职业培训体系，提高职业化水平，改进家政服务标准和服务规范，加强监管，进一步优化市场环境等。通过改善民生、扩大内需、调整结构的重要举措。解决国内服务业存在的供需矛盾突出、市场主体发展不足、专业化程度低、管理机制不完善等问题，加速提高家政服务的质量和能力。

2. 2019年后家政服务业相关文件

1）2019年6月，国务院发布的《关于促进家政服务业提质扩容的意见》（简称《意见》）

该《意见》提出关于促进家政服务业提质扩容的36条具体政策，被外界称为"家政36条"。该《意见》指出，近年来，我国家政服务业快速发展，但仍存在有效供给不足、行业发展不规范、群众满意度不高等问题。家政服务业作为新兴产业，对促进就业、精准脱贫、保障民生具有重要作用。该《意见》主要内容可以归纳为"一个目标""两个着力""三个行动""四个聚焦"。

"一个目标"，就是按照高质量发展的要求，促进家政服务业提质扩容。

"两个着力"：一是着力发展员工制企业，二是着力推动家政服务业进社区。这两项措施是促进家政服务业提质扩容、高质量发展的关键措施。

"三个行动"，即家政培训提升行动、领跑者行动和信用建设专项行动。

"四个聚焦"，即聚焦降低成本、培养人才、完善保障和强化监管。

国家政策为家政服务业高质量发展指明了方向：一是加强家政服务教育培训，提高从业人员的素质和服务质量；二是支持家政服务企业连锁发展、兼并重组，培育行业龙头企业和品牌；三是加强平台建设，推动行业信息化、信用体系建设。

2）2022年11月，国家发改委等部门发布的《关于推动家政进社区的指导意见》（简称《意见》）

该《意见》提出：到2023年年底，促进家政服务业提质扩容领跑者行动，重点推进城市的社区家政网点服务能力覆盖率达到90%以上，全国家政服务网点服务能力进一步提升。到2025年，全国基本实现社区家政服务能力全覆盖，推动家政行业从业人员进一步增加，消费规模进一步扩大，服务品质进一步提升。

该《意见》明确五方面重点任务：

（1）推动家政服务网点进社区。支持家政服务企业在社区独立设点；支持家政服务企业与社区载体融合共享；支持家政服务企业进驻社区信息平台；鼓励家政服务企业连锁化运营社区网点；积极拓展社区家政服务网点功能；制定社区家政服务网点建设指南。

（2）推动家政服务培训进社区。推动家政服务企业共享社区教室；推动家政服务培训"大篷车"进社区；推动家政服务院校进社区；推动家政服务培训下沉社区。

（3）挖掘家政服务社区就业潜力。推动家政服务人员在"家门口"就业；对接吸纳乡村劳动力；引导高校毕业生到社区就业创业。

（4）创新家政进社区的服务供给。融合创新居家育幼服务供给；融合创新居家养老服务供给；融合创新社区养老助餐服务；创新家政服务进社区的服务模式。

（5）创新家政进社区的供应链。做强家政服务企业"中央工厂"模式；加强家政服务进社区的供需对接；推动产教融合型家政服务企业进社区；提升家政服务进社区规范化水平；鼓励家政服务企业改善家庭产品体验。

（二）地方家政服务管理相关规定

我国各地积极贯彻落实国家关于家政服务业提质扩容的部署要求，通过及时制定地方各项条例促进本地的家政服务业发展。

1.《上海市家政服务条例》解读

1）基本内容

《上海市家政服务条例》（以下简称《条例》）是上海市第十五届人民代表大会常务委员会第十六次会议于2019年12月19日通过的，自2020年5月1日起施行。该《条例》主要是为了规范本地家政服务活动，维护家政服务各方的合法权益，促进家政服务业健康发展而制定的，共7章43条，主要规定了家政服务人员、家政服务用户、家政服务机构的权利与义务，政府、协会在规范家政服务活动、促进家政服务业发展方面的责任和作用，以及为家政服务业发展增值赋能的一系列政策。

2) 立法解读

该《条例》第一章总则部分，主要设立了立法目的、适用范围、基本原则、政府职责、部门职责、群团组织自律以及行业组织自律。第二章机构与人员部分，主要规定了对家政服务机构的各项要求以及用户的权利义务、家政服务人员的权利保障、家政服务人员的行为规范、能力提升等内容。第三章规范与管理部分，主要规定了家政服务标准化、家政服务合同、家政服务管理平台、机构备案、人员备案、信息对接、政府监管、纠纷多元化解等内容。第四章促进和发展部分，主要规定了社区网点、技能培训、体检、人才培养、商业保险、金融支持、住房保障、积分与户籍办理、信息协助、群团支持等内容。第五章行业建设部分，主要规定了行业组织、能力等级评定标准、信用评价、行业惩罚等内容。第六章法律责任部分，主要规定了指引条款、对机构违法行为的处罚、民事责任、治安与刑事责任、处分等内容。第七章为附则部分，明确该《条例》从2020年5月1日起实施。

《上海市家政服务条例》作为全国第一部地方性家政立法的形象载入家政服务业发展史册，是落实以人民为中心的发展思想的重要体现，是落实国务院关于家政服务业提质扩容部署的具体执行。

【案例】

上海的吴先生担心妻子产后休息不好，也担心自己没有经验不能很好地照顾宝宝，故通过家政服务中介机构聘请一名家政服务员进行住家服务，可是家政服务员张阿姨到家时却不配合告知其相关信息，因为她觉得自己所有的信息都已经提供给公司了，不需要再重复向吴先生告知。

【问题】

张阿姨的做法是否正确？

【分析】

不正确。根据《上海市家政服务条例》第11条规定，用户通过家政服务机构聘请家政服务人员，有权了解家政服务机构、家政服务人员的有关信息，查验相关证件；要求家政服务机构或者家政服务人员按照家政服务合同的约定提供相关服务，并对其服务作出评价。用户直接聘请家政服务人员的，有权了解家政服务人员的有关信息，查验相关证件；要求家政服务人员按照家政服务合同的约定提供相关服务。鼓励用户通过家政服务机构聘请家政服务人员。

2.《温州市家政服务条例》立法解读

1) 基本内容

《温州市家政服务条例》（以下简称《条例》）是由温州市第十三届人民代表大会第六次会议通过的，经浙江省第十三届人民代表大会常务委员会第二十八次会议于2021年3月26日批准，自2021年8月1日起施行。该《条例》主要是为了规范家政服务活动，维护家政服务各方的合法权益，推动家政服务业提质扩容，根据有关法律、法规，结合温州市实际制定，在温州市市行政区域内开展家政服务以及相关活动，适用本《条例》，共5章31条。

2) 立法解读

该《条例》第一章总则规定了《条例》的目的、适用范围以及相关部门在促进家政服务业高质量发展中承担的责任。第二章规范服务部分，明确家政服务机构、家政服务人员、家政服务消费者的权利、责任及义务。第三章促进发展部分，指出温州市人力资源和社会保障部门要建立全市统一的家政服务管理平台，同时对员工制家政服务机构的发展提出建议，并鼓励在社区设置家政服务网点；对于家政服务体制方面，还指出要将给家政服务人员提供培训机会，将家政服务纳入职业培训计划，并建立家政服务职业培训补贴机制，鼓励保险机构开发、经营家政服务相关保险产品。第四章法律责任部分，指出违反本《条例》规定的行为，法律、行政法规和浙江省的地方性法规已有法律责任规定的，从其规定。针对家政服务机构、家政服务人员及家政服务消费者的行为违背信息透明、诚信服务等原则的，制定处罚规定。第五章附则部分，指出违反本《条例》规定的行为，法律、行政法规和浙江省的地方性法规已有法律责任规定的，从其规定。

该《条例》还指出，家政服务是指以家庭为服务对象，将范围界定在家庭成员的住所或者其指定的场所有偿提供照护、保洁、烹饪等满足家庭日常生活需求的活动。对家政服务业中存在的突出问题作了规定，如平台建设、信息披露、合同签订、工作档案等，适应转型升级要求，为促进家政服务业健康发展提供法律支撑、制度支撑。

【案例】

温州的一家家政服务机构广泛招收35~55岁的女性，免费对其进行家政服务的职业培训，打算通过该措施，让这些受培训的人员成为机构员工，吸引更多的人投入家政服务行业。机构负责人听说要为员工建立工作档案，于是便登记了报名人员的身份证信息及电话号码。

【问题】

该家政服务机构为受培训人员建立的工作档案信息是否全面？

【分析】

不全面。根据《温州市家政服务条例》第10条规定，家政服务机构为家政服务人员建立的工作档案，应当包括下列内容：个人身份信息；从业经历、职业教育和职业技能信息；健康证明、体检结论查询结果信息；家政服务人员提供的本人有无违法犯罪记录查询结果信息以及信用信息等查询结果信息；劳动合同、服务协议、家政服务合同、中介合同等；家政服务评价、服务纠纷及其处理情况；参加家政服务相关保险以及理赔信息；建立工作档案所需的其他信息。有关单位应当为核实家政服务人员信息依法提供便利。

3.《广东省家政服务条例》解读

1) 基本内容

《广东省家政服务条例》（以下简称《条例》）是2023年3月30日广东省第十四届人民代表大会常务委员会第二次会议审议通过的。该《条例》共25条，就适用范围、政府及有关部门职责、综合管理服务平台、家政服务码，以及家政服务机构、家政服务人员、家政服务消费者权利义务等内容作了规定。该《条例》自2023年7月1日起施行。

2) 立法解读

（1）在适用范围方面，该《条例》适用于包括广东省行政区域内开展家政服务活动，以及促进家政服务业发展和规范家政服务活动的相关工作。其中的家政服务是指以家庭为服务对象，在家庭成员住所或者其他约定场所有偿提供孕产妇、婴幼儿、老人、病人、残疾人等的照护及保洁、烹饪等满足家庭日常生活需求的服务活动。其中的其他约定场所是指家政服务消费者和家政服务人员在合同约定的、因家庭成员有特定要求需要提供家政服务的场所，包括家庭成员亲属的住所、家庭成员外出等需要家政服务人员陪同并提供家政服务的场所等。

（2）在推进家政服务标准化、规范化建设方面，该《条例》主要从两个方面进行：一是政府部门方面，明确了广东省发展改革、商务、市场监管等有关部门应当推动制定和实施家政服务标准，提升家政服务标准化、规范化水平；二是行业协会和家政服务机构方面，鼓励家政服务行业组织、家政服务机构参与标准化工作，制定高于国家标准、行业标准、地方标准相关技术要求的团体标准和企业标准，并组织实施。

（3）在综合管理服务平台和家政服务码建设方面，该《条例》规定广东省人民政府依托数字政府支撑能力和移动政务服务平台建设全省统一的"南粤家政"综合管理服务平台，依法归集、储存、使用、更新、保护家政服务机构和家政服务人员的基础信息、信用信息和评价信息，并为公众提供查询等公共服务。"南粤家政"综合管理服务平台为按照规定录入信息的家政服务机构和家政服务人员生成家政服务码，实施动态管理。鼓励家政服务机构、家政服务人员向家政服务消费者主动出示家政服务码，展示其与家政服务相关的信息。

（4）在家政服务机构评价方面，该《条例》规定广东省人民政府商务主管部门应当依据国家和广东省相关标准制定家政服务机构评价办法，第三方机构可以按照该办法开展评价。在家政服务人员评价方面，该《条例》规定广东省人力资源社会保障部门应当制定家政服务人员星级评价办法，组织实施家政服务人员星级评价。同时，该《条例》还规定家政服务机构应当建立家政服务人员服务经历、服务评价等跟踪评价档案；支持家政服务机构、家政服务人员与家政服务消费者之间相互进行客观评价。

（5）在家政服务机构、家政服务人员、家政服务消费者的权利义务方面，该《条例》规定三者因家政服务所产生的法律关系在本质上属于平等主体之间的民事法律关系，三者之间的权利义务主要通过合同来明确。为规范合同订立，减少纠纷发生，广东省人民政府商务主管部门应当会同市场监督管理部门制定并推广使用家政服务合同示范文本。

在该《条例》的实施推进下，广东省将建设全省统一的"南粤家政"综合管理服务平台，并借由该平台推进家政服务码制度，实行信息化管理，支持发展员工制家政服务企业。同时为提高家政服务满意度，支持建设家政服务机构、家政服务人员与家政服务消费者三方之间的评价制度。该《条例》的推行，为中国家政服务业行为规范化提供了有益的启示。

【案例】

黄女士一家刚搬到广州，因为夫妻俩忙于工作，经常不能按时下班，两个小孩在家无人照顾，所以考虑请家政服务人员上门服务，除了希望他们能做清洁、做饭之外，还希望他们能够辅导小孩的学习。可是刚来广州，人生地不熟，黄女士虽然通过同事介绍，找到了一位据说不错的家政服务人员，但到底如何，黄女士只能试试再说。

【问题】

请问黄女士应该如何获取有效的家政服务信息，找到口碑好、服务佳的家政服务人员呢？

【分析】

按照《广东省家政服务条例》，黄女士可以通过"南粤家政"综合管理服务平台获取有

效的家政服务信息。该平台归集了家政服务机构和家政服务人员的基础信息、信用信息和评价信息，同时为公众提供查询等公共服务。该平台还为按照规定录入信息的家政服务机构和家政服务人员生成家政服务码，消费者可以通过扫码查看家政服务人员的详细信息，家政服务人员持码上岗，也能够将家政服务纳入规范化管理、诚信监管之中。

二、家政服务业职业标准相关规定

（一）《家政服务员国家职业技能标准》解读

1. 制定背景

为进一步完善国家职业标准体系，适应经济社会发展和科技进步的客观需要，立足培育工匠精神和精益求精的敬业风气，规范从业者行为，为职业教育、职业培训和职业技能鉴定提供科学、规范的依据，依据《中华人民共和国劳动法》的有关规定，人力资源和社会保障部组织有关专家，制定了《家政服务员国家职业技能标准（2006年版）》（以下简称《标准》），自 2006 年 1 月 17 日起施行。2019 年进行了修订。

2. 基本内容

该《标准》以《中华人民共和国职业分类大典（2015 年版）》为依据，严格按照《国家职业技能标准编制技术规程（2018 年版）》有关要求，以"职业活动为导向、职业技能为核心"为指导思想，对家政服务从业人员的职业活动内容进行了规范细致的描述，对各等级从业者的技能水平和理论知识水平进行了明确规定。

该《标准》依据有关规定将本职业分为五级/初级工、四级/中级工、三级/高级工和二级/技师四个等级，五级/初级工、四级/中级工、三级/高级工定位于专业技能人才，二级/技师定位于知识技能型的管理型人才，各级别技能要求与知识要求逐级递进，由简到繁，由易至难，遵循高级别涵盖低级别原则。主要包括职业概况、基本要求、工作要求和权重表四个方面的内容。

3.《标准》解读

该《标准》将家政服务员定义为根据要求为所服务家庭操持家务、照顾儿童、老人、病人，管理家庭有关事情的人员。依据家政服务员职业活动特点，结合市场需求定位，该《标准》将家政服务员职业经科学规划，细分为三个工种，即家务服务员工种、母婴护理员工种和家庭照护员工种。

家政服务员分别从制作家庭餐、洗涤收纳衣物、清洁家居、家居用品使用、美化家居、家居收纳、休闲娱乐、技术培训与指导等方面规定相关要求；母婴护理员分别从照护孕妇、照护产妇、照护新生儿、照护婴幼儿、技术培训与指导等方面规定相关要求；家庭照护员分别从照护老年人饮食、照护老年人起居、照护病人饮食、照护病人起居、技术培训与指导等方面规定相关要求，技师分别从家政服务管理、家居收纳管理、家宴服务管理、美化家居、休闲娱乐管理、技术培训与管理等方面规定相关要求。

下面以家务服务员理论知识权重表（表 6-1）及技师技能要求权重表（表 6-2）为例，解释对于不同的工作内容，在相应级别下面给予的权重情况。

表6-1　家务服务员理论知识权重表　　　　　　　　　　　　　%

技能等级		五级/初级工	四级/中级工	三级/高级工
基本要求	职业道德	5	5	5
	基础知识	10	10	10
相关知识要求	制作家庭餐	25	35	20
	洗涤收纳衣物	20	—	—
	洗烫收纳衣物	—	25	15
	清洁家居	20	—	—
	保洁家居	—	25	—
	家电及用品使用	20	—	—
	美化家居	—	—	15
	休闲娱乐服务	—	—	10
	家居收纳管理	—	—	15
	技术培训与指导	—	—	15
合计		100	100	100

表6-2　技师技能要求权重表　　　　　　　　　　　　　　　%

技能等级		二级/技师
技能要求	家政服务管理	25
	家居收纳管理	10
	家宴服务管理	20
	美化家居	15
	休闲娱乐管理	15
	技术培训与管理	15
合计		100

《家政服务员国家职业技能标准》对不同级别家政服务员的工作内容、技能及服务人员要求都作出了明确的规定，让消费者明确家政服务人员的工作职责，让家政服务人员清楚自己的工作内容，便于家政服务机构对家政服务过程的管理，能有效提高家政服务质量，提高消费者满意度。

（二）《育婴员国家职业技能标准（2019年版）》解读

1. 制定背景

为规范从业者的从业行为，引导职业教育培训的方向，为职业技能鉴定提供依据，依据《中华人民共和国劳动法》，适应经济社会发展和科技进步的客观需要，立足培育工匠精神和精益求精的敬业风气，人力资源和社会保障部组织有关专家制定了《育婴员国家职业技能标准（2019年版）》（以下简称《标准》）。自公布之日2019年3月26日起施行。

2. 基本内容

该《标准》以《中华人民共和国职业分类大典（2015年版）》为依据，严格按照《国家职业技能标准编制技术规程（2018年版）》有关要求，以"职业活动为导向、职业技能为核心"为指导思想，对育婴员从业人员的职业活动内容进行了规范细致的描述，对各等级从业者的技能水平和理论知识水平进行了明确规定。

该《标准》包括育婴员职业概况、基本要求、工作要求和权重表四个方面的内容。依据有关规定将本职业分为五级/初级工、四级/中级工、三级/高级工三个等级。

3.《标准》解读

该《标准》将育婴员定义为在0~3岁婴幼儿家庭从事婴幼儿日常生活照料、护理和辅助早期成长的人员。

该《标准》比起以前的版本，主要有以下变化：从行业发展和国家职业技能标准的前瞻性出发，把托育机构相关从业人员工作范畴纳入育婴员国家职业技能标准中。新增加健康与管理职业功能，满足社会日益重视婴幼儿健康管理的需要。各职业功能工作内容增加，满足新时期婴幼托育机构、家庭等对育婴员职业工作内容不断发展需要。

下面以育婴员理论知识权重表（表6-3）及技师技能要求权重表（表6-4）为例，解释对于不同的工作内容，在相应级别下面给予的权重情况。

表6-3 育婴员理论知识权重表　　　　　　　　　　　　　　　　%

	技能等级	五级/初级工	四级/中级工	三级/高级工
基本要求	职业道德	5	5	5
	基础知识	20	15	10
相关知识要求	生活照料	21	18	14
	保健与护理	9	11	15
	健康与管理	10	13	13
	教育实施	35	38	38
	指导与培训	—	—	5
	合计	100	100	100

表6-4 技师技能要求权重表　　　　　　　　　　　　　　　　%

	技能等级	五级/初级工	四级/中级工	三级/高级工
技能要求	生活照料	33	25	14
	保健与护理	9	10	11
	健康与管理	13	15	15
	教育实施	45	50	50
	指导与培训	—	—	10
	合计	100	100	100

《育婴员国家职业技能标准（2019年版）》在科学育婴的理念和知识体系以及训练方法方面突出了科学性、实用性和可操作性，并从育婴职业的活动范围、工作内容、知识水平和技能要求等方面提出了标准化的要求，顺应了时代发展和社会需求。

（三）《养老护理员国家职业技能标准（2019年版）》解读

1. 制定背景

为规范养老护理员职业行为，提升养老护理员职业技能，提高养老服务职业化、专业化、规范化水平，更好地满足养老服务需求，根据《中华人民共和国劳动法》《中华人民共和国老年人权益保障法》，人力资源和社会保障部联合民政部组织制定了《养老护理员国家职业技能标准（2019年版）》（以下简称《标准》）。该《标准》保证了体例的规范化，体现了以职业活动为导向、以职业能力为核心的特点，具有灵活性和实用性，符合养老护理现实需求。自公布之日2019年9月25日起施行。

2. 基本内容

该《标准》以《中华人民共和国职业分类大典（2015年版）》为依据，按照《国务院办公厅关于推进养老服务发展的意见》（国办发〔2019〕5号）、《国家职业技能标准编制技术规程（2018年版）》（人社厅发〔2018〕26号）有关要求，在充分考虑经济社会发展、科技进步和产业结构变化对养老护理职业影响的基础上，以客观反映老年人照护技能技术发展水平及其对从业人员的能力要求为目标，明确了养老护理员的工作领域、工作内容、技能要求等。

该《标准》包括养老护理员职业概况、基本要求、工作要求和权重表四个方面的内容。本职业共设五个等级，分别为五级/初级工、四级/中级工、三级/高级工、二级/技师、一级/高级技师。

3. 《标准》解读

该《标准》将养老护理员定义为从事老年人生活照料、护理服务工作的人员。与《养老护理员国家职业技能标准（2011年版）》相比，该《标准》主要有以下变化：从行业发展的前瞻性出发，将本职业由原来的四个等级修订为五个等级，充分考虑人口老龄化发展趋势和养老服务的发展要求，将社会关注的失智照护、能力评估、质量管理纳入《标准》。该《标准》的基本要求部分，主要涵盖职业道德。

下面以养老护理员理论知识权重表（表6–5）及技师技能要求权重（表6–6）表为例，解释对于不同的工作内容，在相应级别下面给予的权重情况。

表6–5 养老护理员理论知识权重表　　　　　　　　　　　　　　%

技能等级		五级/初级工	四级/中级工	三级/高级工	二级/技师	一级/高级技师
基本要求	职业道德	5	5	5	5	5
	基础知识	20	20	15	10	10

续表

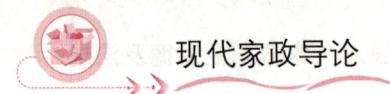

技能等级		五级/初级工	四级/中级工	三级/高级工	二级/技师	一级/高级技师
相关知识要求	生活照护	45	30	—	—	—
	基础照护	20	30	35	—	—
	康复服务	10	10	15	15	—
	心理支持	—	5	15	—	—
	照护评估	—	—	—	30	30
	质量管理	—	—	—	25	30
	培训指导	—	—	15	15	25
合计		100	100	100	100	100

表 6-6 技能要求权重表　　　　　　　　　　　　　　　%

技能等级		五级/初级工	四级/中级工	三级/高级工	二级/技师	一级/高级技师
技能要求	生活照护	60	30	—	—	—
	基础照护	25	45	40	—	—
	康复服务	15	15	20	20	—
	心理支持	—	10	20	—	—
	照护评估	—	—	—	30	40
	质量管理	—	—	—	30	35
	培训指导	—	—	20	20	25
合计		100	100	100	100	100

任务拓展

2023年5月，商务部、国家发展改革委联合印发了《促进家政服务业提质扩容2023年工作要点》（以下简称《要点》）。

根据该《要点》，促进家政服务业提质扩容部际联席会议成员单位从六个方面实施25项具体措施，推进家政服务业提质扩容。

1. 提高从业人员职业素养

实施家政服务员技能升级行动，整合线上线下培训资源；开展巾帼家政服务培训和工会家政服务就业技能培训项目试点、工会家政专业阳光暖心项目试点等；引导院校加强家政服务专业建设，打造一批核心课程、优质教材、教师团队、实践项目。

2. 强化政府监管和行业自律

制定家政服务业自律公约，引导家政服务企业开展优质服务承诺，主动公开服务标准、价格等信息；升级家政服务信用信息平台，强化信用信息共用；实施家政服务标准化专项行动，推动出台一批国家标准、行业标准、地方标准和团体标准。

3. 搭建供需对接平台

深入实施家政服务兴农行动；持续开展家政服务劳务对接，加大家政服务劳务品牌建设和宣传推介力度；积极培育员工制家政服务企业；开展家政服务对接招聘活动。

4. 积极推动家政服务进社区

加强家政服务进社区经验交流；积极发展居家婴幼儿照护服务，统筹考虑社区婴幼儿照护设施与家政服务网点有机融合，拓展社区托育服务功能；发挥妇联组织作用推进家政服务进社区，推动社区家政服务和妇女工作联动发展。

5. 提升家政服务从业人员保障水平

保障灵活就业家政服务员的权益；鼓励保险机构研发家政服务相关商业保险产品；提高家政服务员就业质量，引导家政服务企业规范用工。

6. 落实助企纾困政策

贯彻落实就业促进政策，指导各地继续对符合条件的家政服务企业和从业人员按规定落实创业担保贷款、一次性创业补贴、社保补贴，以及失业保险稳岗返还、技能提升补贴等政策；落实小规模纳税人减免增值税、增值税加计抵减、"六税两费"减免等政策。

任务评价

一、单项选择题

1. 国务院办公厅于（　　）年发布《关于促进家政服务业提质扩容的意见》。
  A. 2018　　　　B. 2019　　　　C. 2020　　　　D. 2021
2. 在母婴生活护理服务等级划分中，（　　）为最高等级。
  A. 一星级　　　　　　　　　　B. 三星级
  C. 五星级　　　　　　　　　　D. 金牌级
3. （　　）作为全国第一部地方性家政立法的形象载入家政服务业发展史册，是落实以人民为中心的发展思想的重要体现，是落实国务院关于家政服务业提质扩容部署的具体执行。
  A.《上海市家政服务条例》　　　B.《温州市家政服务条例》
  C.《广东省家政服务条例》　　　D.《营口市家政服务条例》
4.《家政服务员国家职业技能标准》依据有关规定将本职业划分为四个级别，其中（　　）定位于知识技能型的管理型人才。
  A. 五级　　　　B. 四级　　　　C. 三级　　　　D. 二级

227

5. 《育婴员国家职业技能标准（2019年版）》将育婴员定义为在（　　）婴幼儿家庭从事婴幼儿日常生活照料、护理和辅助早期成长的人员。

A. 0~3岁　　　　B. 2~3岁　　　　C. 0~2岁　　　　D. 1~3岁

6. 养老护理员的生活照护内容不包括（　　）。

A. 清洁照护　　B. 饮食照护　　C. 感染防控　　D. 睡眠照护

二、多项选择题

1. 目前家政服务业发展面临（　　）的问题。

A. 日常供需矛盾突出，数量与结构缺口并存

B. 从业人员专业化、职业化水平有待提高

C. 行业法律法规不健全，行业监管有待提升

D. 行业发展质量与消费需求不匹配

2. 《家政服务员国家职业技能标准》将家政服务员职业经科学规划，细分为（　　）。

A. 家务服务员工种　　　　　　B. 母婴护理员工种

C. 养老护理员工种　　　　　　D. 家庭照护员工种

3. 《养老护理员国家职业技能标准（2019年版）》修订内容充分考虑人口老龄化发展趋势和养老服务的发展要求，将社会关注的（　　）纳入标准。

A. 安宁照护　　　　　　　　　B. 失智照护

C. 能力评估　　　　　　　　　D. 质量管理

三、简答题

1. 《关于促进家政服务业提质扩容的意见》的主要内容是什么？

2. 《家政服务员国家职业技能标准》对家政服务员提出了哪些要求？

参 考 文 献

[1] 汪志洪．家政学教学参考书［M］．北京：中国劳动社会保障出版社，2015．
[2] 汪志洪．家政学通论［M］．北京：中国劳动社会保障出版社，2015．
[3] 吴莹，梁青岭．家政学原理［M］．北京：光明日报出版社，2014．
[4] 钟玉英．家政学［M］．成都：四川人民出版社，2000．
[5] 许莉．婚姻家庭继承法学．［M］．2 版．北京大学出版社，2012．
[6] 朱强．家庭社会学［M］．武汉：华中科技大学出版社，2017．
[7] 安尔康．家庭学概论［M］．南京：南京出版社，2002．
[8] 陈杰．现代企业管理［M］．北京：北京理工大学出版社，2018．
[9] 人力资源和社会保障部教材办公室．家政服务员职业道德读本［M］．北京：中国劳动社会保障出版社，2019．
[10] 陈朋．美国家政学学科百年发展述评［J］．中华女子学院学报，2015，27（02）：123－128．
[11] 黄湘金．从"江湖之远"到"庙堂之高"——下田歌子《家政学》在中国［J］．山西师大学报（社会科学版），2007（05）：88－92．
[12] ［英］布莱恩·费根，［英］纳迪亚·杜兰尼．床的人类史：从卧室窥见人类变迁［M］．吴亚敏，译．贵阳：贵州人民出版社，2020．
[13] 马克思，恩格斯．马克思恩格斯文集（第 4 卷）［M］．北京：人民出版社，2007．
[14] 张友琴，童敏，欧阳马田．社会学概论．［M］．2 版．北京：科学出版社，2014．
[15] 杨长荣．职业、就业与职业道德［M］．成都：西南财经大学出版社，2007．
[16] 李成碑．家政服务员职业道德［M］．上海：上海远东出版社，2021．
[17] 高德胜．时代精神与道德教育［M］．北京：教育科学出版社，2015．
[18] 方熹．道德教育的哲学理论［M］．北京：中国社会科学出版社，2019．
[19] ［法］爱弥尔·涂尔干．道德教育［M］．陈光金，等译．上海：上海人民出版社，2001．
[20] ［英］亚当·斯密．道德情操论［M］．罗卫东，张正萍，译．杭州：浙江大学出版社，2018．
[21] 尹凤霞．职业道德与职业素养［M］．北京：机械工业出版社，2018．
[22] 芦琦．家政服务法律法规［M］．上海：上海远东出版社，2021．
[23] 马万华．美国高等教育与女性学研究［J］．清华大学教育研究，2001，22（3）：113－119．
[24] 宋恩荣．抗战时期的教育西迁［J］．河北师范大学学报（教育科学版），1999（3）：

77 – 86.
- [25] 陈琪，李延平．英国家庭早教专业人才培养案例研究［J］．比较教育研究，2019，41（5）：106 – 112.
- [26] 朱红缨．家政学学科理论探索［J］．浙江树人大学学报，2004（05）：87 – 90.
- [27] 王佩，赵媛，熊筱燕．中国高校家政学专业的历史发展及启示——以金陵女子大学为例［J］．文教资料，2020（35）：141 – 145.
- [28] 孔鲁宁，吴莹，杜宇．国际家政学协会探析［J］．青年与社会，2014，1（3）：234 – 235.
- [29] 丁文，李英．家庭供养关系的跨文化考察［J］．社会科学战线，1993（04）：155.
- [30] 禹芳琴，李红梅．试论改革开放以来中国婚姻家庭道德观的变迁［J］．湖南师范大学（社会科学学报），2001（S2）．
- [31] 唐利平．人类学和社会学视野下的通婚圈研究［J］．开放时代，2005（02）：155 – 160.
- [32] 黄桂琴，张志永．建国初期婚姻制度改革研究［J］．政法论坛，2004（02）：137 – 147.
- [33] 巫昌祯，夏吟兰．改革开放三十年中国婚姻立法之嬗变［J］．中华女子学院学报，2009，021（001）：15 – 21.
- [34] 杨凯．从婚姻自由的角度谈同居现象的存在［J］．当代法学，2003（01）：149 – 150.
- [35] 杨菊华．生命周期视角下的中国家庭转变研究［J］．社会科学，2022，502（06）：154 – 165.
- [36] 穆滢潭，原新．"生"与"不生"的矛盾［J］．人口研究，2018（42）：90 – 103.
- [37] 风笑天，易松国．城市居民家庭生活质量：指标及其结构［J］．社会学研究，2000（04）：107 – 118 + 125.
- [38] 张万宾．高职院校开设家政学的必要性与前景展望研究［J］．萍乡高等专科学校学报，2011（28）：75 – 78.
- [39] 闫文晟．从新时代社会转型看我国的家政学教育［J］．湖北经济学院学报（人文社会科学版），2020（17）：119 – 124.
- [40] 涂永前，田潇．＂菲佣＂背后的国家教育支撑——兼议对我国家政教育及家庭劳动教育的启示［J］．中国劳动关系学院学报，2021，35（4）：75 – 86.
- [41] 胡艺华．日本、菲律宾及我国港台地区高校家政学学科的发展经验初探［J］．北京城市学院学报，2017（4）：79 – 83.
- [42] 刘杨，刘岩耿，静静．韩国家政教育发展及其启示［J］．世界教育信息，2017（16）：27 – 32.
- [43] 李文静，马秀峰．我国家政教育研究现状及发展趋势探究［J］．中国成人教育，2020（03）：16 – 22.
- [44] 张艳秋．管窥高职家政专业办学现状［J］．课程教育研究，2018（25）：224.
- [45] 王秀贵．基于社会历史新形势的家政教育初探［J］．教育与职业，2012，736（24）：182 – 183.
- [46] 陈朋．美国加州中学家政课程设计模式及其对我国的启示［J］．教育与教学研究，

2019,33(04):33-42.

[47] 闫文晟."双高"背景下高水平家政专业群建设的探索[J].湖北成人教育学院学报,2021,27(06):20-24+29.

[48] 崔珍珍,杨焕,赵新元.家政教育高质量发展的国际探索与启示[J].武汉理工大学学报(信息与管理工程版),2022,44(06):987-992+998.

[49] 吉林农业大学《创建家政专业培养高素质的新一代农民》课题组.建设社会主义家政教育的宏观审视及实践[J].社会科学战线,1996(05):114-119.

[50] 吕红平.家庭教育:内涵界定、主要问题与对策建议[J].人口与健康,2021,291(11):27-30.

[51] 武海英,赵蕾蕾.新时期家庭教育的内涵、现状与对策[J].河北师范大学学报(教育科学版),2022,24(03):133-140.

[52] 邓俐伽.对家庭教育定义的质疑[J].现代教育论丛,2001(06):34-36.

[53] 华伟.《中华人民共和国家庭教育促进法》的立法宗旨、法律内涵与实施要求[J].南京师大学报(社会科学版),2022,241(03):58-67.

[54] 辛治洋,戴红宇.家庭教育功能的历史演进与时代定位[J].教育研究与实验,2021(06):34-41.

[55] 陈建翔,马婷.改革开放40年来中国家庭教育概念厘定的四次重要变化[J].教育理论与实践,2020,40(01):13-17.

[56] 索磊,郑薪怡,万冰梅.家庭生活教育:美国公立中小学的家庭教育[J].教育学术月刊,2022(11):31-37.

[57] 陈志坚,陆峰.鼓励独立的国外家庭教育[J].当代世界,2006(6):52-54.

[58] 吴重涵,张俊,刘莎莎.现代家庭教育:原型与变迁[J].教育研究,2022(8):54-66.

[59] 卢敏秋,龚婵娟.学前儿童家庭教育[M].武汉:华中师范大学出版社,2018.

[60] 章文光.家政"兴农"的深意、特点与前景[J].人民论坛,2022,(5):40-43.

[61] 杨观.上海率先为家政服务业立法——《上海市家政服务条例》施行将大大促进家政服务质量提升[J].上海质量,2020(05):75-76.

[62] 张燕.我国家政行业标准化发展趋势及对策探讨[J].大众标准化,2021(16):3.

[63] 张志东.提质扩容背景下家政服务业信用体系建设的思考[J].对外经贸,2020,311(05):160-162.

[64] 涂永前.家政教育及家庭劳动教育应得到重视[N].社会科学报.2021-10-07(002).

[65] 仇小蕊.改革开放以来我国婚姻家庭制度的变迁及启示[D].郑州:郑州大学,2016.

[66] 姚月霞.基于间断均衡理论的家庭教育政策变迁研究[D].石家庄:河北师范大学,2022.

[67] 陈琪.英国家政教育研究——基于个案的分析[D].西安:陕西师范大学,2016.

[68] 罗开国.日本中小学家政教育的发展历程与实施现状研究[D].延边:延边大学,2015.